国家出版基金项目
国家“十二五”重点图书出版规划项目

国家出版基金项目
NATIONAL PUBLICATION FOUNDATION

中国化学教育研究丛书

◆华东师范大学教育学高峰学科建设项目资助
◆教育部普通高等学校人文社会科学重点研究基地
——华东师范大学课程与教学研究所研究成果

化学课程中的
科学过程技能研究

HUAXUE KECHENG ZHONG DE
KEXUE GUOCHENG JINENG YANJIU

龚正元 著

主编 王祖浩
顾问 刘知新

GEP
广西教育出版社

序

20世纪90年代中期，广西教育出版社策划出版了《学科现代教育理论书系》(以下简称《书系》)，被列为"九五"国家重点图书出版规划项目，并获得了国家图书奖。本人有幸担任《书系》的化学丛书主编，汇集了国内主要的研究力量，着重梳理了当时国内化学教育界在化学教学论、化学学习论、化学实验教学研究、化学教育测量与评价、化学教育史等领域研究的成果。这套丛书反映了改革开放以来我国化学教育理论工作者的研究思维，展示了国际科学教育研究的动态，构筑了21世纪中国化学教育"本土化"发展的广阔前景，为我国年轻一代学者的成长，特别是研究生教育提供了实用的观点和方法。今天，距《书系》的化学丛书出版整整过去了18个年头，中国的化学教育在理论和实践上都有了"量"和"质"的飞跃，特别是随着21世纪初我国基础教育课程的改革和实施，化学教育的研究课题更为广泛，研究方法更加多元，研究内容也更有深度。毫无疑问，现在又到了一个可以认真总结我国化学教育理论与实践成果的时代节点，广西教育出版社再度策划出版《中国化学教育研究丛书》，正当其时，承先启后，展望未来，意义深远！

领衔编撰《中国化学教育研究丛书》的华东师范大学化学系王祖浩教授，是我20世纪80年代初最早指导的研究生，也是当年《书系》化学丛书的主要作者之一。他长期致力于化学课程研制与实施、化学课程与教材的国际比较、化学学科教学心理学等多方面的研究，成果丰硕。由他领衔的团队十余年来主持我国基础教育化学课程标准的研制，在化学教育研究的"本土化"和"国际化"方面均有出色的工作。我相信,他能将中国化学教育的"继承"与"转型"两项任务很好地体现在这套新丛书中。

这套丛书立意高远，指向清晰，特点鲜明：(1) 立足中国本土，以中国学者的眼光，选择具有中国特色的化学学科教育的热点问题，展开兼具原创性和实证性的工作，力求从新的视角梳理我国化学教育的历史脉络，提炼化学教育的“中国问题”；(2)继承中国化学教育的优良传统，借鉴国外科学教育研究的经验，深入探讨影响化学教育系统运行的微观因素，揭示化学教育的若干规律；(3)选取的课题广泛，涉及“教科书学习难度评估”“核心概念的认知研究”“化学课程教学”“科学过程技能”“实验研究方法”等一系列内容，研究的问题具体而深入，研究方法的操作性强，研究结论翔实并富于启迪性。因此，本丛书有望形成新时期中国化学教育研究的标志性成果，将为中国化学教育基础研究的深入展开和中学化学教学实践的优化提供方法论指导。

学科教育理论的形成是学科发展与建设不断完善、充实和长期积淀、提升的结果，需要几代学者为这一宏伟工程而不懈奋斗！《中国化学教育研究丛书》是一项为化学教育学科建设开拓并打牢坚实根基的工作，宜“精益求精”，用“攻关拔寨”的精神来完成，在不断的锤炼中形成精品！作为在中国化学教育园地中耕耘了六十多年的一名老教师，看到这套研究丛书陆续出版，倍感欣慰，也衷心地感谢为这项重大工程做出巨大努力的全体作者和编者！期待更多有志于化学教育研究和实践的广大读者从书中获得有益的启发和帮助。我们坚信，只要广大的化学教育工作者勤于学习、不畏艰难、勇于探索，一定能将中国化学教育的美好蓝图变为现实！

谨以此为序，愿与本丛书的作者、编者和读者共勉。

北京师范大学教授

2015 年 12 月

刘知新：我国著名化学教育家，北京师范大学化学学院教授。曾任教育部高等学校理科化学教材编审委员会委员，国家教委高等学校理科化学教学指导委员会委员，教育部中小学教材审定委员会化学科审查委员，中国教育学会化学教学研究会理事长，中国化学会化学教育委员会副理事长。中国化学会《化学教育》杂志的创办人和原主编。享受国务院颁发的政府特殊津贴。

前 言

当今的科学教育以提高学生的科学素养为主旨，提高学生能力、发展学生素质是科学课程追求的目标。但是，在化学课程中提高学生科学素养的有效途径是什么？科学探究能力的构成要素是什么？如何培养学生的科学探究能力？这些都是非常重要并亟待解决的理论和实践问题。本书以化学课程中的科学过程技能为研究对象，旨在为化学课程切实培养学生能力、发展学生素质寻找一个突破口。

培养学生的能力、提高学生的科学素养是科学教育的宗旨。但是，我们从“大处着眼”的同时还需要从“小处着手”，培养学生的科学过程技能就是实现科学教育宏大目标的奠基性工作之一。作者通过对科学探究过程的系统分析，以广阔的科学教育视角，构建了化学课程中科学过程技能的目标体系，具体提出了化学课程中科学过程技能的要素、层次和目标。在充分借鉴国内外研究成果的基础上，重新界定了科学过程技能的概念。认为科学过程技能是科学家进行科学研究活动所必备的基本技能，包括智力技能和动作技能，其中以智力技能为核心。它也是学生进行科学探究学习活动时，按某些规则或操作程序顺利完成某种智慧任务或身体协调任务的能力。科学过程技能属于广义知识的范畴，也属于广义技能的范畴，它是科学方法的基石，也是科学探究能力的构成要素，并且它与智力也有着十分密切的关系。

科学过程技能的提出基于科学过程的教育思想。科学教育中关注科学过程发轫于科学方法教育，此后逐渐演变为科学探究的教育思想。科学探究作为学生学习科学的一种方式，经历从提出问题到解决问题的全过程，其中每一个环节都蕴含着科学过程技能的要素。探究教学必须深入到科学过程技能的层面，才能取得实效。通过对科学探究活动过程的系统分析，在本书中作者提出了化学课程中科学过程技能的基本要素，包括界定问题、观察、记录、查阅资料、假设、控制变量、实验操作、比较、分类、建立模型、数据处理、表达、交流、反思、评价等。以上各项科学过程技能在化学课程目标中都被划分为四个等级，对各年级的学生提出了适切的要求。

科学过程技能属于程序性知识，也属于智慧技能的高阶成分，其习得的过程与陈述性知识不可分离。科学过程技能与科学知识的学习是相互促进、协同建构的过程。科学过程技能中含有缄默知识的成分，其习得的途径仅仅依靠语言的传递往往不能奏效，它可以通过明确知识的内化和缄默知识的意会两种途径习得。科学过程技能的学习方式既包含外显的学习，也包含内隐的学习，因此，在教学中应该引导学生“内外兼修”。

科学过程技能必须在科学探究学习活动中才能形成和提高。因此，基于培养学生科学过程技能的化学教科书的编制，必须关注学生的探究活动，体现动态化的设计理念。化学教科书中科学过程技能的呈现方式主要有：以学生的探究活动为主线的整体构思，设置科学过程技能的专题或单元，安排“活动型”栏目，采取镶嵌和穿插等分散编排方式。

科学过程技能的学习既遵循一般技能训练的原则，也有其与科学知识学习密不可分的特殊性。通过对化学教学中培养学生科学过程技能的理论探讨和行动研究，作者认为，化学教学中培养学生科学过程技能的有效途径是将知识与技能进行有机融合。具体做法是：首先将课堂教学中的知识点尽数罗列，接着分析每一个知识点可能采取的教学方式，然后分析每一教学活动方式中蕴含的科学过程技能要素，最后综合集成、形成教学方案。按此思路设计的教学方案体现了化学知识与科学过程技能的有效耦合。经过一段时间的实践研究，教师对教学活动的设计更加注重其有效性，对科学过程技能的教学思路更加清晰，学生的科学过程技能水平得到了提高。

本书是在我的博士论文的基础上进一步充实、修改而形成的。上述各种思考和观点，也是本人多年来从理论学习和实践研究中获得的智慧结晶。

回想起自己的博士学习生涯，那种清贫、简单、充实而快乐，对未来既迷惘而又憧憬的生活，何尝不是一种幸福！我感触最多的莫过于我至深的“师缘”。我的父亲是中学教师，我自己也是一名教师，担任过中等师范院校和高等师范院校的老师。在我的求学生涯中遇到了许多好老师，至今心存感念。我结识我的博士导师王祖浩教授是在 1996 年，当时我在南京师范大学读研究生课程班，王老师为我们做了一次精彩的学术报告。他渊博的学识、缜密的思维和机智的语言深深地吸引了我。

此后不久，我读教育硕士之时，王老师应邀为我们系统讲授了化学教学论的课程，他深刻、精辟的见解给了我很多启迪。后来我又有多次机会近距离接触王老师，向王老师当面讨教，一次次被他的学识和素养所折服，被他的人格魅力所倾倒。在读博士的三年间，我更是得到了王老师的精心指导。我的论文从选题、构思到成文的整个过程中，王老师提出了许多建设性的意见。王老师高屋建瓴的思想和时常迸发的创造性思维火花每每让我茅塞顿开。如果说我的论文有一些闪光点的话，其中必定凝结着王老师的智慧。

南京师范大学的李广洲教授是我读教育硕士时的导师。李老师宽厚慈祥、爱生如子，尽显长者风范，深受学生爱戴。多年以来，李老师一直关心我的学习、工作和生活情况，给我很多鼓励和支持。尤其是在我困顿迷惘之际，他更是热情地伸出了援手。此恩此情，无以为报。今年，李老师光荣退休了，但是仍然坚持工作。李老师的敬业精神令人敬佩。

上海师范大学的吴俊明教授是我在扬州师范学院读本科时的老师。吴老师一丝不苟、严谨治学的态度对我影响至深。“板凳要坐十年冷”，吴老师对我的谆谆教诲驱除了我浮躁的心态。在上海的那段时间，我有幸多次与吴老师接触。每次向他讨教问题，都能得到他耐心细致的讲解，使我获益匪浅。这几年，我也利用和吴老师接触的机会讨教问题，他总是耐心地解答，一如当初。

我的本、硕、博三位化学教学论的老师都是博士生导师，毫无疑问都是本研究领域的佼佼者。我相继求学在三位名师门下，实乃三生有幸。只是，由于各种原因，当然最主要的原因是自己不够努力，我未能做出骄人的成绩，感觉愧对老师。

我要感谢南京师范大学的周志华教授、马宏佳教授、邱道骥教授、陆真教授以及扬州大学的吴星教授等对我学业的关心，感谢南京师范大学的任红艳、程萍对我工作的支持，感谢华东师范大学的诸多名师给我的学术滋养，感谢江苏淮安开明中学和清江中学的化学组全体老师对我研究工作的支持和帮助。

我的同窗好友尹筱莉、何永红两位女士都是高校的老师。相似的经历和相同的学业，使我们有很多共同的语言，形成了团结互助的学习共同体。我们经常在一起交流，自由驰骋的思想不断地碰撞，我从她们那里获得本书写作的很多灵感。

我还要感谢我的父母和家人对我学业的支持。尤其是我的爱妻傅红冬女士，作为一名高校老师，教学、科研的任务艰巨，在我读书期间，她还要承担全部家务。相夫教子，温柔贤淑，在她的身上体现了中华传统女性的美德。她为我付出的太多，我唯有“执子之手，与子偕老”为报。我能想到的最浪漫的事就是与她一起慢慢变老。

在本书即将付梓之际，我还要感谢广西教育出版社的领导和编辑为本书的出版所付出的辛勤努力，使得我的观点能与更多的读者分享。同时，也衷心感谢提供思想资源的本书所有参考文献的作者们。

龚正元

2014 年初夏于南京仙林

目 录

第一章 科学过程技能研究概述

新世纪伊始，国务院颁布了《关于基础教育改革与发展的决定》(国发〔2001〕21号)，教育部颁发了《基础教育课程改革纲要(试行)》(教基〔2001〕17号，以下简称《纲要》)，这些重要文件的出台，标志着新中国成立后的第八次课程改革正式拉开了序幕。新课程从现代公民所应具备的基本素质出发，明确提出要培养学生“具有初步的创新精神、实践能力”“具有适应终身学习的基础知识、基本技能和方法”等，体现了新时代的要求。[1]

在《纲要》精神的指导下，教育部组织专家组相继研制了初、高中化学课程标准。目前义务教育化学新课程改革已经全面实施，高中化学新课程改革正在稳步推进。新的化学课程改革旗帜鲜明地以培养学生的科学素养为主旨，对课程目标、课程结构、课程内容、课程评价等方面进行了划时代的变革，顺应了国际、国内教育改革的浪潮。但是，新的课程标准的问世只标志着“理想的课程”的诞生。实践表明，只有当教育实践者在学校里、在教学中实际执行或实施了新的课程标准，新课程改革的理想才能转化为学校“知觉的课程”、教师“运作的课程”和学生“体验的课程”。新课程改革在风风雨雨中一路走来，经历过热情澎湃、激情燃烧的岁月，

[1] 钟启泉，崔允漷，张华. 为了中华民族的复兴，为了每位学生的发展：《基础教育课程改革纲要（试行）》解读［M］. 上海：华东师范大学出版社，2001：4.

也遭遇过怀疑责难、心灰意冷的寒冬。客观地说，新课程的实施已经取得了有目共睹的辉煌业绩，但是，与此同时也出现了一些比较棘手的新问题。对新课程实施中出现的问题，我们应该正视并设法予以解决，而不应该消极回避。

第一节 问题的缘起

课程改革是个宏大的系统工程，当然不可能一蹴而就，不可避免地会遇到一些问题。新课程实施中的问题林林总总，有的是历史遗留下来的老问题，有的是新课程实施中出现的新问题。这些问题或大或小，或难或易。面对种种问题，我们应该从大处着眼，同时也要从小处着手。要在问题群中寻找到关键所在，也许，一个关键性问题的解决能够使一大堆问题迎刃而解，起到牵一发而动全身的效果。以下是化学新课程实施中比较突出的问题。

一、科学素养的培养目标如何落到实处

近年来，随着科学教育改革的深入，国际科学教育界已经达成共识：科学教育的宗旨就是培养学生的科学素养。我国公民的科学素养水平如何？根据中国科学技术协会（以下简称中国科协）组织的五次全国性的公民科学素养调查，我国公民科学素养水平虽然呈逐渐上升趋势，但是整体水平还较低。与 2001 年欧盟 15 国、美国和日本进行比较，在对科学知识的了解方面，瑞典排名第一，我国排名第十八位，位列最后；在科学方法的了解程度上，我国也几乎排名最后。能否提高公民的科学素养是关系到国家兴衰的大事，因此，2001 年国务院批准了中国科协关于在我国开展“全民科学素质行动计划”的建议(按笔者理解,科学素质与科学素养是同义词)，并委派中国科协牵头，联合科技部、教育部等 13 个部委机构和部门共同推进这项超长期宏大计划的实施，力争到 2049 年中华人民共和国成立 100 周年之际，在我国实现“人人具备基本科学素质”（简称“2049 计划”）。[1] 这被誉为中国的“2049 计划”。

新世纪启动的化学课程体现了 21 世纪对人才培养的要求，以培养学生的科学素养为课程的总目标，顺应了国际科学教育的主流，也合乎我国的现实国情。那么，什么是科学素养？怎样培养学生的科学素养？这是摆在我们面前的亟待研究和解决的重大现实课题。

关于什么是科学素养，目前学术界众说纷纭，尚无公认的、统一的定义，这也

[1] 傅振国. 中国已于6月29日颁布《科学技术普及法》正在制订未来50年的全民科学素质行动计划——2049年：人人具备科学素质（视点）[N]. 人民日报（海外版），2002-7-12（2）.

说明科学素养是有着丰富内涵的并且仍然在发展着的概念。但是，我们可以通过国际上对公民科学素养调查建议的内容，对科学素养的内涵获得概略性的认知。国际上公民科学素养的调查包括三个方面的内容：①对科学术语和概念的基本了解；②对科学研究过程和方法的基本了解；③对科学、技术与社会相互关系的基本了解。[1]新的化学课程便是以此为依据，构建了知识与技能、过程与方法、情感态度与价值观三个维度的课程目标体系。

根据科学素养的内涵，在化学课程中培养学生的科学素养必须全面落实三维目标。在三维目标中，第一个维度历来被人们所重视，相对来说容易实现，也容易测评。第二和第三个维度目标如何实现是实践中的难题。科学素养目标是科学教育的总目标，三个维度是相互联系的有机整体，教学实践中削弱任何一个维度都不利于科学素养目标的全面落实。究竟采取什么样的教学方式有利于三维目标的全面达成？也许成功的道路不止一条，但是可以肯定的是，采取以往那种让学生静听静坐的被动接受的教学方式可能只对知识的系统掌握是有效的，但是无助于过程与方法的提高，也无助于情感态度与价值观的养成。理智地分析我们的教学传统，我们的优势在于对科学知识内容的教学系统而且扎实，最大的缺陷在于对科学过程与方法的教学疏漏粗浅。根据木桶理论，一个木桶能盛多少水不是取决于最长的一块木板，而是取决于最短的一块木板，因此，在培养学生科学素养方面，扬长并不能避短，当务之急是要补短，要寻求有利于学生学习掌握过程与方法的教学方式。

落实三维目标的一种行之有效的方式就是让学生在“做科学”中学习科学，这是国际科学教育界经过多年探索得出的基本经验。美国《科学探究与国家科学教育标准——教与学的指南》中明确阐述：“学科学是学生主动参与的能动过程。学科学是学生们要自己实践的事。首先，学生们要亲自动手做，而不能由别人来代劳，不是要别人做给他们看。”但是，所谓“做”也不是盲目的“做”，或者仅仅表现为有外显动作的“做”，更不是形式主义走过场的“做”。所以，“‘动手’的实践活动必不可少，但是这还不够，学生们还必须有‘动脑’的理性体验。学科学的过程应该是体与脑的共同活动过程，不仅要有动手的活动，而且要有动脑的活动，更多的则需要既动手又动脑的活动”。[2]

学生通过“做科学”来学习科学是提高科学素养的有效途径。第一，“做科学”

[1] 刘知新．化学教学论：第三版［M］．北京：高等教育出版社，2004：15.

[2] 〔美〕国家研究理事会科学、数学及技术教育中心，《国家科学教育标准》科学探究附属读物编委会．科学探究与国家科学教育标准：教与学的指南［M］．罗星凯，等，译．北京：科学普及出版社，2004：16.

是获取科学知识的有力手段。学生在“做科学”的过程中，运用科学研究的程序和方法得以主动地建构科学知识。如果说科学知识是“鱼”，那么学会如何“做科学”便是“渔”，学会了“渔”的本领，捕获“鱼”便是自然的结果。第二，学生在“做科学”的过程中不仅动手而且动脑，体验和感悟科学研究的基本过程，从而学习和掌握科学研究的基本技能。基本技能的掌握不是懂不懂的问题，而是会不会、能不能的问题，而要学会基本技能必须通过实践训练。第三，学生只有通过“做科学”才能真正理解科学的本质。对科学本质的理解仅靠言传是不能奏效的，“学生只有在解决实际问题的过程中，通过亲身经历概念与过程的相互作用后才能真正理解科学。”[1] 因此，要切实提高学生的科学素养，关键是要求学生学会去“做”。当然，这也并不否定学生的接受学习。我们应该辩证地处理接受学习和探究学习的关系，这里强调“做”是关键，并不意味着它是唯一的学习科学的方式。实际上，接受学习可能是学生获取科学知识的最高效的方式。问题在于，以往我们让学生一味地接受，而且是被动地接受，学生“做”的太少，主动去“做”的更少，这非常不利于学生学习科学技能，也不利于学生培养科学的态度与精神。在以培养学生的科学素养为主旨的课堂教学中，这种情况必须要改变。

综上所述，从培养学生的科学素养的目的出发，我们需要深入思考在化学课程中让学生“做什么”、“怎样做”、怎样才能“会做”等问题。而这些问题又可以归结为怎样培养学生“做科学”的基本技能的问题。

二、探究教学如何取得实效

实践表明，让学生学会“做科学”的有效途径是让学生亲历科学探究学习活动，相应的教学方式就是科学探究教学。科学探究教学又称探究式教学，简称探究教学，它是新课程竭力倡导的一种教学方式，体现了先进的科学教育理念。《义务教育化学课程标准》（以下简称《标准》）指出：“科学探究是一种重要的学习方式，也是义务教育阶段化学课程的重要内容，对发展学生的科学素养具有不可替代的作用。”学生通过亲身经历和体验科学探究活动，可以“激发化学学习的兴趣，增进对科学的情感，理解科学的本质，学习科学探究的方法，初步形成科学探究能力。”[2] 综观

[1] 〔美〕国家研究理事会科学、数学及技术教育中心，《国家科学教育标准》科学探究附属读物编委会．科学探究与国家科学教育标准：教与学的指南［M］．罗星凯，等，译．北京：科学普及出版社，2004：16．

[2] 中华人民共和国教育部．全日制义务教育化学课程标准（实验稿）［M］．北京：北京师范大学出版社，2001．

《标准》，“科学探究”是文本的关键词之一，也是化学新课程改革的主题之一，它被视为化学课程改革的“突破口”。但是，在新课程的实施过程中，“科学探究”如何实施？学生的科学探究能力怎样培养？这些问题成了广大教师孜孜以求却不得其解的难题。

近几年来，为了解化学新课程实施的状况，笔者曾观摩过许多地区、不同层次的公开课、评优课，与许多化学教师进行过交流，并且与多名学生进行了访谈。总体感觉是，科学探究教学在实践中遭遇了尴尬，甚至可以说是举步维艰。广大教师对待探究教学的态度各异。冷眼旁观者有之，有的教师认为科学探究教学“浪费”时间，不如传统的“精讲多练、重点在练”的教学方法来得“实惠”，因此持怀疑观望态度；叶公好龙者有之，有的教师视科学探究教学为“时髦”的教学方式，一旦有外人来听课（诸如各种公开课、评优课等）就拿来“秀”一下，而在日常教学中则将其束之高阁，传统教学方式依然是“涛声依旧”；照猫画虎者有之，有些教师倒是真心诚意地想开展科学探究教学，但是在实践中却试图遵循某种固定的流程，以致出现了机械探究的现象，与真正意义上的科学探究貌合神离，偏离了科学探究教学的宗旨。观摩各种公开课教学，总体印象是：目前教学的花样多了，多媒体似乎成为一道不可或缺的“风景线”；学生的活动多了，一节课往往有多次小组讨论、实验探究、交流汇报等活动；化学课的人文色彩浓了，古典诗词、音乐、书画等进入化学课堂，令人耳目一新。可是，学生的收获究竟如何？

窥一斑而见全豹。笔者曾经听过的一节课可以部分反映出目前探究教学的状况。该节课的内容是“物质在水中的分散”。[1]教学过程中，教师要求学生自主探究物质溶于水时的温度变化情况，而对如何做此探究实验，实验中要注意哪些问题不作任何提示。结果，学生的自主性的确得到了发挥：有的学生在三个烧杯中随便加一些水，加入的硝酸铵、氯化钠和氢氧化钠等物质也未经称量，随意地加入一些药品后就去测量温度，实验过程中也不做任何记录。这节课的气氛的确活跃，学生也动起来了，但是这节课究竟想让学生学到什么？我们对教科书中该内容进行了仔细分析，认为教科书中设计的这个实验蕴含着丰富的技能训练内容，学生从这个实验中不仅可以探究出物质在水中分散的相关知识，同时，在探究过程中还可以学习控制实验条件进行比较的技能，还有观察、测量、实验操作、记录、归纳、交流等多项技能。但是，由于教师一味地要求学生自主探究，结果造成了学生的盲目探究。课

[1] 中学化学国家课程标准研制组. 化学九年级下册［M］. 修订本. 上海：上海教育出版社，2004：155.

后问学生：这节课你的收获是什么？他们的回答毫无二致，都说学到了一些物质溶解性的知识，竟没有一位学生说在实验中学到了某种科学方法或技能。类似这种只顾学生“探究”而不顾实际效果的现象屡见不鲜。难怪有的人将目前的探究教学贬低为“有形式，无实质；有活动，无方法；有过程，无体验”。此种现象令人深思。

为什么在实践中探究教学的实施发生了异化？问题到底出在哪里？究其深层原因，恐怕是不少教师对于探究教学找不到一个得力的抓手，因此只能达到形似而不是神似，只能东施效颦。因此，探究教学要卓有成效地深入下去，绝非是靠简单地模仿一些探究教学模式所能奏效的。我们必须深入研究探究教学的实效性问题。

对于上述问题，本人认为，探究教学之所以不能形神兼备，就是不少人只关注到探究过程的某些环节，而忽视了各环节中所蕴含的基本技能。这就好比学习武术，练就深厚的基本功是达到较高境界的基础，否则只能学会一些花拳绣腿的假功夫。化学课程中的“过程与方法”目标，目的在于使学生学习和掌握科学研究的基本过程与方法。不少教师虽然已经关注了此目标，但是对于达成此目标的途径却颇为迷惘。本人认为，要将“过程与方法”目标落到实处，不能空泛而谈，必须要对它进行细致分析，宜将“过程与方法”进一步分解为具体的途径来培养学生的基本技能。如此一来，聚沙成塔，日积月累，方见成效。

化学课程中的基本技能究竟是什么？它等同于以前化学教学大纲中提出的化学基本技能吗？笔者认为，在新课程的理念下有必要对化学课程基本技能的概念重新建构，不能将其局限于化学学科特有的基本技能，而应该立足于科学教育的宏观视野，将其定位于科学过程技能。

“给我一个支点，我能撬动地球！”阿基米德如是说。科学过程技能的培养也许就是化学课程中提高学生科学探究能力，培养学生科学素养的“阿基米德点”。基于这样的假设，本书首先探讨科学过程技能的内涵以及教育理论依据；接着分析科学过程技能的学习心理；然后厘清化学课程中科学过程技能的要素、目标和层次；再研究基于科学过程技能的化学教科书的设计问题；最后，采取行动研究的路径探明化学教学中培养学生科学过程技能的有效策略。

第二节 研究的基本思路

本研究综合运用文献法、调查法、观察法和行动研究法等多种方法，坚持理论研究与实践研究相结合的研究路径。

一、理论研究

为了澄清科学过程技能培养的相关理论问题，主要运用文献法，基本路径是系统分析、综合集成。此研究方法的理论依据是系统科学原理。系统科学的一个基本观点是，一个系统是由诸要素构成的，而每一个要素又可以看作由次一级要素构成的一个子系统。循着这样的思路，首先，我们将人的综合素质看作是一个系统，其中能力系统是它的一个子系统。然后从能力系统中再进一步分出技能系统，技能系统中再分出科学过程技能系统。对于科学过程技能系统的分析是本书的重点。本书力求通过科学研究过程与方法的系统分析，厘清科学过程技能的要素、结构和功能。没有深入的分析，就没有深刻的认识。化学科学的发展就是得益于将物质分析到元素、分子、原子的层次。如果没有分析的基础，合成新物质、制造新材料的目标也就不可能实现。课程研究虽然不同于科学研究，但是理性的分析胜于直觉的综合，这一点恐怕是没有疑义的。与此同时，我们必须认识到，单纯地依赖分析也会出现问题。分析的方法会将整体肢解，犹如层层剥洋葱，剥到最后便什么都没有了。因此，我们分析系统的各要素是必要的，但是不能止于分析。系统分析是手段，在分析基础上的综合集成才是最终目的。系统的功能不等于组成系统的各要素功能之和，因此，我们还必须研究系统各要素之间的相互联系。在对科学过程技能进行系统分析的基础上进行综合，提出化学课程中的科学过程技能的培养目标乃是本书的鹄的。

以科学研究活动的过程去分析科学过程技能的思路，也是受“活动分析法”的启发。课程目标的“活动分析法”为美国课程论专家博比特（F. Bobbitt）首倡。他曾将人类活动加以分析，列出了831个特殊明细的目标，作为课程设计的基础。[1]另外，与博比特同时代的美国课程论专家查特斯（W. W. Charters）的“工作分析法”，则是博比特“活动分析法”在职业活动方面的运用。查特斯在其《课程建构》

[1] 黄光雄，蔡清田．课程设计：理论与实际［M］．南京：南京师范大学出版社，2005：48.

（*Curriculum Construction*）一书中所提出的系统程序最为合乎科学化历程，其工作分析的课程设计包括八个步骤：①决定目标，研究社会情境的人类生活，决定主要教育目标；②工作分析，将教育目标分为职业理想和职业活动；③继续分析，将职业活动分析到每一个职业工作的单位出现，而且这些工作单位的一连串精密步骤，最好是学生本身可以直接从事、不须他人协助的工作步骤；④安排顺序，依据重要顺序，排列职业理想与职业活动的先后顺序；⑤调整顺序，依据职业理想与活动对学生学习价值的高低，重新调整先后顺序；⑥选择内容，确定哪些职业理想与活动适合于校内学习，哪些适合于校外学习；⑦研究发展，收集教导职业理想与职业活动的最佳方法与最好策略；⑧安排教学，依据学生的心理特质和教材的组织，以安排各种职业理想与活动的教学顺序，并加以实施。[1]尽管以上两位学者的分析方法屡遭非议，并被扣上“科技主义”“课程工程”“教育工学”等帽子，但是，本人认为按照人类活动来精细分析课程目标也有一定的合理性。

本书的理论研究拟澄清以下问题：

（1）科学过程技能概念的界定。弄清科学过程技能概念提出的历史背景，澄清它与知识、方法、技能、能力、智力等概念的关系，揭示科学过程技能的基本内涵。

（2）考察国内外科学教育的历史发展和现实状况，阐述科学过程技能的教育功能，认清科学过程技能在学生的知识建构过程中的作用，认识培养学生的科学过程技能对于学生形成正确的科学观，进一步提高学生科学素养的重要意义。

（3）从科学哲学和科学方法论的角度，考察科学研究活动的一般程序与基本环节，系统分析科学过程技能的基本要素。

（4）研究一些发达国家的科学课程和化学课程发展的现状，了解发达国家的科学课程和化学课程中的科学过程技能的目标、内容和要求，从中获得有益的启示。

（5）研究我国化学课程的历史与现状，考察我国化学课程中科学过程教育思想的演进，研究我国传统的化学基本技能课程教学的利弊，探讨我国现行的化学课程标准中科学过程技能的目标、内容和要求，并提出相关建议。

二、行动研究

本书关于科学过程技能的教学研究采取行动研究的方法。严格来说，行动研究的主体应该是一线教师。但是，行动研究中也可以有专家的引领和参与。本人谈不上是专家，但是，策划、参与、观察、反思等应是力所能及的。带着这样的想法，

[1] 黄光雄，蔡清田．课程设计：理论与实际［M］．南京：南京师范大学出版社，2005：49.

本人力求与一线教师密切合作，寻求培养学生科学过程技能的有效途径。为此本人做出了以下探索：

（1）选择一所中学为研究对象。通过现场观察、访谈等了解中学化学新课程实施的现状，发现化学课堂教学中存在的问题。

（2）设计教学方案。在与教师进行交流、研讨的过程中，将自己的教学设想相继提出。在与教师共同设计教学方案的过程中，提出具体翔实的建议。

（3）课堂观察。教师按照研究的教学方案上课，本人进行课堂观察、记录。

（4）听取执教老师的教学反思，委婉地提出本人的听课意见。与教师一起讨论改进教学方案的具体措施。

经过不断地观察、计划、实践、反思的螺旋式上升过程，提出培养学生科学过程技能的有效教学策略。

第三节　相关文献综述

科学过程技能（Science Process Skills）的提法，源自美国在 20 世纪 60 年代兴起的科学教育改革热潮。1961 年美国科学促进会（American Association for the Advancement of Science，简称 AAAS）接受美国国家科学基金会（National Science Foundation，简称 NSF）的资助，考察并分析科学家进行科学研究工作的过程及行为，试图将科学研究过程所运用的技能纳入自然科学的课程与教学活动中。经过九年的研究与发展，推出了“科学－活动过程教学”（Science-A Process Approach，简称 SAPA）的课程。此课程旨在让学生模仿科学家在实验室中的研究工作而进行学习，使学生熟悉、掌握科学研究过程中所运用的各项技能。此举的目的是使学生不仅在科学研究中，而且在处理各种事情、解决各种问题时，能像科学家那样思考和行动。

在 SAPA 课程中，科学过程技能和科学知识一样，都是被列为学生所应学习的内容。SAPA 课程最初所列出的科学过程技能包括：（1）基本过程技能：①观察；②测量；③应用数值；④分类；⑤应用时空；⑥表达沟通；⑦预测；⑧推论。（2）综合过程技能：①从事适当的定义；②形成假说；③解释资料；④控制实验因子；⑤从事实验。[1] 此后，这些技能的项目有了一些调整，譬如在综合过程技能中增加了一项“建立模型”，但是与当初制定的内容大同小异。（具体内容见附录 1）

从 20 世纪 60 年代以后，西方国家尤其是美国关于科学过程技能的研究逐渐成为热点，且经久不衰。我国的台湾地区深受欧美国家的影响，对科学过程技能的研究也颇为关注。以下仅摘其代表性研究观点予以简述。

一、西方国家关于科学过程技能的研究

（一）科学过程技能的教学研究

帕迪利亚（Michael J. Padilla）等人比较系统地研究了科学过程技能及其教学。他们首先研究了科学过程技能与形式思维的关系。在翔实的数据分析的基础上，得出了“科学过程技能与形式思维能力存在着高度的相关性”的研究结论。他们的进一步研究表明，科学过程技能与逻辑思维能力也具有高度的相关性，并且认为，科

[1] 魏明通．科学教育［M］．台北：五南图书出版公司，1997：162.

学过程技能的教学可以促进学生形式思维能力的发展。[1]他们还通过科学过程技能课程的教学，发现学生的识别变量和做出假设等科学过程技能水平有明显提高。[2]在揭示了科学过程技能与科学思维关系的基础上，提出了科学过程技能的教学建议：（1）教师要选择符合学习者水平的适当的教学任务；（2）运用熟悉的材料教学；（3）教给学生有效的问题解决策略。值得一提的是，由帕迪利亚主编的“科学探索者”丛书很好地体现了科学过程技能的教学内容，反映出他们对于科学过程技能的研究系统性很强，不仅有理论研究，而且有实践研究，取得了从课程、教材、教学方法到评价的系列成果。

Rohaida Mohd Saat 研究了基于网络环境下学生综合科学过程技能的获得，该研究将科学过程技能与现代信息技术密切联系起来，颇具时代气息。所研究的科学过程技能主要是“控制变量”一项，结果表明，学生在网络学习环境下科学过程技能获得进步。[3]

近年来，西方国家科学教育界热衷于科学探究教学的研究。科学探究教学对于提高学生的科学过程技能有效吗？ Paul Arena 研究了开放式探究教学模式对学生科学过程技能的作用，得出结论是，真实的、复杂的探究学习，有利于提高科学过程技能。[4]Wolff-Michael Roth 等人研究了真实环境下学生科学过程技能的发展，证实了在开放的实验室探究学习中，学生的科学过程技能得到显著提高。[5]Hüveyda Basağa 等人研究了在生物化学课程中运用探究教学方式与传统教学方式对培养学生科学过程技能的差异，得出了“运用探究教学方式有利于学生科学过程技能的提高”的结论。[6]N. K. Coh 等人研究表明，通过改革化学实验教学可以促进学生科学过程技能的发展。[7]这些研究都表明，采取科学探究教学方式对于培养学生的科学过程技能

[1] PADILLA M J，OKEY J R，DILLASHAW F G. The relationship between science process skill and Formal thinking abilities [J]. Journal of Research in Science Teaching，1983，20（3）：239–246.

[2] PADILLA M J，OKEY J R，KATHRYN G. The effects of instruction on integrated science process skill achievement [J].Journal of Research in Science Teaching，1984，21（3）：277–287.

[3] SAAT R M. The acquisition of integrated science process skills in a web-based learning environment [J]. Research in Science & Technological Education，2004，22（1）：23–40.

[4] ARENA P. The role of relevance in the acquisition of science process skills [J]. Australian Science Teachers Journal，1996，42（4）：34–38.

[5] ROTH W M，ROYCHOUDHURY A. The development of science process skills in authentic contexts [J]. Journal of Research in Science Teaching，1993，30（2）：127–152.

[6] Basağa H，Ömer G，Tekkaya C. The effect of the inquiry teaching method on biochemistry and science process skill achievements [J]. Biochemical Education，1994，22（1）：29–32.

[7] GOH N K. Use of modified laboratory instruction for improving science process skills acquisition [J]. Journal of Chemical Education，1989，66（5）：430–432.

是有优势的。

Dorothy Gabel 等人比较研究物理课程与科学方法课程对学生科学过程技能的影响，结果表明前者比后者更为有效。[1] 这说明科学过程技能的培养要与具体学科知识的学习融为一体才有成效，孤立地讲授科学方法或者进行科学方法训练对提高科学过程技能水平收效甚微。L. C. Scharmann 的研究表明，科学过程技能教学对于促进学生获得科学知识大有裨益。[2] 该研究结论的启示是，注重科学过程技能的教学并不会带来轻视知识的后果，知识与技能是水乳交融的关系，而不是水火不容的关系，正确处理好两者的关系可以取得相互促进、相得益彰的效果。

以上研究表明，要切实培养学生的科学过程技能，就要改变传统的课堂教学方式，换句话说，采取“传授—接受”的教学方式对于培养学生的科学过程技能是徒劳的。采取探究式的教学方式，创设丰富而开放的教学环境，让学生亲自动手“做科学”，这些都有利于提高学生的科学过程技能。而且，科学过程技能与科学知识的学习是相辅相成的，不存在厚此薄彼的问题。科学过程技能的学习应该与具体学科知识的学习融为一体，单独进行科学方法的讲授或者训练，实际上就是一种形式训练，不可能取得理想的效果。

（二）科学过程技能的学习心理研究

Genzo Nakayama 研究了认知风格与科学过程技能的关系。他们通过建立假设、识别变量、下操作性定义并设计调查方案、绘制图表、整合数据等五个方面的测试，发现科学过程技能同等水平的学生认知风格有可能不同，得出结论是：认知风格与科学过程技能没有相关性。[3] 该研究表明，科学过程技能是人人都可以学会的技能，不存在适合某些人学习而不适合另外一些人学习的问题。

Yvonne Beaumont-Walters 等人对高中生的科学过程技能的差异进行了研究，发现不同性别、年级、学校所在地区、学校类型、家庭经济背景的学生的科学过程技能的水平存在差异。[4] 这与上述的研究结论看似矛盾，其实不然。Genzo Nakayama 的研究结论是科学过程技能水平相同的学生，他们的认知风格不一定相同，但是并

[1] GABEL D, RUBBA P. Science process akills: Where should they be taught? [J]. School Science and Mathematics, 1980, 80 (2): 121-126.

[2] SCHARMANN L C. Developmental influences of science process skill instruction [J]. Journal of Research in Science Teaching, 1989, 26 (8): 715-722.

[3] NAKAYAMA G. A study of the relationship between cognitive styles and integrated science process skills [EB/OL]. http://search.ebscohost.com/login.aspx?direct=true&db=eric.

[4] BEAUMONT-WALTERS Y, SOYIBO K. An analysis of high school students' performance on five integrated science process skills [J]. Research in Science & Technological Education, 2001, 19 (2).

不意味着所有人的科学过程技能水平都相同。科学过程技能水平的提高受诸多因素的影响，尤其是深受环境和教育的影响。Peter N. Brotherton 等人研究了科学过程技能与认知发展水平的关系，发现两者存在高度的正相关。可见，科学过程技能水平的提高受个体心理发展水平的制约。依此推测，科学过程技能的培养可能对学生的认知发展有利，反过来说，科学过程技能的培养要根据学生的认知发展水平进行，揠苗助长的做法是愚蠢的。[1]

总之，已有研究表明，科学过程技能与认知发展有着非常密切的关系，在哪个年龄段培养学生的哪些科学过程技能，应该符合学生的认知发展水平。科学过程技能水平与认知风格无关，因此，培养学生的科学过程技能应该面向全体学生，做到有教无类。

（三）科学过程技能的评价研究

关于科学过程技能的评价，Karen L. Ostlund 的研究比较深入。他所著的《科学过程技能活动评价》针对 3 — 6 年级学生设计了 78 个“动手做”活动，根据学生的活动表现，将科学过程技能分为 6 级水平，评价项目包括观察、交流、估计、预测、测量、收集数据、分类、推理、制作模型、解释数据、制作图表、假设、控制变量、操作性定义和探究等。[2] 他的研究表明，对于科学过程技能的评价要靠实作性评价，而不是通过书面考试，衡量学生科学过程技能的水平要看学生在“做科学”的过程中的表现。

除了上述的研究领域，国外关于教师（包括职前、职后）科学过程技能的培训的研究也是一个热点。目前，基于网络环境下科学过程技能的学习也颇受人们关注。

二、我国台湾地区关于科学过程技能的研究

我国台湾科学教育界深受欧美国家的影响。近年来，台湾科学教育界也比较热衷于科学过程技能的研究。魏明通所著的《科学教育》一书有专门一章探讨科学过程技能。该书对 SAPA 的各项科学过程技能进行了详尽阐释，并列举了大量生动的实例。一些教育刊物刊登了不少研究科学过程技能的论文。譬如，《解决科学基本问题的理化实验范例兼谈科学过程技能中的变因》（杨水平，科学教育月刊，第 134 期），《网络合作学习与科学过程技能的学习》（许瑛玿、吴慧珍，科学教育月

[1] BROTHERTON P N，PREECE P F W. Science process skills: Their nature and interrelationships [J]. Research in Science and Technological Education，1995，13（1）：5-11.

[2] OSTLUND K L. Science process skills: Assessing hands-on student performance [J/OL]. http://web.ebscohost.com/ehost/detail.

刊，第 254 期），《高一学生问题解决能力与其科学过程技能之相关性研究》（张俊彦、翁玉华，科学教育学刊，2000 年第 8 卷第 1 期），《以科学过程技能融入动手做工艺教材培养国小学童科学创造力》（李贤哲、李彦斌，科学教育学刊，2002 年第 10 卷第 4 期）等。

还有数篇研究科学过程技能的硕士论文。譬如，《探讨学生通过网络进行合作学习对其科学过程技能的影响》（吴慧珍，2000），《以实验室教学培养学生科学过程技能成效之研究》（刘银姬，2002）等。刘银姬等采用质的研究方法，以高中二年级学生为研究对象，选取前后测有显著改变的四位学生进行个案研究分析。研究者通过基础科学过程技能前后测验、半结构式访谈等方式进行资料的收集。研究结果表明，实验室教学对促进个案学生学习基础科学过程技能有显著成效，在良好的班级氛围中小组之间的互动活跃，在实验教学中设计不同的活动能达到培养学生科学过程技能的目的。

总之，我国台湾学者对于科学过程技能的研究较全面，研究对象从小学到高中，涉及的科目有小学自然、物理学、化学、生物学、地理学等，研究方法比较接近于西方。

三、我国大陆关于科学过程技能的研究

我国大陆关于科学过程技能方面的研究文献极少。这可能有两个方面的原因：一方面，人们对科学过程技能的名词比较陌生，有人在翻译外文资料时又把它等同于科学方法；另一方面，在国外科学过程技能研究蓬勃兴起的时候，我国正处于“文化大革命”时期，教育界正热衷于进行教育与生产劳动相结合的教育革命，无人去理会科学过程技能的问题。之后，我们又开始“补课”，重视在课程中增加先进的科学知识的内容，但是，对于科学过程与技能的内容重视不够。近年来，国外掀起了科学探究教学的热潮，我们又试图与国际接轨，直接研究探究教学的模式、方法或策略，很少有人去研究科学探究赖以进行的基础——科学过程技能。

不过，也有极少数目光敏锐的学者，尽管没有使用科学过程技能一词，却对科学过程技能进行了实质性的研究。20 世纪 80 年代初，陈耀亭提出了“培养能力应以自然科学方法论为依据”的观点。他认为，学生学习自然科学应该按照科学家进行科学研究的过程与方法。他所提出的科学研究过程的具体环节以及每一环节中所运用的科学方法非常具体，有的“科学方法”已经比较接近科学过程技能的层次。[1]

［1］ 陈耀亭．培养能力应以自然科学方法论为依据［J］．化学教学，1980（4）：1–7.

之后，他又提出了“以自然科学方法论指导化学教学法”的理论主张。[1]尽管他提出的自然科学方法论是当时的经典理论，在现在看来有值得商榷的地方，但是他所提出的科学研究过程的具体环节对于我们确定科学过程技能的要素还是有借鉴意义的。20世纪80年代中期，张嘉同发表文章，对科学研究中的“问题”“实验”“理论”“知识体系”等进行了比较全面的阐述。有些内容也比较接近科学过程技能的层面。[2]

此外，在一些研究“科学方法”“科学探究”“化学实验”“思维能力”等的文章中，依稀可以发现科学过程技能的踪影，在此不再赘述。

根据有关的文献检索，我们发现，近年来在化学教育研究领域，实验是永恒的主题，能力、思维是不懈的追求，探究则是热门的话题。这在一定程度上反映了人们对于化学教育中培养学生基本素质的重视。遗憾的是，关于培养学生技能方面研究的论文寥若晨星。

在“非化学教育”的研究领域，检索到了几篇有关科学过程技能的研究论文。罗国忠研究了科学过程技能的性别差异。他以4所中学（城市和乡镇各2所）的九年级学生为研究对象，其中男生122人，女生116人。以物理课程中“探究影响电阻大小的因素”“探究电流大小与电压电阻的关系”的内容设计结构性工作单。研究结果表明，男女生的平均分都比较低，男女生的总平均分差异不显著。[3]樊琪对科学探究技能的内隐与外显学习进行了比较研究，研究表明，在科学过程（探究）技能学习中，内隐学习是存在的并且其效率接近于外显学习，内隐学习的心理机制不同于外显学习，其性质有别于外显学习，在探究技能获取过程中的性别差异不显著，且其最关键的步骤是得出结论。[4]

综上所述，国外和我国台湾地区关于科学过程技能的研究已经达到比较深入的程度。他们所研究的问题一般都非常具体。研究方法上比较侧重于实证研究，重视数据分析，论文研究的结论谨慎，一般都有明确的限制条件。研究对象非常广泛，从幼儿园到大学，从职前教师到在职教师，从一般学校到特殊学校等。但是，对于科学过程技能的系统研究比较欠缺，关于化学课程中的科学过程技能的研究较少且局限于个别技能的研究。

我国大陆关于科学过程技能的研究基本上无人问津。科学探究教学方面的研究虽然很多，但是往往只停留在探究环节的层面上，缺乏对更基础层面的科学过程技

---

[1] 陈耀亭．化学教学法的指导理论需要发展［J］．化学教育，1986（6）：25-28.

[2] 张嘉同．科学方法论与中学化学教学［J］．化学教育，1986（4）：29-35.

[3] 罗国忠．科学过程技能的性别差异［J］．教育科学，2006（6）：9-10.

[4] 樊琪．科学探究技能的内隐与外显学习的比较研究［J］．心理科学，2005，28（6）：1375-1378.

能的深入研究。

我国目前正在进行如火如荼的科学教育（含化学教育）改革，其核心是变“以知识体系为中心的科学结论教育”为“以探究为中心的科学过程教育”，这顺应了国际科学教育改革的主流。但是，化学教学中如何培养学生的科学探究能力进而提高学生的科学素养？这不仅是一个十分重要的理论问题，而且是一个亟待解决的实践问题。也许，借用科学过程技能这个“他山之石”，可以“攻”我国化学教学实践中培养学生探究能力之“玉”。

第四节　科学过程技能内涵的深层解析

科学过程技能（Science Process Skills）也有人翻译为“科学过程能力”“科学过程技巧”“科学探究能力”等，它的同义词是科学探究技能（Science Investigation Skills），也有人翻译为“科学调查能力”等。由于技能与能力具有非常密切的关系，许多人将科学探究技能与科学探究能力相互混用，在日常使用中不会有问题。但是，作为学理上的探讨，本人倾向于使用“科学过程技能”一词。

科学过程技能概念的提出，绝不是词语的花样翻新，而是有着深刻的思想内涵。科学过程技能目前在我国大陆的教育文献中还不是一个常用的术语，要理解它的概念、意义和作用，我们首先必须厘清它与知识、技能、方法、能力、智力等概念的关系，在此基础上综合分析其概念的内涵与外延。

一、广义知识的视角

“知识”是一个十分常用的、普通的术语，但是它的内涵却是十分的丰富。1980年出版的《辞海》将知识定义为：“人们在社会实践中积累起来的经验。”《现代汉语词典（第6版）》中的定义是：“人们在社会实践中所获得的认识和经验的总和。”《中国大百科全书·哲学（Ⅱ）》关于知识的定义是：“人类认识的结果，它是在实践的基础上产生又经过实践检验的对客观实际的反映。人们在日常生活、社会生活和科学研究中所获得的对事物的了解，其中可靠的成分就是知识。”[1]《中国大百科全书·教育》关于知识的定义是：“所谓知识，就它反映的内容而言，是客观事物的属性与联系的反映，是客观世界在人脑中的主观映象。就它的反映活动形式而言，有时表现为主体对事物的感性知觉或表象，属于感性知识；有时表现为关于事物的概念或规律，属于理性知识。”[2]

上述关于知识的定义都是侧重于人类的认识结果而言的，仅指“知什么”，即对事物的属性、联系的反映，没有反映出知识的动态性、过程性特征。科学过程技

[1] 中国大百科全书出版社编辑部. 中国大百科全书·哲学（II）[M]. 北京：中国大百科全书出版社，1987：1169.

[2] 中国大百科全书出版社编辑部. 中国大百科全书·教育[M]. 北京：中国大百科全书出版社，1985：525.

能是人们在科学研究实践中所获得的经验，从广义上说也应属于知识的范畴。但是，按照上述知识的定义，它在知识的王国里只能处于边缘位置，处于容易被人遗忘的角落，其重要性往往被人们所忽视。

（一）科学过程技能属于过程性知识

从知识发生的意义上讲，知识包括过程性知识和结果性知识。前者是后者产生的基础，后者是前者的逻辑产物。作为过程的知识主要包括知识创造的理想、目标、意趣、情感、审美、思维方式、操作程序与方法等。而作为结果的知识主要体现为知识的陈述形式（特别是言语）和逻辑体系，如概念、公式、原理、图表等。[1]过程性知识反映了人类对自然、社会乃至自我的探究过程，包含着人类的思维过程、情感方式和审美旨趣，多方位地再现知识形成过程的生动图景。科学过程技能是生产知识的知识，乃是过程性知识的重要组成部分。

（二）科学过程技能属于缄默知识

世界经济合作发展组织（Organization for Economic Cooperation and Development，以下简称 OECD）在《以知识为基础的经济》（*The Knowledge Based Economy*）的报告中，把知识分为四类：知道是什么的知识，即事实知识（Know-what）；知道为什么的知识，即原理知识（Know-why）；知道怎样做的知识，即技能知识（Know-how）；知道谁有知识的知识，即人际知识（Know-who）。第一、第二类知识是可编码的知识，可称之为明确知识（Explicit Knowledge）。第三、第四类知识属于不可编码的知识，又称意会知识、缄默知识（Tacit Knowledge），这类知识大部分隐含在行动、操作、体验之中，它实际上是一种实践智慧。显然，科学过程技能是关于如何“做科学”的技能知识，当属 OECD 知识分类中的第三类知识，即缄默知识的范畴。

（三）科学过程技能属于程序性知识

在认知心理学的研究中，通常把与人类认知相关的知识划分为两大类：陈述性知识和程序性知识。陈述性知识是指个人有意识地提取线索，因而能直接陈述的知识。[2]这类知识主要包括具体表征事物属性的各种经验的和理论的知识，如现象、事实、概念、原理、定理、定律、模型、公式等。程序性知识是指个人没有有意识地提取线索，因而其存在只能借助某种活动形式间接推测出来的知识。[3]简要地说，就是关于“如何行动”的知识。程序性知识主要包括智慧技能、动作技能、认知策

[1] 潘洪建．教学知识论［M］．兰州：甘肃教育出版社，2004：101.

[2] 教育大辞典编纂委员会．教育大辞典·第5卷·教育心理学［M］．上海：上海教育出版社，1990：189.

[3] 同［2］.

略。由此可见，科学过程技能是关于“如何做科学”的知识，因此，它属于程序性知识的范畴。

综上所述，根据广义的知识概念，科学过程技能属于知识的范畴。科学过程技能属于过程性知识、缄默知识和程序性知识。不过，考虑到人们的思维习惯，本书除了在有些场合使用广义知识的概念，一般情况下仍然取狭义的知识概念，在具体的语境中不难区分。尤其是在讨论科学知识与科学过程技能的关系时，将科学知识与科学过程技能谨慎地加以区分，以利于澄清问题。

二、广义技能的观点

科学过程技能与一般技能的关系就是特殊与一般的关系。要理解科学过程技能的本质，我们不妨先对一般技能的含义进行考察。

（一）一般技能的定义

我国教育学和心理学的工具书和教材一般都是沿用活动方式定义技能（Skill）。例如，《中国大百科全书·心理学》把技能定义为“通过练习获得的能够完成一定任务的动作系统”。[1] 在林崇德等主编的《心理学大辞典》中，对技能的解释：“个体通过练习形成的合法则的操作活动方式。具有下列特点：（1）表现为一种动作系列，属于动作经验，区别于知识或认知经验；（2）一种合法则的活动方式，其动作顺序以及动作的执行方式，均需符合活动法则或规则的要求，区别于一般的随意运动方式；（3）通过学习及练习而获得，区别于本能。根据活动中的主要成分，分为动作技能和智力技能两种。但两者并不截然分开，而表现为你中有我，我中有你，在复杂的活动中两者相辅相成，有机结合。”[2]

把技能定义为活动方式的观点来源于苏联心理学。1956 年出版的由斯米尔诺夫主编的《心理学》写道，“我们把依靠练习而巩固起来的行动方式叫熟练”，技能“正像熟练一样，它也是完成行动的方式”。[3] 1980 年出版的克鲁捷茨基主编的《心理学》把“人已掌握的完成活动的方式叫技能”。[4] 这两个定义都是针对动作技能而给出的，不足之处是没有给智力技能以应有的地位。

目前，西方心理学界普遍采用技能广义的概念。从现代信息加工心理学的观点

[1] 中国大百科全书总编辑委员会《心理学》编辑委员会，中国大百科全书出版社编辑部. 中国大百科全书·心理学［M］. 北京：中国大百科全书出版社，1991：153.

[2] 林崇德，杨治良，黄希庭. 心理学大辞典［M］. 上海：上海教育出版社，2003：553.

[3] 斯米尔诺夫. 心理学［M］. 朱智贤，等，译. 北京：人民教育出版社，1957：459.

[4] 克鲁捷茨基. 心理学［M］. 赵壁如，译. 北京：人民教育出版社，1984：86.

看，技能属于广义知识中的一种类型，即程序性知识。这里的程序性知识是就个体而言的。因此，对技能的全面理解应该是："在练习基础上形成的、按某些规则或操作程序顺利完成某种智慧任务或身体协调任务的能力。"[1]广义技能的概念中显然突出了智力技能的地位。

（二）科学过程技能的特点

由于受传统技能概念的影响，不少人将技能仅仅理解为动作技能。即使有人认为技能中含有智力技能的成分，但是智力技能也只是处于从属地位。这种对技能概念的狭隘理解，在实践中产生了极其消极的影响。

以化学课程中的基本技能来说，人们一提到它首先想到的就是化学实验操作技能。以往人们对化学实验技能的要求主要关注动作技能方面,包括使用仪器的技能、使用试剂的技能、实验操作技能等。在教学实践中，教师往往对学生的实验操作技能进行机械训练，很少关注如何通过实验手段去解决问题，也就是忽视了化学实验中智力技能的重要性。另外，人们提及化学基本技能还会想到化学计算技能以及使用化学用语的技能。这两项技能属于智力技能是毫无疑义的。但问题在于，在教学实践中人们对待化学计算往往局限于纸上谈兵，化学计算的目的不是为了解决实际的化学问题，而是为了计算而计算，成了"君子动口不动手"的活动，以致化学计算逐渐异化为一种数学游戏。使用化学用语的技能也摆脱不了形式训练的窠臼。因此,传统的技能概念对化学课程的消极影响是人们将动作技能与智力技能截然分开，并且使智力技能的内涵变得非常狭隘。

科学研究活动是一种特殊的创造性活动，在研究活动中需要运用观察、测量、实验等基本操作技能，但是更重要的还是要运用智力技能，诸如比较、分类、分析、综合、归纳、演绎、类比、假设等。科学过程技能是科学研究活动过程中的基本技能，它的特点应该是智力技能与动作技能的有机融合，而且是以智力技能为核心。

三、科学方法的范畴

科学方法（Scientific Method）是认识自然或获得科学知识的程序或过程，是科学认识主体为从实践上和理论上把握科学认识客体（即科学对象）而采用的

[1] 皮连生．教育心理学：第三版［M］．上海：上海教育出版社，2004：127.

一般思维手段和操作步骤之总和。[1]我们一般所说的科学方法，实际上指的是科学方法体系。

（一）科学方法的层次

科学方法体系中包括多种方法，它们属于不同的层次。通常人们把科学方法分为三个层次：

1. 哲学方法

科学方法的最高层次是哲学方法。唯物辩证法、系统方法等都是哲学方法。哲学是关于世界观的学问，是理论化、系统化的方法论。当人们用它去说明世界的时候，就是世界观；当人们用它去指导认识和改造世界的活动的时候，就成为方法论。哲学方法不仅适用于自然科学，也适用于技术科学、社会科学和思维科学。哲学的功能不在于直接回答某一具体的科学问题，而在于指示思维方向，给人们引导解决问题的正确道路。

当今的哲学思潮流派纷呈，当我们徜徉于形形色色的现代、后现代哲学思想的丛林中，如果不加辨别便会迷途而不知返。唯有掌握着指南针才能认清方向。在科学研究活动中，马克思主义的认识论和辩证法乃是辨别正确方向的指南针。马克思主义哲学作为认识论，为科学研究阐明了实践和认识、感性认识和理性认识、相对真理和绝对真理的辩证关系。只有正确处理这些辩证关系，科学研究才能正确进行。逻辑辩证主要是运用概念的辩证法反映客观世界的辩证法。它有两个特点：一是不脱离思维内容单独考察思维形式，而是把思维形式与其内容联系起来、统一起来考察和研究；二是它不是把概念看作僵死的、不变的东西，而是看作灵活的、流动的、可变的东西。自觉地运用正确的哲学方法，能提高科学研究活动的效率，使科学研究活动取得成功。

2. 一般方法

科学方法的第二个层次是各门学科研究的一般方法。科学研究的一般方法包括：观察、比较、计算、测量、实验、概括、抽象、形式化、公理化、分析和综合、归纳和演绎、模拟以及假说、历史、想象和分类等。[2]

一般方法的适用范围广，可迁移性强。对于学生来说，学习和掌握科学研究的一般方法具有非常重要的意义。掌握科学研究的一般方法，不仅在科学研究活动中可以大显身手，而且在日常生活和社会生活中也可以发挥巨大的作用。一般方法的

---

[1] 李建珊. 科学方法概览［M］. 北京：科学出版社，2002：2.
[2] 孙小礼. 科学方法［M］. 北京：知识出版社，1990：82.

掌握对于学生的终身学习和发展具有长远的意义。

3. 特殊方法

科学方法的第三层次是各门学科的特殊的研究方法。各门学科中的特殊方法林林总总，以化学学科的特殊方法来说，常用的有：分离和提纯方法、研究化学反应机理的原子示踪法、定量分析中的滴定法、测定气体组成的气相色谱法、研究晶体结构的X射线衍射法等。仅是化学中的分析方法就至少包括：定性分析法、滴定分析法、重量分析法、热分析法、电化学分析法、色谱法、原子光谱法、分子光谱法、质谱分析法、核磁共振法、荧光光谱法、毛细管电泳、流动注射分析等。[1]特殊方法反映了一个学科的特点，它的专业性很强，相对说来，可迁移性就较小。

科学方法的三个层次，是根据其理论和方法概括程度和适用范围依次划分出来的关系，虽然存在着相对的区别，但在科学认识规律里却有着紧密的联系。首先，高层次对低层次存在着指导关系。哲学方法是经过层层概括而得到的最普遍的方法，它无论对中间层次的一般方法还是对基础层次的特殊方法都有指导作用。所以，在运用一般方法和特殊方法的时候，应该积极主动地接受哲学方法的指导。其次，低层次是高一层次进行概括的基础。低层次新近发展的成果，通过高一层次的概括之后，高一层次则获得充实和发展。譬如，一般意义上的实验方法就是从物理实验、化学实验、生物实验等特殊的实验方法中概括出来的。

（二）科学方法体系中的科学过程技能

我们将“科学－活动过程教学”课程的科学过程技能内容与科学方法的内容进行对比，不难看出，科学过程技能大体上相当于科学方法的第二个层次，即科学研究的一般方法。但是，两者又不是完全等同。

笔者认为，中文的“方法”一词意义过于宽泛，最高层次的科学方法——哲学方法实际上相当于科学思想的层面，而有些低层次的方法（如“气体的收集方法”“气密性的检查方法”“酒精灯的使用方法”等）又属于非常具体的操作技能的层面。显然，两者虽然都可以说成是方法，但是在内涵上、层次上是不可同日而语的。鉴于此，本文将最高层次的科学方法视为科学思想，将中间层次的科学方法仍叫科学方法（狭义的科学方法），第三层次就是科学过程技能，第四层次是指比科学过程技能更加微观的技能。这样可以把科学过程技能与科学方法的关系厘清。以下试举一例说明，见图1–1。

图1–1仅是一例，“逻辑实证，经验归纳”并不是唯一正确的科学思想。从图

[1] 高剑南，王祖浩. 化学教育展望[M]. 上海：华东师范大学出版社，2001：12.

中可以看出，科学方法是一个体系，科学过程技能不等于科学方法。科学过程技能属于科学方法体系中比较基础的层次，也可以说它是科学方法的基石。

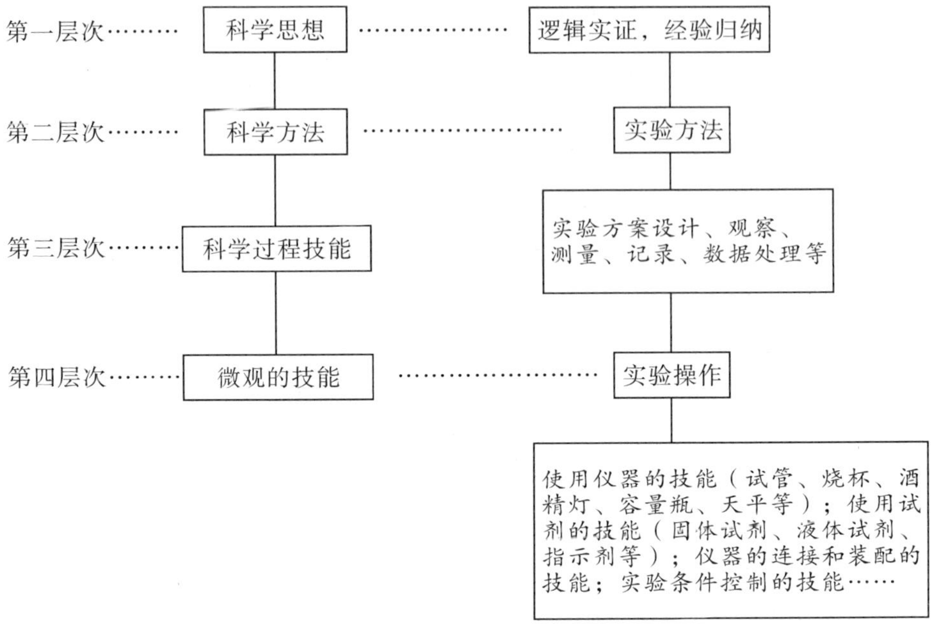

图 1-1　科学过程技能与科学方法的关系

（三）科学方法教育的具体落脚点

我国从 20 世纪 80 年代中期开始，将科学方法教育列入科学课程的目标。化学课程首次提出科学方法的教育目标是在 1986 年颁布的《中学化学教学大纲》中，该大纲明确提出，教师要“重视科学态度和科学方法的教育”[1]。但是关于科学方法的提法过于笼统和抽象，没有说明科学方法究竟包括哪些内容，所以在实践中难以操作。

究竟如何进行科学方法教育？顾明远主编的《教育大辞典》中的“科学方法教育”条目是这样解释的：“小学自然教学任务之一。在教学过程中尽可能启迪、诱导学生自行探求和应用知识，使他们不仅学到科学知识，而且学到获取知识的方法，发展学科学、用科学的能力。小学儿童学习的科学方法一般包括观察，运用数学说明时空关系，分类，测量，表达，预测，推理，控制变因，解释资料，形成假设，形成操作型的定义（如用尺量长度的正确操作就形成了“长度”的正确定义），实

[1] 课程教材研究所．20世纪中国中小学课程标准·教学大纲汇编（化学卷）[M]．北京：人民教育出版社，2001：326.

验，等等。”[1]可见该条目的科学方法实际上就是科学过程技能，具体解释直接源于AAAS（美国科学促进会）制定的并在SAPA课程中运用的科学过程技能。SAPA课程原本是小学自然科学课程，有趣的是，编者翻译时原封不动地保留了小学。当然，这里解释科学方法教育时是否应该局限于小学阶段需另当别论。不过，从该条目的解释中，倒可以看出编者比较赞同从具体细微处着手使学生掌握科学方法。

上述将科学方法教育等同于科学过程技能培养的解释，虽然混淆了科学方法与科学过程技能的概念，但是其具体的实施途径还是适宜的。如果该条目的解释不局限于小学阶段，而是将适用范围扩大，可能比较贴切。因为中学生、大学生同样需要科学方法教育。或者将该条目直接写为“科学过程技能”，对科学过程技能的概念进行界定就更好了。事实上，目前人们对科学过程技能的研究早就超越了小学阶段，往下延伸至幼儿园，往上延伸到了中学、大学乃至科学教师的培训阶段。

科学方法具有不同的层次，科学过程技能大致相当于中间层次的科学方法，同时也包括比一般方法更具体的技能（动作技能、智力技能）。相比之下，科学过程技能比科学方法更加具体。在中小学科学教育中，用科学过程技能一词来表述科学方法教育的目标，其内容和要求更加具体明确，也更具有可操作性。SAPA课程将科学方法的目标细化为14项科学过程技能，并且将这些科学过程技能分为6级水平，对每一项技能和每一级水平都有详细的说明，这样便于教师明确科学过程技能的培养目标，也有利于循序渐进地开展教学，并且对学生科学过程技能的评价也有了可靠的依据。另外，科学过程技能对科学探究的过程比较重视，譬如，问题的发现、界定、表达、交流和讨论等是科学探究活动的重要过程技能，但是在科学方法的范畴中却很少予以关注。简而言之，科学过程技能是科学方法教育的具体落脚点。

四、科学探究能力的构成要素

前文已经说明，科学过程技能与科学探究技能是同义词，而科学探究技能与科学探究能力两个概念人们往往不加区分，这说明技能与能力确实是联系密切的两个概念。譬如，英语中skill就有能力的含义，陆谷孙主编的《英汉大词典》对skill的解释是：①（专门）技术，技能，技艺；②熟练性，熟巧，能力；③技术工人，熟练工人。[2]而且，从科学研究过程来看，一个人科学过程技能的高低往往就表现为科学探究能力的高低。因此，有学者建议，用执行能力（Performing Ability）代

[1] 顾明远．教育大辞典［M］．上海：上海教育出版社，1999：276.
[2] 陆谷孙．英汉大词典［M］．上海：上海译文出版社，1989：3223.

替科学过程技能一词，[1] 试图以此提高科学过程技能的“品位”，这似乎也有一定的道理，毕竟技能相对于能力是一个下位的概念。但是，笔者认为，当我们谈论教育的理念时宜使用上位的概念，当我们研究教育中的具体问题时宜使用下位的概念。

我们注意到，在《美国国家科学教育标准》中，“科学过程技能”的术语已经被科学探究能力（Ability of Scientific Inquiry）的术语所代替。那么科学过程技能就此式微了吗？科学过程技能与科学探究能力有什么关系呢？根据专家的解释，科学过程技能依然存在，只不过是“被整合进了更加广泛的科学探究能力之中”。[2] 我们知道，美国的科学教育是从幼儿园就开始的（K ～ 12），有一个循序渐进、系统周密的培养计划，在低、幼年级尤其重视基本的科学过程技能的培养。而我国的科学教育根基薄弱，即使通过最近几年的课程改革已经取得了一些成效，但是与发达国家相比还有着明显的差距。我国的学生在初中之前基本上没有接受过系统的科学过程技能方面的训练，也许这几年情况有所改观，但是总体情况还是不容乐观，所以我们在研究中学化学课程时，仍然要将科学过程技能从科学探究能力中“还原”出来加以研究。也正因为如此，从研究的角度来说，我们很有必要将科学过程技能与科学探究能力两个概念加以严格区分。当然，这并不意味着在教学实践中要将科学过程技能游离出来而孤立地进行训练。

（一）能力的构成要素

什么是能力？学者们对此有着不同的观点，这些观点大致可以概括为三种类型：

第一种类型是把能力视为一种个性心理特征，这种心理特征不包括知识在内，而只是掌握知识和运用知识来解决问题的一个条件。朱智贤主编的《心理学大辞典》把能力定义为：“人们成功地完成某种活动所必需的个性心理特征。”林崇德等主编的《心理学大辞典》中能力的定义是：“使人能成功地完成某种活动所需的个性心理特征或人格特质。能力不是与生俱来的，而是在人的遗传素质的基础上，在实践活动中逐渐形成和发展起来的。根据表现形态不同，可分为认知能力和操作能力两类：前者指人在观察、记忆、理解、概括、分析、判断以及解决智力问题等方面具有的能力；后者指人在器械操纵、工具制作、身体运动等方面具有的能力。根据适用范围不同，可分为一般能力和特殊能力两类……”[3] 顾明远主编的《教育大辞典》

---

[1] 甘汉銧，陈文典．“科学过程”技能［J/OL］．http://www.phy.ntnu.edu.tw/nstsc/doc/book94.11/03.doc.

[2] 〔美〕国家研究理事会科学、数学及技术教育中心，《国家科学教育标准》科学探究附属读物编委会．科学探究与国家科学教育标准：教与学的指南［M］．罗星凯，等，译．北京：科学普及出版社，2004：130.

[3] 林崇德，杨治良，黄希庭．心理学大辞典［M］．上海：上海教育出版社，2003：868.

中对能力的界定是，能力（Ability）是顺利完成某种活动所需的个性心理特征。能力可分为一般和特殊两种。前者是完成各项活动均需具备的，其结构要素包括：注意力、观察力、记忆力、想象力、思维力与操作能力，智力是一般能力的核心。[1]

第二种类型是把能力定义为在遗传的基础上获得的知识（广义）。例如，B.S. 布卢姆等人在其《教育目标分类学（第一分册　认知领域）》中指出：技巧或技能＋知识＝能力。[2] 台湾学者张春兴在《张氏心理学辞典》中把能力界定为："个体在其遗传与成熟的基础上，经由环境中的训练或教育而获得的知识与技能。"[3] 这些解释中的"知识"和"技能"，除动作技能中的肌肉协调成分之外，都属于广义的知识。

第三种类型是把能力视为完成一定活动所需要的完整的本领、才能。例如，我国 1980 年出版的《辞海・教育、心理分册》对能力的解释是："通常指完成一定活动的本领。包括一定活动的具体方式，以及顺利完成一定活动所需要的心理特征。"[4] 这里所说的活动的具体方式，实质上就是程序性知识。荷兰学者保罗·基尔希纳（Paul Kirschner）关于能力的见解与第三类定义也颇为接近，不过他还强调了环境的因素。他将能力定义为知识与技能的总和，即人们在不同的环境中能灵活运用并有效达到特定目标所具有的本领。他认为，知识与技能的差异可以用"应知"和"应会"两个维度来分别加以界定。可以将能力（C）看成是知识（K）、技能（Sk）和情境（S）互动的结果，用公式 C = f（K，Sk，S）表示。[5]

从以上分析看，关于能力的第三类定义较为合适。概括地讲，能力是保证个体"能"顺利地完成一定活动，直接影响活动效率的主观条件，是由知识和智力等构成的有机整体。这里所说的知识是广义的知识，包括陈述性知识和程序性知识，或者可以理解为一般意义上的知识与技能。也就是说，能力的构成要素包括智力、陈述性知识和程序性知识。

（二）科学探究能力的结构

通过上文对能力内涵的分析，科学探究能力的基本要素包括智力、科学过程技能、科学知识等。

那么科学探究能力具有什么样的结构呢？这要从一般能力的结构开始分析。所

[1] 顾明远. 教育大辞典［M］. 上海：上海教育出版社，1999：342.

[2] 布卢姆. 教育目标分类学・第一分册：认知领域［M］. 罗黎辉，译. 上海：华东师范大学出版社，1986：36.

[3] 张春兴. 张氏心理学辞典［M］. 上海：上海辞书出版社，1992：2.

[4] 辞海・教育、心理分册［M］. 上海：上海辞书出版社，1980：116.

[5] 盛群力，马兰. 现代教学原理、策略与设计［M］. 杭州：浙江教育出版社，2006：307.

谓能力结构（Structure of Ability），就是构成能力的诸要素相互联系的方式。关于能力结构有诸多不同的观点，众说纷纭。我们认为，科学探究能力是以智力为核心的多层次球状结构，科学过程技能处于中间层次，科学知识处于最外层。这是一种科学探究能力结构的简化模型（如图 1–2 所示）。

图 1–2 科学探究能力的结构

学生在科学学习过程中的“能力之球”是不断地改变和膨胀的，膨胀速率是外层快而内层慢，内层的质量决定着外层改变的速率，而外层的改变也可以缓慢地凝聚为内层的改变。由于智力的改变很缓慢，而且到了一定的年龄便处于相对稳定的状态，所以能力的发展最主要的是知识和技能的掌握。知识和技能的掌握是伴随人的一生的，因此人的能力是可以终身发展的。

用上述科学探究能力的结构模型还可以解释教育中的“高分低能”现象。高分者之所以“低能”，根本的原因是能力结构存在缺陷。也就是说，不少人虽然拥有丰富的科学知识，但是缺乏实践的智慧，也就是说处于能力结构中间层次的科学过程技能比较薄弱。这样的人即使学富五车、满腹经纶，也只不过是能够行走的“两脚书橱”，遇到实际问题时一筹莫展，“低能”也就在所难免了。因此，在化学教育中要切实培养和提高学生的能力，加强对学生科学过程技能的培养是当务之急。

五、多元智力的观点

在我国的科学教育中，一度提出过发展学生智力的目标。例如，1983 年《高中化学教学纲要（草案）》中就提出，在化学教学中要“发展学生的智力，培养学生的能力”。[1] 发展学生智力的目标现实可行吗？化学教学如果真的能发展学生的智力，无疑具有非同小可的意义。这是因为，与知识相比，智力对人的认识的作用

[1] 课程教材研究所．20世纪中国中小学课程标准・教学大纲汇编（化学卷）[M]．北京：人民教育出版社，2001：308.

更为广泛、长远，它一旦发展起来，就可使人终身受益。但是，在后来的教学大纲中“发展智力”的提法便销声匿迹了。为何如此？这是因为人们对教学与智力发展的关系有了进一步的认识。

（一）传统的智力解释

智力（Intelligence）又称智能或智慧。心理学界对智力问题的研究经久不衰，关于智力的定义、成分也是众说纷纭。一种比较权威的解释是：“人们在获得知识和运用知识解决实际问题时所必备的心理条件或特征……智力属于认识范畴，它是由多种因素构成的，其中最基本的因素是观察力、注意力、记忆力、思考力和想象力，而思考力是智力的核心。”[1]智力也可以理解为“一个人的神经活动的功能特性在人的一切认识活动中的表现，它是一个人的基本的、综合性的认识潜能，在日常生活中相当于通常所说的‘聪明程度’”[2]。目前，尽管对智力的概念有种种界说，客观地说，人们对智力的本质并没有认识得很清楚。

有学者认为，教学在学生智力发展方面能起到一定的促进作用，但是这种促进作用是很有限的。[3]心理学的研究表明，个体的智力差异主要受遗传因素决定。后天因素（家庭环境、社会环境、学校教育和所进行的各种活动等）虽然也对之具有重要作用，但是在后天因素达到正常水平的前提下，后天因素的差异对个体智力差异的影响很小。整个后天因素对个体智力差异的影响尚且很小，可以推测，作为后天因素之一的学校教学影响就更小了。而化学课程在学校课程中的比重又很小，因此化学课程对学生智力发展的作用微乎其微，甚至可以忽略不计。企图通过化学教学来使学生的智力获得大的发展，如此的雄心壮志只是一个“美丽的神话”。况且，一个人的能力和成就并不完全取决于智力因素，还取决于情感、意志、态度等非智力因素，所以教学以发展智力为目标是不妥的。课程的目标应该是学生经过努力学习可以达成的目标，而不能是遥不可及的理想或海市蜃楼般的幻想。

（二）科学过程技能与多元智力

前文述及，科学过程技能对学生智力发展具有缓慢的影响作用，但是这并不是科学过程技能培养的直接目的。在教育中谈论“纯粹的智力”似乎没有什么意义，这是因为，其一，“纯粹的智力”无法测量，传统的智力测验所测量的智商（IQ）

---

［1］《心理学百科全书》编辑委员会．心理学百科全书［M］．杭州：浙江教育出版社，1995：265-266.

［2］施良方，崔允漷．教学理论：课堂教学的原理、策略与研究［M］．上海：华东师范大学出版社，1999：92.

［3］同［2］94.

主要局限于语言和逻辑方面，而不是智力的全部；其二，人的智力发展到一定年龄阶段就比较稳定了，但是能力却可以终身发展，而能力的发展是基于知识的增长和技能的提高。

传统的智力理论如比奈（A. Binet）和西蒙（T. Simon）的智商理论和皮亚杰（J. Piaget）的认知发展理论都认为智力是以语言能力和数理逻辑能力为核心的，并以整合方式存在的一种能力。美国哈佛大学教授霍华德·加德纳（Howard Gardner）基于多年来对人类潜能的大量科学实验研究，对传统的智力理论提出挑战，在1983年出版的《智力的结构——多元智力理论》一书中提出了多元智力理论。加德纳认为，“智力是在某种社会或文化环境的价值标准下，个体用以解决自己遇到的真正难题或生产及创造出有效产品所需要的能力”[1]。1999年《智力的重构——21世纪的多元智力》一书认为智力作为一种生理心理的潜能，其信息加工的功能可以在某一文化背景下被激发出来，从而解决问题或创造该文化所珍视的产品。加德纳认为人的智力是多元的，不是一种能力而是一组能力，而且，这组能力中的各种能力不是以整合的形式存在而是以相对独立的形式存在。加德纳最初提出7种智力成分，分别是：言语－语言智力、音乐－节奏智力、逻辑－数理智力、视觉－空间智力、身体－动觉智力、自知－自省智力和人际交往智力。后来进一步的研究认为还包括自然观察智力，另外还有一种叫作存在智力，加德纳称之为“第八个半智力”。[2]我们暂且不论智力究竟包括几种，7种、8种，还是多少种成分，可以肯定的是，智力远远不止言语－语言智力和逻辑－数理智力。加德纳的智力理论不同于传统的将智力限定在认识能力和思维能力的理论，而是强调智力的实践性和创造性，即强调两个方面的能力，一个方面的能力是解决实际问题的能力，另一个方面的能力是生产及创造出社会需要的产品的能力。[3]

加德纳的多元智力理论对于我们理解科学过程技能对智力发展的作用颇有助益。在传统的化学教学中，教师往往采取讲授和演示的教学方式，学生则采取静坐静听的学习方式。教师在教学中比较注重知识的系统传授，在技能方面主要关注学生语言和逻辑方面的技能，而忽视学生的其他各项技能。现代化学教学的理念倡导学生以科学探究为主的多样化学习方式，学生在进行科学探究学习活动的过程中，

[1] GARDNER H. Frames of mind: The theory of multiple intelligences [M]. New York: Basic Books, 1983: 60.

[2] GARDNEER H. 智力的重构：21世纪的多元智力 [M]. 霍力岩，房阳洋，译. 北京：中国轻工业出版社，2004：51–81.

[3] 霍力岩，沙莉. 重新审视多元智力：理论与实践的再思考 [M]. 北京：北京师范大学出版社，2007：9.

需要动用多种感官，运用多种思维方式和活动方式，学习运用多项科学过程技能。技能是在运用的过程中获得提高的，科学探究教学则给学生提供了运用科学过程技能的机会。科学过程技能与多元智力之间有着密切的关系，见表 1–1。

表1–1　多元智力与科学过程技能

智力类型	主要表现	科学过程技能
言语—语言智力	能顺利而有效地利用语言描述事件、表达思想并与他人交流	表达、交流等
逻辑—数理智力	对事物间各种关系，如类比、对比、因果和逻辑关系的敏感，以及通过数理进行运算和逻辑推理等	分析、综合、归纳、演绎、比较、类比、假说、数据处理等
视觉—空间智力	对线条、形状、结构、色彩和空间关系的敏感，以及通过图形将它们表现出来的能力	观察、模型化、想象、表达等
音乐—节奏智力	对节奏、音调、音色和旋律的敏感，以及通过作曲、演奏、歌唱等形式来表达自己的思想或情感	
身体—运动智力	用身体表达思想、情感的能力和动手的能力	测量、实验操作等
人际交往智力	觉察、体验他人的情绪、情感并做出适当的反应	表达、交流等
自我反省智力	能较好地意识和评价自己的动机、情绪、个性等	反思、评价等
自然观察者智力	辨别生物及对自然世界的其他特征敏感的能力	观察、记录、比较、分类等

由此可见，科学过程技能与多元智力之间除与音乐—节奏智力未发现显著关系外，与其他七种智力成分都有着密切的关系。因此，科学过程技能的培养为学生多元智力的发展提供了有利的条件。

其实，根据加德纳的观点，可以将多元智力理解为人的潜能，他的“智力”的概念与“才能”“才智”更为接近。也有人将多元智力翻译成多元智能，这也许更贴切些。我们有理由相信，通过科学过程技能的学习，学生的潜能可以得到激发，也就是说，（多元）智力是可以获得发展的。值得注意的是，这里所说的“智力”

的概念与上文的概念是有区别的，因此上下文并不矛盾。上文所述的智力主要受遗传决定，而这里所谈论的智力不仅与遗传有关，更主要的是与后天的环境（包括教育）有重大关系。

因为智力的内涵还存在争议，所以科学过程技能与智力的相关度很难进行定量研究。前面提到的“科学过程技能对智力的发展具有缓慢的促进作用”只是一种理论假设。不过，可以肯定的是，活动是智力发展的必要条件。科学探究活动中运用科学过程技能，尤其是运用智力技能，无疑为学生多元智力的发展提供了契机。

六、科学过程技能概念界定

综上所述，科学过程技能与知识、技能、方法、能力、智力等具有非常密切的关系。它们之间的关系也错综复杂，有的是隶属关系，有的是相互交织的关系。通过前文的分析，基本澄清了科学过程技能的属性，也就是搞清楚科学过程技能“属于什么”“不属于什么”的问题。接下来，我们便可以探讨科学过程技能究竟“是什么”的问题，也就是要给科学过程技能概念以明确的界定。

（一）已有定义及其存在的问题

关于科学过程技能的定义，目前尚未见到一个得到公认的表述。有学者认为，科学过程技能与“做科学”的能力密切相关，与认知技能和探究技能也有联系（Goh，Toh&Chia，1989）。Screen 将科学过程技能定义为“科学家在从事科学研究活动中的办事程序”。[1]此定义非常简明，但是失之笼统，“办事程序”是指研究活动的基本环节还是指研究活动中的程序性知识？因此该定义语焉不详，未能揭示科学过程技能的深刻内涵。美国乔治亚大学的 Michael J. Padilla 认为，科学过程技能是一组具有广泛迁移力的适合多种学科和科学家的工作性质所需要的能力，并且认为，科学方法、科学思维以及批判性思维是它的三个曾用名。[2]本文认为，这个定义基本内容比较清楚，揭示了科学过程技能“具有广泛迁移力的适合多种学科”的性质，但是还不够严谨。首先，这些“能力”究竟指的是哪些能力并不明确；其次，科学过程技能虽然与科学方法、科学思维以及批判性思维有密切的联系，但是毕竟不是一回事。

我国台湾学者甘汉銑、陈文典认为，科学过程技能是从事科学性探究的“执

[1] ARENE P. The role of relevance in the acquisition of science process skills [J]. Australian Science Teachers Journal，1996，42（4）：34-38.

[2] PADILLA M J，PADILLA R K. Thinking in science: The science process skills [J/OL]. http://search.ebscohost.com/login.aspx?direct.

行能力”。他们还给出了科学过程技能的操作型定义：（1）它是从事科学性探究活动时必须经历的过程（所谓的过程可以是外显的操作过程或内在的心智活动历程）；（2）它是一种工作的方法或处理事情的方式（它在探究知识或解决问题的过程中普遍地呈现，可是，与研究什么知识或问题的关系不大）；（3）它是科学性地探究、处理一个已被确定的问题之过程中，所需的种种技能（它是针对某一已确定的问题而言的，它不必再去考量问题是怎样被发现的，为什么有此问题，以及处理此问题有什么意义，也即是不包括对“问题的批判”。它所涉及的想象、创造及推理、演绎等智能也都仅限于与此问题“直接相关”的部分）。[1] 甘、陈的定义比较具体，但是他们将提出问题和批判性思维排除在科学过程技能概念之外，抛弃了它的一些精华部分，这种科学过程技能概念又显得比较狭隘。我国学者胡玉华在其主编的《科学过程技能》一书中对科学过程技能的定义是：“科学过程技能就是科学工作者在科学研究过程中必须具备的一些最基本的思维方法和操作技能。”[2] 这个定义比较简明，但是有局限性。正如我们谈论科学探究时一样，我们在科学教育领域谈论科学过程技能时，不能忽视学生这个主体。

（二）科学过程技能的基本内涵

科学过程技能是本文的一个核心概念，如果含糊其辞、语焉不详，研究工作便无法深入进行。鉴于此，本人不揣浅陋，尝试给出科学过程技能的定义：

它是科学家进行科学研究活动所必备的基本技能，包括智力技能和动作技能，其中以智力技能为核心。它也是学生进行科学探究学习活动时，按某些规则或操作程序顺利完成某种智慧任务或身体协调任务的能力。

上述定义揭示了科学过程技能的基本内涵。

首先，科学过程技能属于基本技能的范畴。它必定具有一般技能的属性，从广义知识的角度来说，属于“如何做”的知识，也就是程序性知识，其心理表征形式是产生式系统。

其次，科学过程技能具有特殊性。它是“科学研究活动中的”基本技能，即如何“做科学”的基本技能，不同于木工、瓦工、电焊工、理发师等行业的基本职业技能。前者是以智力技能为核心，而后者是以动作技能为核心。当然，此处绝无褒前贬后、“重脑轻体”的意思。

再次，它是科学研究活动中的“基本技能”，而不是某一研究领域的特殊技能。每一研究领域都需要运用一些特殊的技能，譬如在化学科学研究中，研究人员必须

[1] 甘汉銧，陈文典．“科学过程”技能［J/OL］．http://www.phy.ntnu.edu.tw/nstsc/doc/book94.11/03.doc.
[2] 胡玉华．科学过程技能［M］．北京：首都师范大学出版社，2006：1.

具备熟练使用电子天平、气相色谱仪、红外光谱仪、质谱仪、核磁共振仪等仪器设备的技能，还要具备分离和提纯物质的技能，这些都属于化学研究人员的专业技能。科学过程技能属于各学科（这里指科学领域）通用的技能，而不属于某一学科特定的专业技能，这一点应该予以明确。

最后，科学过程技能的主体不限于科学家，它也可以是学生。科学过程技能是学生可以学习和掌握的基本技能。按照布鲁纳的观点，学生的探究学习与科学家从事科学研究活动在性质上是相似的，只是在水平上有差异。差异之处在于，学生探究学习是探究相对于他/她自己的未知；而科学家的研究活动是探索人类的未知领域。但是，不论是科学家的研究活动还是学生的探究学习活动，都是问题解决的活动，其基本环节相似，每一个环节中所运用的基本技能（尤其是智力技能方面）相似，心理机制也相似。问题解决是日常生活以及各行各业都会涉及的基本活动，所以，将科学过程技能作为一种基本技能，不仅运用于科学探究活动，也可运用于日常生活和工作中，具有广泛的迁移力。所以，科学过程技能是学生可以学习的，而且是可以学以致用的。

（三）科学过程技能的时代意义

将科学过程技能界定为学生必须学习和掌握的基本技能，这就意味着在科学教育中应着眼于对普通公民科学素养的培养，而不是只面向少数人的精英教育。以往的科学教育中，由于学科本位主义思想的影响，人们往往将基本技能理解为某一学科特定的技能，譬如化学学科中主要强调化学实验操作技能和化学计算技能，难免具有狭隘性。

澄清了科学过程技能的概念之后，我们便可以进一步认识基础和创新的关系。在知识经济初见端倪的时代，创新能力越来越受到人们的重视。在教育研究领域，培养学生创新能力的呼声不绝于耳。严峻的现实表明，我们培养出来的学生普遍缺乏创新精神和实践能力，问题的确很严重。可是根源在哪里？

有人认为，根源在于我们太重视基础了。有一种很“前卫”的观点认为，在知识经济时代，学校课程中的“双基”已经不再重要，由此认为必须要“突破‘基础性’的课程旨趣”，而提倡所谓生成性思维、创新性品质等。[1]对此观点，本人不敢苟同。的确，知识经济时代更需要知识的创新。但是，创新能力难道是空中楼阁吗？基础教育阶段的课程就是要突出基础性。

我们究竟是过分强调了基础，还是对基础抓得不够？本人认为，若说教育界不重视狠抓基础的确是有失公允。事实上，我国的中小学教育一直在狠抓“双基”。

[1] 郝德永. 新课程改革中的思维方式突破[J]. 课程·教材·教法，2006（9）：9-14.

问题在于，我们抓基础的力度是足够了，但是方向和着力点有问题，这就导致了南辕北辙的后果。以化学课程中的“双基”来说，广大教师对化学知识的教学扎扎实实，对每个知识点都精雕细琢，反复训练。但是对基本技能的教学就失之偏颇。化学教学中最受重视的技能是使用化学用语的技能、化学计算技能和化学分析推理的技能。我们不是说这些技能不重要，不应该受到重视，而是说只重视了这几项技能，忽视了其他的技能，造成了技能训练的狭隘。稍加分析可知，化学教学中所重视的技能是相对容易被检测的技能，说白了就是为了考试取得好成绩而不得不进行训练的技能，说这些技能是“应试技能”恐怕也不为过。另外，在化学教学中受到重视的还有不少“非化学”的技能，诸如各种题型的解题思路、答题技巧等应试技能。在教学中最不受重视的恐怕就是解决实际问题的技能，教学局限于纸上谈兵，培养学生的创新能力当然也就无从谈起。

科学过程技能的培养有助于创新能力的形成。这是因为，一方面，科学过程技能本身蕴含着创新能力的成分，科学过程技能的内涵极为丰富，它是包含从提出问题到解决问题全过程中的基本技能。科学过程技能包括提问、猜想、假设等创造性思维的成分，包括分析、综合、归纳、演绎等逻辑思维的成分，包括反思等批判性思维的成分，还包括动手操作的基本技能，这些都是创新能力赖以形成的基础。另一方面，熟练掌握科学过程技能，达到有效的自动化水平，人们就能够将更多的精力分配给在解决问题过程中的创造活动。[1]我们以往对科学过程技能重视不够，抓基础没有抓到点子上，这也许是造成学生创新能力缺乏的一个重要原因。

创新能力的形成必然是建立在扎扎实实的知识与技能的基础上。我们应该看到，中学阶段仍然属于基础教育阶段，其首要任务是为学生将来的发展打好基础。关键在于我们对“基础”的概念要有全面的理解。搞好“双基”的教学与培养学生的创新能力并不矛盾，这好比建造一座大厦，只有具备坚实的基础才能建立起高耸入云的摩天大厦。

该是我们重视科学过程技能的时候了。

[1] 斯腾伯格．超越智商：人类的智力三元论［M］．张春丽，吴国珍，译．海口：海南出版社，2000：2.

本章小结

新世纪启动的中学化学课程改革旗帜鲜明地以培养学生的科学素养为主旨，并期望以科学探究为课程改革的突破口。但是，在化学教学实践中科学探究教学的实施却举步维艰。科学探究教学如何才能取得实效？如何切实培养学生的科学探究能力进而培养学生的科学素养？为了回答这些问题，本文将目光聚焦于科学过程技能，希望以此为抓手促进化学新课程的实施。

科学过程技能的提法，源自美国在20世纪60年代兴起的科学教育改革热潮。从那时起，西方国家尤其是美国关于科学过程技能的研究逐渐成为热点，且经久不衰。我国台湾地区深受欧美国家的影响，对科学过程技能的研究也颇为关注。科学过程技能研究的对象从小学扩展到中学、大学，还涉及教师培训方面。纵观我国大陆的科学教育研究，关于科学过程技能方面的研究文献极少。长期以来，人们比较关注“科学方法”“思维能力”“综合素质”等上位问题的研究，缺乏更基础层面的深入研究。

为了理解科学过程技能的概念、意义和作用，本章首先对科学过程技能及其相关概念进行辨析。认为科学过程技能是生产知识的知识，从广义知识的角度看它是过程性知识的重要组成部分；属于经济合作发展组织（OECD）知识分类中的第三类知识，即缄默知识的范畴；也属于认知心理学中的程序性知识的范畴。从技能的角度分析，科学过程技能是智力技能与动作技能的有机融合，而且是以智力技能为核心。从科学方法的视角看，科学过程技能大体上相当于科学研究的一般方法，但是，它比一般方法要更加具体。从能力的角度看，科学过程技能是科学探究能力的重要构成成分。从智力的角度分析，科学过程技能不同于传统意义上的智力，它与加德纳提出的多元智力具有密切的关系。

在考查学者们关于科学过程技能定义的基础上，本文对科学过程技能的概念进行了界定，认为它是科学家进行科学研究活动所必备的基本技能，包括智力技能和动作技能，其中以智力技能为核心。它也是学生进行科学探究学习活动时，按某些规则或操作程序顺利完成某种智慧任务或身体协调任务的能力。

本研究拟综合运用文献法、调查法、观察法和行动研究法等多种方法，坚持理论研究与实践研究相结合的研究路径。

第二章 科学过程技能的教育理论探索

科学过程技能与科学过程是密不可分的，认识科学过程技能的教育价值，不能就技能而谈技能。只有在充分认识科学过程及其教育思想的基础上，才能进一步理解科学过程技能教育的理论基础。科学过程技能的提出并非空穴来风，而是科学过程教育思想发展到一定阶段的产物。探索科学过程技能的教育理论基础，必须从科学教育思想发展的历史线索去认识它的流变，以科学哲学的视角去理解科学过程教育思想的本质，以科学方法论思想去解析科学过程的基本特质。

第一节 科学过程教育思想的流变

科学课程成为学校的正式课程是近代的事情，在此之前是古典人文课程一统天下的局面。科学课程产生之初，人们关注的只是作为结论性的科学知识，这是人们对于科学本质认识的历史局限性使然。当时，传统的科学观占主导地位，人们倾向于将科学看作是系统的科学知识，因此科学课程的内容主要就是科学知识。随着科学的发展，人们逐渐认识到科学的本质不仅是现成的知识结论，而且包括获取知识的过程。于是，在科学教育中人们便越来越关注科学的过程，科学过程教育的思想也就逐渐形成。

科学过程教育思想有一个渐进发展的过程。因此，我们要深刻理解科学过程技能教育的思想，就必须抚今追昔，追根溯源，循着科学教育历史的线索去认识它的流变。

一、科学方法教育思想的萌芽

科学过程教育思想发轫于科学方法教育。早期的科学教育主要是有关科学知识的教育，科学方法作为一项重要的教育内容受到人们的重视，是与人们对科学方法的认识以及对科学本质的认识的不断深化密切相关的。

（一）培根揭开了科学方法教育的序幕

英国哲学家培根（F. Bacon，1561—1626）是系统研究科学方法论的先驱者之一。他的思想对 17 世纪的英国和 18 世纪的法国影响都极大。正是在这种意义上，马克思称他是“英国唯物主义和整个现代实验科学的真正始祖”。

没有近代的科学方法当然就谈不上科学方法教育，正因为如此，培根虽然不是教育家，却被誉为“科学教育之父”。[1] 培根关于科学方法论的主要思想是：认识的源泉是感觉和经验，科学要依靠感觉和经验。科学研究要通过实验获得经验材料，然后对经验材料进行加工处理，而加工处理的唯一科学方法是归纳法。培根的科学方法思想注重经验和归纳，对近代科学产生了极为深刻的影响，也为近代科学方法教育思想的提出奠定了哲学基础。

[1] 丁邦平. 国际科学教育导论［M］. 太原：山西教育出版社，2002：55.

（二）狄德罗首先明确地提出科学方法教育思想

第一次明确、系统地提出科学方法教育思想的是18世纪法国教育家狄德罗（Diderot，1713—1784）。他深受培根的唯物主义认识论和方法论的影响，认为“学习和研究科学知识，必须要有正确的方法”。他较为详细地论述了获得科学知识的三种主要方法：第一种方法是“对自然的观察”，观察客观世界、搜集事实材料是学习、研究科学知识的基础；第二种方法是“思考”，“思考把它们（事实）组合起来”，从个别上升到一般，使认识深化和发展；第三种方法是“实验”，概念只有经过“一连串以许多实验连成的不断的锁链”地检验，才可以证实我们所获取的知识是真是假，是否可靠。[1]

（三）赫胥黎等人发展了科学方法教育思想

19世纪中后期，自然科学课程开始逐渐进入学校，并取得一定的地位。然而，当时的科学教育状况是“奉行旧式学校死板的抽象的方法，局限于干巴巴地讲述概念。”[2]教师从一般原理出发，教条式地讲述、传授、讲解和教诲，使学生经常处在消极地接受现成的科学知识以及死记硬背和抄写上面。上述情况受到了一些有识之士的尖锐批评，他们认为“不要热衷于教给学生知识，应设法让学生自己去发现，通过自己的活动去获得”。如何引导学生自己去发现呢？斯宾塞（H. Spencer，1820—1903）把培根的科学方法论即观察法、实验法和归纳法用于教学，引导学生自己去进行探究。德国教育家第斯多惠（F. A. W. Diesterweg，1790—1866）也强调，“一定要从简单的具体事物或现象出发，只有在观察事实或现象的基础上，所形成的思维进程才是最重要的”，“不称职的教师要求学生死记真理，而优秀的教师则教给学生发现真理的基本途径和方法”。[3]

科学技术的迅速发展对社会、生活的影响越来越大，科学技术与社会、生活的联系也越来越紧密。培养社会所需要的人才逐渐成为科学教育的重要目的。社会需要什么样的人才呢？英国教育家阿姆斯特朗（H. E. Armstrong，1840—1937）指出：“理科的教学目的，不应只是教给学生自然科学各个领域的基础知识，应该使他们掌握社会生活中必要的基本能力，而培育这些基本能力要靠科学方法的训练”。[4]

英国著名自然科学家和教育家托马斯·亨利·赫胥黎（Thomas Henry Huxley，1825—1895）认为，在学校的科学教育中，人们不可能把一切科学知识都教给每

[1] 戴本博．外国教育史（中）[M]．北京：人民教育出版社，1990：119-120.
[2] 张焕庭．西方资产阶级教育论著选[M]．北京：人民教育出版社，1979：364.
[3] 陈耀亭．化学教育文集[M]．北京：中国劳动出版社，1992：164.
[4] 同[3]166-167.

一个学生。他说："那样去设想是非常荒唐的，那种企图是非常有害的。我指的是，无论是男孩还是女孩，在离开学校之前，都应该牢固地掌握科学的一般特点，并且在所有的科学方法上多少受到一点训练。因此，在他们迈入社会并获得成功的时候，他们就会有准备地面对许多科学问题；实际上不可能马上就了解每一个科学问题的状况，或者能立刻解决它，而是凭借熟悉广泛传播的科学思想以及适当地运用那些科学方法，才了解某个科学问题的状况。"[1]他又指出："科学教育的最大特点，就是使心智直接与事实联系，并且以最完善的归纳方法来训练心智；也就是说，从对自然界的直接观察而获知的一些个别事实中得出结论。"[2]对于当时的科学教育中学生死记硬背书本知识的状况，他批评道："假如科学教育被安排为仅仅是啃书本的话，那最好不要去尝试它，而去继续学习以啃书本自居的拉丁文法。"[3]赫胥黎认为，学生养成只会通过书本学习知识的习惯，这种习惯不仅使他们不懂得何谓观察，而且导致学生厌恶对事实的观察。关于学科的方法的具体内容，他指出："所有学科的方法是完全相同的。这些方法是：1. 对事实的观察，包括称之为实验的人为的观察。2. 把相同的事实归纳起来，标上名称以备应用；这个过程就称为比较和分类——其目的就是给一堆事实标上名称，可称为一般前提。3. 演绎，又使我们从一般前提再回到个别事实——它教我们从那个标签上找到所期待的那些事实（假如我们可以这样说的话）。4. 证明，就是根据事实来确定我们的结论是否正确的过程。"[4]

在 20 世纪之前，尽管不少教育家认识到科学教育中科学方法的重要性，然而，科学方法内容在实际的科学教育中并未受到真正的重视，甚至可以说完全被束之高阁。对此，贝尔纳（J. D. Bernal，1901—1971）不无感叹地说："至于说到学习科学方法，那就完全是一个笑话。"[5]实际上，为了教师的方便，为了适应考试制度的要求，学生是否学习科学方法是无足轻重的。与之相反，学生全盘接受教师所教和教科书上的东西，并且能够准确无误地把它复述出来，就能够在考试中获得高分。至于教学效果，"受过教育的人对招魂术或者占星术的骗局的反应说明：在英国或者德国进行了五十年的科学方法教育并没有产生任何明显效果"。[6]

由此可见，在 20 世纪之前人们对科学过程教育的认识主要局限于科学方法，即便如此，还只停留在少数具有远见卓识的教育家的思想层面，在科学教育的实践

[1] 赫胥黎. 科学与教育［M］. 单中惠，平波，译. 北京：人民教育出版社，1990：85.
[2] 同［1］87.
[3] 同［1］87.
[4] 同［1］39.
[5] 贝尔纳. 科学的社会功能［M］. 陈体芳，译. 北京：商务印书馆，1982：122.
[6] 同［5］.

中还没有引起真正的重视。

二、“做中学”的科学教育思想

20 世纪初期，人们对科学方法的关注不仅在于希望掌握科学方法本身，而且希望用科学方法解决社会和经济问题，并增加对在科学发现过程中个体思维的理解。在这一时期，科学过程教育思想初见端倪，对此做出重要贡献的首推美国杰出的实用主义哲学家、教育家杜威（John Dewey，1859—1952）。

（一）科学是知识系统和过程方法统一体的观点

杜威的科学教育思想是建立在实用主义哲学基础上的。杜威注重将科学方法作为科学教育的主要目标。他指出，由于学校教育中所传授的东西，通常是已有的事实、材料和知识，是已经确定了的东西，它们能解释问题、阐明问题、确定问题的所在，但是不能提供答案。要找到问题的答案，还要进行设计、发明、创造和筹划。[1] 因此，学校教育还应在教学方法上进行创新，使学生掌握发现真理的方法——科学方法，形成探究、发明、管理、指挥自然界的能力。他一直反对把科学当作“诸多现成知识，由事实和定律组成的学科内容”，而是把科学看作是知识系统和过程方法的统一体，甚至认为后者比前者更重要。在他看来，科学的本质是探究过程或科学推理的方法。他认为，科学由人类缓慢地设计的特殊的工具和方法所构成，在思考的程序和结果可以试验的情况下，人们运用这些工具和方法从事思考。[2]并且认为，科学知识（事实和定律）只有在探究的背景下才有智力活动价值。他解释说：“原子，分子，化学的公式，物理研究中的数学命题，所有这些首先具有知识的价值，但只是间接地有经验的价值。它们代表进行科学研究的工具。”[3]基于对科学本质的深刻理解，杜威竭力反对在学校的教学中让学生把科学当作现成的知识结论去掌握。他说：“学校中过分重视学生积累和获得知识资料，以便在课堂问答和考试时照搬。……学生的目标就是堆积知识，需要时炫耀一番。这种静止的、冷藏库式的知识理想有碍教育的发展。这种理想不仅放过思维的机会不加利用，而且扼杀思维的能力。”[4]

那么，人们应当怎样去获取科学知识呢？杜威坚决反对静听和旁观的方法。他认为，认知者以“旁观者”的身份，以一种“静观”的状态来获取知识，在认识中是被动的。他指出“知识的旁观者”理论是一种形而上学的“二元论”，在现代科

[1] 杜威．民主主义与教育［M］．王承绪，译．北京：人民教育出版社，2001：173.
[2] 同［1］207.
[3] 同［1］239.
[4] 同［1］172-173.

学面前是站不住脚的。现代科学的发展表明：知识不是某种孤立的和自我完善的东西，而是在生命的维持与进化中不断发展的东西。[1]知识的获得不是个体旁观的过程，而是探究的过程。探究是主体在与某种不确定的情境相联系时所产生的解决问题的行动。在行动中，知识不是存在于旁观者的被动理解中的，而是表现为主体对不确定情境的积极反应。

（二）在“做科学”中学习科学方法

杜威特别重视学习者的经验，但是，杜威绝对不是一个经验主义者。实际上，杜威并不赞同经验的方法，相反，他非常推崇科学研究的思维方法和态度，坚信科学方法的价值。他认为，纯粹的经验思维有三个明显的缺点：①它具有引出错误信念的倾向；②它不能适用于新异的情境；③它具有形成思想懒惰和教条主义的倾向。[2]而科学的方法同经验的方法正好相反，“科学方法是找出一种综合的事实，来代替彼此分离的种种事实的反复结合或联结。为了达到这一目的，必须把观察到的、粗糙的或凭肉眼即能看到的事实分解成大量的不能直接感觉到的更为精细的过程”。[3]科学的方法和态度意味着“决不轻信、大胆怀疑，直到得到真凭实据为止；宁愿向证据所指向的地方去寻求，而不是事先树立一个人偏爱的结论；敢于把观念当作尚待证实的假设来运用，而不当作一个武断的结论来加以肯定”。[4]

因此，杜威倡导的“做中学”，具体到科学学习中就是要求学生按照科学研究的过程与方法去做，更加关注内在的、反思性的、富于理性的思维探究过程，而不是具体的、感性的动作活动。在杜威的论著中，还对一些具体的科学方法进行了阐述。

关于观察的方法。杜威认为观察是一种主动的过程，观察中伴随着思维。“观察即是探索，是为了发现先前隐藏着的、未知的事物，以达到实际的或理论的目的而进行的探究。”[5]他认为，要有效地指导学生进行观察，必须选择适当的观察材料，引起学生对观察的渴望，使得观察更精密。观察不同于看热闹，或者是平常的随便看看，而应具有科学的性质。“学生学习观察是为了：（a）发现他们所面临的疑难问题；（b）对观察到的令人费解的特征加以推测，并提出假设性的解释；（c）验证暗示的观念。”[6]

关于实验的方法。杜威认为，“就科学而言，它已经证明，只有运用某种形式

[1] 杜威. 哲学的改造（修订本）[M]. 许崇清，译. 北京：商务印书馆，1958：63-64.
[2] 杜威. 我们怎样思维：经验与教育[M]. 姜文闵，译. 北京：人民教育出版社，2005：159.
[3] 同[2]162.
[4] 杜威. 自由与文化[M]. 傅统先，译. 北京：商务印书馆，1964：109—112.
[5] 同[2]210.
[6] 同[5]213.

的实验的方法，才可能进行有效的、完整的思维”。[1]实验的目的就在于：“根据事先设想出的计划，采取特定的步骤，创造一种典型的、有决定意义的情境，从这个情境中能做出结论，去说明当前问题中的困难。”[2]杜威强烈反对学生在实验过程中只动手不动脑的行为。他认为，学生在实验室里全神贯注于操作的过程，而不考虑操作的理由，不了解实验要解决什么问题，这样做是徒劳无益的。

此外，杜威还对分析、综合、归纳、演绎等多种科学方法进行了精辟地论述，在此不再详细展开。

杜威认为，科学方法如果说不是比科学知识更重要的话，至少也与它一样重要。1916年，他在《民主主义与教育》一书中极力提倡用实验方法进行科学教学。杜威所说的科学方法即他所概括的反省思维的方法，亦即著名的“五步法”：①暗示，即疑难的情境，处于困惑、迷乱、怀疑的状态；②问题，即确定疑难的所在，并从疑难中提出问题；③假设，即通过观察和其他心智活动，以及搜集事实材料，提出解决问题的种种假设；④推理，即推断哪一种假设能够解决问题；⑤检验，即通过实验或实践活动，验证或修改假设。[3]从杜威的“五步法”可以看出，他是从科学研究活动的全过程去考察科学方法，而不是局限于某些科学方法。他提出的科学教学的目的是“使我们认识到什么是有效地利用思想，或什么是智力”。杜威后来又提到了达到这一目的的手段，说科学方法既是手段又是目的，既是逻辑的又是心理的。他说：“人们对儿童的期望是，从通常未分类的经验材料出发，他将能够掌握观点、思想和方法，这些使其变成物理的、化学的或其他任何科学的……动态的观点是真正的科学观点，或者说，把过程理解为科学态度的核心。”由此可见，对杜威来说，科学过程既是获得科学知识的手段，也是理解作为科学教学目标的科学方法的手段。

杜威的许多观点虽然已经提出了80多年，却并没有随着时光的流逝而黯然失色，反而因历史的检验越发熠熠生辉。不过，由于受实用主义哲学观的影响，杜威的有些观点也失之偏颇。科学的过程与方法固然重要，但它绝不是排斥系统学习科学知识的理由。实践证明，没有系统扎实的科学知识的基础，学生进一步的发展也就失去了重要的根基。这也恰是以杜威为代表的进步主义教育思想屡遭批评的重要原因。

---

[1] 杜威．我们怎样思维：经验与教育［M］．姜文闵，译．北京：人民教育出版社，2005：158.
[2] 同［1］148.
[3] 杜威．民主主义与教育［M］．王承绪，译．北京：人民教育出版社，2001：165.

三、科学探究教育思想的勃兴

20世纪50年代末，苏联人造卫星的上天，引起美国的极大震动，美国科学教育改革的呼声更为高涨。这次科学教育改革的主要目标是培养科技精英，最终目的是为了美国的国家利益——在国际竞争中立于不败之地。由哈佛大学著名心理学教授布鲁纳（J. Bruner）在马萨诸塞州主持的一次会议，吹响了这次科学教育改革的号角。在这次会议上，与会者一致认为应以做科学的方式来学习科学（learning science by doing science）。学习化学要以化学家的测试方式进行，学习物理要以物理学家探索物质世界的方式进行，学习生物则以生物学家研究生命过程的方式进行。这些方法在后来的以过程为主而不是以内容为主的科学教育实践中得到运用，编制了包括BSCS（Biological Science Curriculum Study，生物科学课程研究所）生物、CHEMS（Chemical Education Material Study，化学教育内容研究）化学和PSSC（Physical Science Study Committee，物理科学研究委员会）物理等课程。在这里，鼓励各年级、各层次的学生先预测和做实验，然后下结论。科学方法的目标是这次课程改革的重要目标，科学方法在科学教学中出现的形式通常就是“探究”“问题解决”“发现教学”“科学的过程”。[1]

（一）布鲁纳的发现学习

这次科学教育改革的领军人物之一是布鲁纳。他大力倡导发现学习，他认为发现学习有助于发展学生的智力，因为它要求学生自己运用探究的方法去发现要学习的内容，包括学科的概念、结构、结论和规律。通过这种方式使学生像科学家那样去思考、去探索，体验科学家发现、发明、创造的过程，培养学生创造的态度和能力。

什么是发现？布鲁纳指出：“发现不限于那种寻求人类尚未知晓之事物的行为，正确的说，发现包括用自己的头脑亲自获得知识的一切形式。”当然，发现学习中的发现，并不是指原原本本地沿着原发现的过程进行，而是将原发现过程从教育角度加以再编制，成为学生能够接受与学习的途径。再编制的基本要求是：缩短、平坡、精简等。[2]布鲁纳的发现法实质上是以探究性的思维方法为目标，以基本教材为内容，让学生进行自我发现。他认为运用发现法有四大优点：①提高学生的智力潜力，学生可以学会解决问题的方法，学会转换和组织信息，从中得到尽可能多的东西；②有利于外部动机向内部动机转化；③学会启发式的研究方法和工作方法，为进一步发现打好基础；④有助于记忆和回忆信息，有助于把所学的东西迁移到新的情景

[1] 丁邦平. 国际科学教育导论［M］. 太原：山西教育出版社，2002：96.
[2] 钟启泉. 现代教学论发展［M］. 北京：教育科学出版社，1988：352.

中去。[1]

布鲁纳发现模式的程序包括四个阶段：①提出问题。教师向学生提出问题，提供学生探究所需要的材料。问题可以从学科知识中引发，也可以根据学生需要设计。教师提问的方式多种多样，可以用语言阐述，可以通过边做实验边提问，可以使用图例或者创设实际情景来提问。总之，要能激发学生的好奇心。教师在提出问题的同时，还应将学生解决问题时所需的资料提供给学生。②提出假设。在教师的指导下，学生观察具体的事实、现象，对资料进行处理，分析并讨论问题，然后提出解决问题的假设。假设可以是一个，也可以是多个。在提出假设的过程中，教师应允许学生猜测、想象。③形成概念。学生在提出假设后，要对假设进行验证。在验证假设的过程中，可能有的假设被推翻，有的假设需要进行修正。假设一经验证，就成为学生应掌握的学习内容，学生应将结论上升为概念。在教师的指导下，学生用科学的语言表达获得的结论，形成概念或定理。④运用新概念。教师指导学生将获得的新概念运用到新的情景中，解决新问题或解释新现象，同时培养学生解决问题的能力。[2]

布鲁纳的发现学习理论与他的结构主义课程观是珠联璧合的。在他的理论指导下，展开了一场轰轰烈烈的科学课程改革运动。遗憾的是，这次课程改革却以失败而告终。原因何在？后来美国的教育研究者发现，这次课程改革的方案并未得到广泛采用，即使采用了，运作的程度也不够理想，课程方案中的许多因素根本就没有实施，或者在实施中走了样。[3]本人认为，布鲁纳的发现学习模式尽管存在着理想的成分，但是发现学习中包含了诸如提出问题、观察、实验、猜想、假设、分析、归纳、表达等多种科学过程技能，对学生能力的发展是有利的。问题在于，如何妥善处理发现学习与接受学习的关系，以及如何妥善处理知识与技能的关系。

（二）施瓦布的探究教学

在这次科学教育改革中，另一位颇有影响的人物是美国芝加哥大学教授施瓦布（J. J. Schwab）。他积极主张探究教学，认为科学必须被看作是概念结构，这种结构当有新证据的结果时要予以修改。科学教学要反映这种科学观，使学生把握学科的结构，同时体验作为探究的学习。他建议教师必须用探究的方法来教授科学，学生则必须使用探究的方法来学习科学。这包括两个方面：一是通过探究来开展教学（Teaching by Enquiry），二是把科学作为一个探究过程（Science as Enquiry）。这两

[1] 乔际平．初中物备课手册［M］．北京：人民教育出版社，1990：24.

[2] 李晓文，王莹．教学策略［M］．北京：高等教育出版社，2000：117.

[3] JACKSON P W. Handbook of research on curriculum［M］. New York:Macmillan Publishing Company,1992：403.

方面可被相应地看作是科学教学的方法和内容。

施瓦布认为，在介绍科学概念和原理的正式解释之前，学生必须在实验室中开展探究，解释及解释的修改必须建立在证据的基础上。他还建议科学教师在科学探究中考虑以下三种可供选择的教学方案：①提供问题和探究问题的方法，允许学生通过探究发现他们原先不知道的关系；②问题是由教师提供的，但方法和答案由学生独立决定；③学生面对现象，自主提出问题，收集证据，并基于自己的探究，给出科学解释的可行建议。施瓦布进一步解释说，通过探究来开展教学涉及学生获取知识的方法，它包括如下一些探究技能的发展：①确定或界定问题；②建立假设；③设计实验；④收集和分析数据；⑤解释数据并做出有意义的结论。[1]施瓦布还提出了一种基于阅读文献资料而不是实验的探究性学习方法，他将之称为“对探究的探究”（Enquiry into Enquiry）。具体做法是，教师向学生提供关于科学研究的阅读材料和报告，师生共同讨论研究的细节：问题、数据、技术的作用、对数据的解释，以及科学家得出的结论。可能的话，学生阅读的材料会包括几种不同的、可供选择的解释，介绍不同的、甚至可能矛盾的实验，以及对假设的争论等。通过这种讨论可以让学生了解科学知识是怎样产生的、科学知识有哪些基本的要素。[2]

施瓦布的探究学习和布鲁纳的发现学习都可以归为科学探究学习一类。但是两者也有不同之处。布鲁纳的发现学习主要针对概念和原理的发现，施瓦布则更加关注探究技能的发展。

在美国，对探究学习的理论与实践做出重要贡献的还有不少科学教育专家。曾任探究训练研究所所长的萨奇曼（J. R. Suchman），长期从事旨在培养探究能力的课程研究。他说：“对于探究自然现象的因果性的儿童来说，所谓科学，意味着发现新的关系。这里面，也许有儿童偶然做出的发现，也会有在教师的悉心指导下做出的发现。无论哪一种发现，由于突如其来的新的洞察，儿童会体会到理智的惊险和喜悦，学习富有成效……为此，不是靠教师的讲解，而是要教给他们自己去做出发现的方法。这就是要让学生学习树立假设的方法，通过实验验证假设的方法，解释结果的方法。”[3]萨奇曼十分注重实践，主张探究方法的训练，这在他提出的探究训练教学模式中得到了充分的体现。1966 年他实施了《探究发展计划》（简称 IDP），该计划主要在初中自然科学中实施，其目的是激发和维持学生的探究兴趣，

[1] SCHWAB J J. The teaching of science as enquiry [M]. Cambridge:Harvard University Press,1962：55.
[2] 余文森，郑金洲. 新课程生物教与学 [M]. 福州：福建教育出版社，2005：57-58.
[3] 钟启泉. “探究学习”与理科教学 [J]. 教育研究，1986（7）：48-51.

培养探究与发现能力。[1]

总之，在20世纪50—60年代兴起的探究教学，其关注的焦点已经从局部的科学方法训练扩展到科学探究的全过程，倡导通过“做科学”而获得科学知识以及发展科学探究能力。

四、科学过程技能的提出

（一）SAPA课程中的科学过程技能

也就是在20世纪60年代，一些有识之士认识到，笼统地提出科学方法教育已经不能满足科学教育实践的需要。要将科学探究能力的培养目标落到实处，就必须要有具体的行动与步骤。在这方面做出重要贡献的，首推普林斯顿大学的心理学教授加涅（R. M. Gagne）。

加涅在1963年发表了题为《旨在探究的学习条件》的论著，为探究学习的实践研究奠定了理论基础。他认为，传统教学的特点是大量灌输权威性的事实或有关科学原则的教条，教科书只是记载一系列的科学结论，而学生学习的目的是为了了解这些科学的事实与结论。至于这些科学知识与结论是怎样产生的问题则往往被忽视。因此，科学课程必须考虑如何使儿童掌握探究的态度和方法。[2]加涅的贡献不仅是在理论方面，而且还在实践方面。由他指导的一个小学科学课程，即“科学-活动过程教学”（Science-A Process Approach，以下简称SAPA），是最明显地表现出科学过程技能的课程。

1961年美国科学促进会（以下简称AAAS）接受美国国家科学基金会（以下简称NSF）的资助，考查及分析科学家进行科学研究工作的过程及行为，试图将科学工作过程所运用的技能纳入自然科学的课程与教学活动中。经过九年的研究与发展，推出的SAPA课程从各种科学研究活动中抽取出13种科学过程技能。这些技能包括：

（1）基本技能：①观察；②分类；③应用数字；④测量；⑤应用空间与时间关系；⑥交流；⑦预测；⑧推理。

（2）整合技能，即综合运用数种基本技能的技能，包括：①下定义；②形成假设；③解释数据；④控制变量；⑤实验。

这些技能彼此紧密联系，统一在探究活动过程中。[3]

SAPA课程所确立的科学过程技能的要素一直到今天还有很大的影响力。目前，

[1] ORLICH D C. Teaching Strategies［M］. Lexington: D. C. Heath，1985: 319-324.
[2] 商继宗. 教学方法：现代化的研究［M］. 上海：华东师范大学出版社，2001：57.
[3] 靳玉乐. 探究教学论［M］. 重庆：西南师范大学出版社，2001：4-6.

关于科学过程技能的要素尽管众说纷纭，所提出的要素或多或少，但是在许多方面与当初SAPA课程提出的科学过程技能大同小异。AAAS后来对科学过程技能的要素进行了一些修改，但是从中还依稀可见当初的影子。(具体内容见附录1)

(二)桑德等人对科学过程技能的发展

自从加涅指导的SAPA课程明确将科学过程技能作为与科学知识同等重要的内容，以及AAAS制定了科学过程技能的要素以后，国外关于科学过程技能的研究越来越广泛，也越来越深入。

桑德（R. B. Sund）和特罗布雷奇（L. W. Trowbridge）提出了更加具体的探究技能(科学过程技能)要素。他们将科学过程技能分为收集的技能、组织的技能、创造的技能、操作的技能和传达的技能五大类，每一类又具体地列出了若干更加细微的技能，计35小项。见表2-1。[1]

表2-1 桑德等人提出的科学过程技能要素

收集的技能	组织的技能	创造的技能	操作的技能	传达的技能
倾听	记录	展望	使用器具	提问
观察	比较类似点	设计新问题	器具保管	讨论
发问	比较相异点	发明	演示	说明
探究	体系化	综合	实验	报告
明确问题	概括		修理	记录
收集资料	评论		制作	批判
调查研究	分类		观测	图表化
	评价			会教
	分析			

由此可见，科学过程技能究竟包括哪些要素，如何将这些要素进行分类，人们的观点并不一致。但是，随着人们对科学过程技能理解的深入，对它的要素的认识也越来越全面。

[1] 彭蜀晋．现代理科教育的进展与课题[M]．重庆：重庆出版社，1990：215-216.

第二节　现代科学观与科学过程教育

科学观也就是科学本质观，是指人们对科学本质的认识。自从自然科学产生以来，关于科学本质的问题，即“什么是科学”“科学是什么”的问题就一直受到哲学家们的关注。随着科学的进步与发展，人们关于科学本质的看法也在不断深化。从科学哲学的视角来看，可以粗略地把科学观分为传统科学观与现代科学观两类。

科学观是科学素养的核心成分。科学观可以通过教育传承，教育者的科学观通过课程、教材和日常教学对受教育者会产生潜移默化的影响，久而久之，受教育者的科学观便逐渐形成。因此，教师有什么样的科学观，就会有什么样的科学教育行为；反之，学生以何种方式学习科学，便会形成何种科学观。

一、传统科学观及其对科学教育的影响

（一）传统科学观

传统科学观主要有常识性的科学观、经验主义科学观、理性主义科学观和逻辑实证主义科学观等。

1. 常识性的科学观。它认为，科学是一种知识系统。近代科学发展到 19 世纪时，人们认为科学是分门别类的知识，即分科之学。当时，随着科学研究对象的日益复杂和精细，笼统的科学已经分化为各个专门的学术领域，形成了各自独立的研究对象、概念、理论、方法和体系。一直到 20 世纪中期，人们仍然把科学看成是知识体系（系统化的知识），即科学是关于自然、社会、思维的知识体系。20 世纪 70 年代以来较为普遍的看法是：科学是发展着的知识体系。美国著名科学哲学家 G. 萨顿在《美国百科全书》中把科学理解为：“科学为系统化的实证知识。”我国学者郭湛在《中国大百科全书·哲学》中认为：“科学是以范畴、定理、定律形式反映现实世界多种现象的本质和运动规律的知识体系。”《现代汉语词典》对科学的解释是：“反映自然、社会、思维等的客观规律的分科的知识体系。”[1]

常识性的科学观有一定的合理性，作为科学研究的成果即科学理论，如牛顿的经典力学、爱因斯坦的相对论、现代化学键理论等确实是一种知识，而且是一种系

[1] 中国社会科学院语言研究所词典编辑室. 现代汉语词典·修订本[M]. 北京：商务印书馆，1998：711.

统的知识。但是，常识性的科学观的局限性就是未能把科学的本质刻画出来。

2. 经验主义科学观，也称为归纳主义科学观。它的基本要义是：科学是从经验事实通过归纳导出来的知识。自近代以来，科学家往往强调通过实验来断定科学定理的真理性。于是，经验主义，特别是20世纪上半叶的逻辑经验主义便把“可确证性”（即“可检验性”）作为科学的本质特征，认为科学是一种可确证的知识体系。

经验主义科学观以哲学上的经验论为理论基础，其代表人物有培根（F. Bacon，1561—1624）、洛克（J. Locke，1632—1704）等。培根指出：一切自然的知识都应求之于感官。[1] 洛克则认为：“我们的一切知识都在经验里扎着根基，知识归根到底是由经验而来的。”[2]经验主义的科学观强调经验归纳和逻辑实证。认为科学是从经验事实推导出来的知识。因为知识的源自经验，而科学乃是建立在事实上面的建筑物。用英国科学哲学家查尔默斯的话来说，这种科学观主张：“科学知识是已证明了的知识。科学理论是严格地从观察和实验得来的经验事实中推导出来的。科学是以我们能看到、听到、触到……的东西为基础的。个人的意见或爱好和思辨的想象在科学中没有地位。科学是客观的。科学知识是可靠的知识，因为它是在客观上被证明了的知识。”[3]

3. 逻辑实证主义或者逻辑经验主义科学观。它是在上述经验主义科学观基础上发展起来的。它强调逻辑和实证（或经验）。逻辑实证主义认为，知识来自纯粹客观的观察，再经由所谓的科学方法得到科学知识或理论。逻辑实证主义是实证主义传统中的当代科学哲学。它崇尚经验科学，主张用怀特海和罗素的符号逻辑分析现代科学。它所提倡的科学方法是假设—演绎法。整个科学研究的过程，就是先以开放的眼光观察自然现象，通过归纳发现获得某些规则，进而在头脑中形成某种假说；再收集资料验证假说，若假说成立，它就变成科学知识。所以只要完全遵循上述过程，所产生的知识就可称为科学知识。由于科学知识的产生过程被认为是相当客观的，因此一旦被确证，科学知识就变成绝对的真理。所以当科学知识不断地形成时，就代表真理不断地增加，科学知识是以一种线性累加的方式不断增长的。

4. 理性主义科学观。它以哲学上的唯心理论为哲学基础，其代表人物有笛卡尔（R. Descartes，1596—1650）、斯宾诺莎（B. Spinoza，1632—1677）、康德（I.

[1] 黄玉顺. 从认识论到意志论［J］. 北京理工大学学报：社会科学版，2000，2（1）：26-31.
[2] 罗素. 西方哲学史：下卷［M］. 北京：商务印书馆，1976：634.
[3] 查尔默斯. 科学究竟是什么？对科学的性质和地位及其方法评论［M］. 查汝强，江枫，译. 北京：商务印书馆，1982：10.

Kant, 1724—1804)、黑格尔(G. W. F. Hegel, 1770—1831)等人。笛卡尔的“我思故我在”，将理性思维置于重要地位，明确了知识是如何产生的以及知识与主体的关系，即只有通过理性思维才能获得可靠的知识。康德虽然承认感性直觉的意义，但却认为经验之所以可能，仅仅是由于给予感觉以组织的、具有普遍性的“自我意识”或“统觉”。理性主义科学观认为知识是客观的、绝对的。按照这种观点，科学知识是一种具有客观基础的、得到充分证据的真实信念；科学知识是通过严格的逻辑过程（即理性思维过程）获得的，具有绝对的、永恒的和普遍的价值特性，是不容置疑的；科学知识是按照学科体系各自成为一种具有某种共同本质属性的学科知识，每一种学科都有自己的知识体系和语言。

（二）传统科学观对科学教育的影响

传统科学观反映在科学教育中的主要表现有：科学课程以传授给学生系统的科学知识为主旨；科学教材的组织和编排非常注重知识的系统性、逻辑性和精确性，科学知识以无可置疑的定论形式呈现；科学课教学中，教师最重要的任务就是向学生传授系统的科学知识，而学生的学习活动就是理解并牢记教材中的知识；在教学评价方面，主要是看学生记住了多少知识，记得是否精确，是否符合标准答案等。

毫不夸张地说，传统科学观在我国目前的科学教育中仍然是根深蒂固的。据调查，目前我国中学生的科学观主要表现为：认为科学就是“真理”，对科学的有限性认识不够；认为科学就是系统的、实证的知识，对科学的动态性缺乏充分认识；认为科学知识是完全客观的，对科学知识的建构性缺乏认识；认为科学就是科学家的工作，对科学的公众性缺乏了解。[1]由此可见，我国的中学生基本上持有传统的科学观。另有学者的研究表明，我国的化学教师的科学观普遍处于朴素水平，[2]即传统的科学观占主导地位。这也就不难理解我们的学生为什么普遍持有传统的科学观了。

传统的科学观是造成学生机械地、被动地学习的原因之一。教科书呈现的是定论的知识，教师则往往照本宣科。这种状况，诚如爱因斯坦所言：“结论几乎总是以完成的形式出现在读者面前。读者体验不到探索和发现的喜悦，感觉不到思想形成的生动过程，也很难达到清楚地理解全部情况。”[3]也正如巴西教育家保罗·弗莱雷所说的那样，教育因此变成了一种存储行为，学生是保管人，而教师是储户。教师发出公报，开展储蓄，学生耐心地接受、记忆和重复存储材料。这就是“灌输式”

---

[1] 朱星昨，续佩君．在理科教学中培养中学生科学观的思考[J]．北京教育（普教版），2005(1)：12-14.

[2] 梁永平．理科教师科学本质观调查研究[J]．教育科学，2005，21(3)：59-61.

[3] 许良英，范岱年．爱因斯坦文集：第1卷[M]．北京：商务印书馆，1976：79.

的教育概念。在这种概念的支配下，学生只能接受、输入并存储知识。事实上，学生仅有对他们所存储的东西进行收集或整理。结果，学生越努力地存储委托给他们的“存款”，他们的批评意识就越得不到发展，这种批评意识只能产生于他们作为世界的改造者对改造世界活动的参与之中；他们越全面地接受强加给他们的角色，就越倾向于单纯地适应于这个世界，适应于他们头脑中所存储的破碎的世界观，就好像一切都从来如此，并将永远如此……知识只有通过发明和再发明，通过人类在世界上、人类与世界一道以及人类相互之间的永不满足的、耐心的、不断的、充满希望的探究才能出现[1]。

二、现代科学观及其对科学教育的影响

（一）现代科学观

现代科学观主要有证伪主义科学观、历史主义科学观和建构主义科学观等。

1. 证伪主义科学观。20 世纪 40 年代以后诞生了证伪主义科学观，其代表人物是英国科学哲学家波普尔（K. R. Popper，1902—1994）。波普尔反对逻辑实证主义的“经验证实原则”，针锋相对地提出了一个“经验证伪原则”。他认为，通过归纳和证实方式获得的科学知识是不可靠的，是有误的。科学知识不过是科学家为解决科学问题而提出的尝试性的、探索性的理论假设。波普尔认为任何科学理论都不能被经验证实，而只能被经验证伪。这是因为任何科学命题必定是具有普遍有效性的全称陈述，但是经验所观察到的仅仅是具体事物，经验所能证实的只是单称陈述，而个别不能通过归纳法而上升为一般，因而经验也不能通过证实个别而证实一般。他认为科学是一种“可证伪”的知识系统，“一个系统只有做出可能与观察相冲突的论断，才可以看作是科学的。实际上通过设法造成这样的冲突，也即通过设法驳倒它，一个系统才受到检验。”[2]因此，科学事业在于提出高度可证伪的假说，随之审慎而顽强地试图证伪它们。

波普尔否认科学理论来自经验事实的归纳，承认它们来自科学家的灵感与假设。科学假设是来自科学家们创造性的猜想。由此可见，科学知识、科学理论就是科学家的假设与猜想，具有明显的主观性、偶然性和差异性。科学家提出假设与猜想的过程就是依据个人的观念、知识和经验，创造性地、尝试性地解决问题的过程。波

[1] 弗莱雷．被压迫者的教育学［M］．顾建新，赵友华，何曙荣，等，译．上海：华东师范大学出版社，2001：25.

[2] 波普尔．猜想与反驳·科学知识的增长［M］．傅季重，译．上海：上海译文出版社，1986：365.

普尔认为，科学理论虽然无法证实，但却可以证伪。因此科学理论从本质上来说都是假说。

2. 历史主义科学观。其代表人物是当代美国著名的科学史家、科学哲学家库恩（Thomas S. Kuhn，1922 — 1996）。库恩认为，科学中的观察和方法具有相当的理论依赖性，拥有不同的理论前提或范式的科学家，相当于生活在不同的世界之中。由此提出了历史主义科学本质观，其核心思想是科学的发展观。这种观点认为，科学是一个"进化与革命、积累和飞跃的不断发展过程"，是范式的转换。新旧范式是根本对立、互不相容的。科学革命就是世界观的根本改变，是一个与心理学上的"格式塔转换"相类似的过程。按照新范式，科学家在先前的观察领域中看到的是完全不同的事物。在每次科学革命中范式都将发生彻底的更迭，这就是库恩讲的范式之间的不可通约性。范式之间的不可通约性将导致科学发展的主观性、相对性和非连续性。科学的发展过程就是常规科学与科学革命这两个互相补充的阶段不断交替的过程。

历史主义者很重视科学家的学术环境，强调科学家的主体性、科学理解的多元性和科学家在科学危机中的创造性。此外，还注意到社会环境和其他知识对科学研究活动的影响，将科学看作是一种特殊的社会文化探究活动。其含义有二：一是，科学本身是一种探究活动，而作为知识系统的科学理论只是这种探究活动的结果；二是，科学是一种特殊的社会文化现象。

3. 建构主义科学观。20 世纪 80 年代之后，建构主义异军突起，逐渐成为科学哲学思潮的主流。建构主义认为，科学知识是由科学家通过想象和逻辑推理创作而得出的产物，任何人提出的理论都必须得到科学共同体的认同，并由科学共同体决定其价值。科学知识只是一个暂时成立的假说，它不是一成不变的，而是暂时的、可修改的。也正因为如此，科学理论"没有最好，只有更好"。即使通过不断地对理论进行验证、修改，甚至偶尔予以舍弃，我们对自然界的描述和解释仍然难以尽善尽美，难以得到绝对正确的真理。但是人们会越来越趋近于精确的真实，得到日益精确的、近似真理的东西。"在建构主义看来，知识不再是纯粹客观性的。可以将科学知识看成由假说和模型所构成的系统，这些假说和模型是描述世界可能是怎样的，而不是描述世界是怎样的。这些假说和模型之所以有效并不是因为它们精确地描述了现实世界，而是因为以这些假说和模型为基础精确地预言了现实世界。"[1]

建构主义强调科学的本质即科学探究。科莱特（A. T. Collette）和奇佩特

[1] 孙可平，邓小丽. 理科教育展望［M］. 上海：华东师范大学出版社，2002：126.

（E. L. Chiapetta）认为：①科学是探究自然的思考方式（a way of thinking）。科学必须建立在真实证据的基础之上，甚至根据证据可以推翻权威；科学知识是无法绝对客观的，科学知识是建立在将假说提出后的基础上，再加以验证，得出结论的过程；归纳法与演绎推理在科学中具有重要的作用；因果关系的推理只能视为一种可能，而非绝对的关系；类推或由果到因的倒推是科学解释自然现象的两种形式，但它们也有局限性；科学家必须时常反省，思考现存的理论的合理性。②科学是一种探究方式。科学家所采用的方法没有一定的程序，而是对问题采取有组织的方式，不接受毫无根据的资料。而且要有一种观念，依靠合适的研究方法未必能真正解决问题，因为并非所有的问题都能被解决。③科学知识是暂时的、动态性的。科学家使用不会被人们所怀疑的方法即科学方法来建立科学知识体系，但这些科学知识必须经常面对质疑、经受验证，进而发现其错误的地方，再加以修改，甚至被完全推翻，或证实其合理之处而接受它。因此，科学知识具有动态性本质与暂时性本质。[1]

（二）现代科学观对科学教育的影响

《美国国家科学教育标准》的制定深受现代科学观的影响。该标准把科学过程与方法看成一个系统，认为它是指一系列的相互联系的科学家普遍使用的研究方法和程序。科学的过程与方法是科学教育的重要目标之一。而学生要学习科学过程与方法，最有效的途径便是采取科学探究的学习方式。这是因为，事物都有它的现象和本质，本质隐藏在现象背后，不能为人们所直接感知。科学研究就是要透过现象，深入内部，抽取有关事物的本质，并且舍弃一切非本质的东西，从而提炼出反映事物本质属性的内在的客观规律的各种概念和定律来。这个过程是通过探究来完成的。那么，学生在科学探究过程中主要掌握哪些过程与方法呢？我们知道，科学家进行科学研究活动不可能采用完全相同的模式，但是不管科学家用何种探究模式，其基本的环节是共同的：科学问题的提出，科学事实和资料的收集，猜想和假设的建立，检验和评价，表达与交流。科学教育中的科学探究学习方式的主要环节也与此相类似，因此，探究学习体现了科学教育与科学研究本质上的一致。

正如著名理论物理学家、诺贝尔奖获得者费恩曼（Richard P. Feynman）所说，“科学是一种方法，它教导人们：一些事物是怎样被了解的，什么事情是已知的，现在了解到了什么程度（因为没有事情是绝对已知的），如何对待疑问和不确定性，证

[1] COLLETTE A T, CHIAPETTA E L. Science instruction in the middle and secondary school [M]. 3rd ed. New York: Merrill,1994: 27–47.

据服从什么法则，如何去思考事物，并作出判断，如何区别真伪和表面现象”。[1]

科学教育内容应体现科学既是关于自然的系统的知识体系，也是人类探究、认识自然的过程，同时也包含有态度、价值观和道德方面的问题。美国的科学教育家马丁（Ralph E. Martin）指出，科学教育应有三个方面的内涵，即科学知识（Science Knowledge）、科学过程技能（Science Process Skill）和科学态度（Science Attitude）：①科学知识包括事实、概念、原理和理论；②科学过程技能包括基本技能（观察、分类、交流、测量、估计、预测和推理）和综合技能（明确问题、控制变量、给出操作定义、假设、实验、图形化、解释、模型化和研究）；③科学态度包括情感态度和智力态度。[2] 由此可见，马丁的论述比较完整地反映了科学本质对科学教育内容的要求。

综上所述，传统的科学观虽然有一定的合理性，但是偏于保守，基本上只是静态地审视科学，视科学知识为客观真理，把科学仅仅等同于科学研究的结果——科学知识及其结构，而忽视了科学研究的动态过程本身。而现代科学观是更新颖、更精确、更全面和更合理的科学观。现代科学观用动态的观点解释科学，将科学看作是人类获取知识、探索自然的认识活动，是创造知识的过程。正如英国科学家C. 辛格所言，“科学乃创造知识而不是知识本身”，“科学”与“研究”往往是等同的。[3] 美国学者威廉和玛丽也指出：“科学的本质就是模式建构的过程，是建构能够解释未知世界本质的心理影像的过程；思考、解决问题和形成概念是科学的全过程。”[4]

三、通过科学过程理解科学本质

通过上面的论述可知，传统科学观与现代科学观的分水岭就在于对“科学过程”的理解与重视程度的不同。现代科学观更加注重从科学“活动过程”的角度来认识科学，其优越性在于能使我们从更广泛的人类活动的背景上认识和把握科学的本质属性。

科学观对科学教育的影响具体体现在科学课程与教学中，体现在教师的日常教学行为中。这种影响直接反映在学生的学习方式上。传统科学观指导下的科学教学

[1] 蔡铁权，蔡秋华．“科学素养说”和中学科学教育改革［J］．课程·教材·教法，2004（10）：48-52.

[2] MARTIN R E, SEXTON C M, GERLOVICH J A, et al. Teaching science for all Children［M］. Massachusetts: Allyn&Bacon,1996: 14-19.

[3] 金吾伦．自然观与科学观［M］．北京:知识出版社，1985：18.

[4] ESLER W K, ESLER M K. Teaching elementary science［M］. Belmont,Calif.:Wadworth Publishing Company,1993：8.

关注知识结论，学生的学习方式主要是接受学习；现代科学观指导下的科学教学关注科学过程，同时也不轻视知识结论，学生的学习方式主要是探究学习。

让学生形成现代科学观是科学教育的一个重要目标。学生的现代科学观是在学习科学的过程中逐步形成的，绝非靠简单的灌输就能奏效。因此，培养学生现代科学观行之有效的途径是让学生亲历科学探究的过程，在“做科学”中体验和感悟科学的本质。也就是说，要通过科学过程教育培养学生的现代科学观。

真正理解科学过程不是靠字面上的理解，而必须靠身体力行的感悟，这是不二法门。科学过程技能是科学过程的基本元素，离开科学过程技能的过程不是科学过程；反之，离开科学过程而孤立地进行所谓的技能训练，在训练的过程中只见树木不见森林，也不可能真正地形成科学过程技能。

卡瑞（A. A. Carin）和桑德（R. B. Sund）从科学问题产生与解决的过程关系上，描述了科学的内在特征，他们将这些关系用图 2-1 来说明：

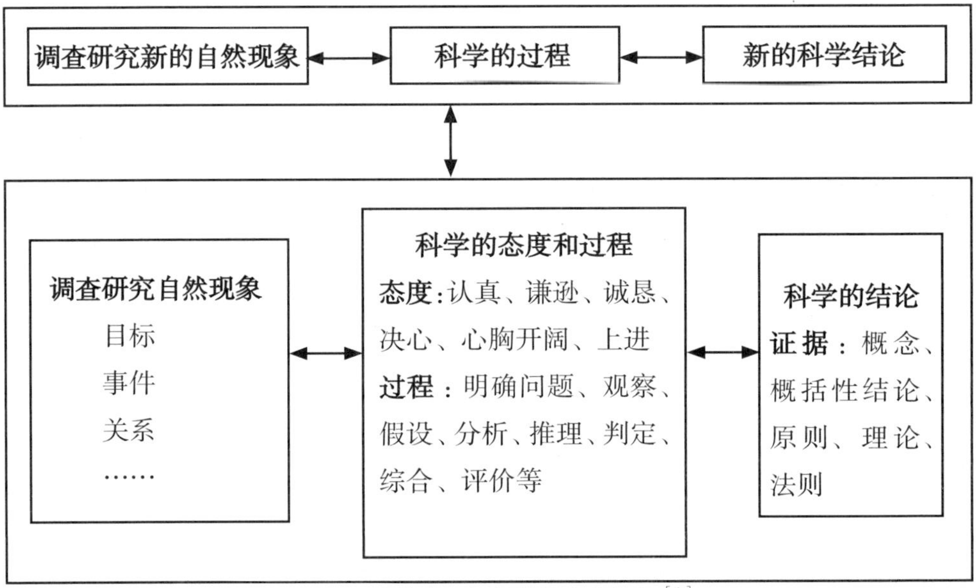

图2-1 科学过程与科学的内在特征[1]

从图 2-1 中可以看出，科学的内在特征在于它的探究过程。因此，要让学生理解科学的本质，形成现代科学观，关键在于让学生亲历科学的过程，在“做科学”中理解科学的本质。

［1］ CARIN A A, SUND R B. Teaching science through discovery［M］. 4th ed.Columbus.OH: Charles E.Merrill Publishing Co,1980: 3.

第三节 科学过程的一般程序与基本环节

科学过程（Scientific Process），从广义上讲是指科学发展的历程，即科学发展史；从狭义上讲是指研究某个具体科学问题的过程，或者说是科学研究的基本程序。本书所探讨的科学过程主要属于后者。

所谓科学研究的程序，就是指各种卓有成效的科学研究活动所应经历的最基本的、最一般的步骤。科学研究活动是为了揭示自然的奥秘，是一种典型的合目的性的活动，它通常表现为定向的、有序的过程。但是，我们要正确地理解科学研究过程，就必须坚持辩证的观点。一方面，科学研究过程在不同的学科、不同的研究课题、不同的科学家那里，具体表现是不同的。从这个意义上说，科学研究活动绝非照方抓药或按图索骥般的活动，研究任何一个科学问题都不可能按照某种定式进行，其中必然会体现出科学家的创造性，即科学研究活动独辟蹊径的情况很正常；另一方面，科学研究也并非是一种随心所欲的活动，尽管各种具体的科学研究过程有其自身的特点，科学研究的基本过程却有相似之处。

科学过程的一般程序是什么？对此，人们的看法并不一致。比较典型的观点是认识论观点和问题解决的观点。

一、认识论的观点

认识论观点认为，科学研究活动是人类的一种特殊的认识活动。作为一种认识活动，科学研究遵循人类认识的一般规律，是一个从感性认识到理性认识，再从理性认识到实践的循环往复、螺旋上升的过程。持此种观点的人为数不少。例如，我国化学教育家陈耀亭在20世纪80年代初，具体阐述了科学研究的基本过程以及科学过程中所蕴含的具体的科学方法。如表2–2所示：

表2–2 科学研究的认识活动过程

（Ⅰ）						（Ⅱ）					（Ⅲ）			
（1）	（2）	（3）	（4）	（5）	（6）	（7）	（8）	（9）	（10）	（11）	（1）	（2）	（3）	……
观察	实验	实验条件控制	测定	数据分析处理	分类	科学概括（初步结论）	思考模型化	提出假说	验证假说	得出结论（最后结论）	观察	实验	实验条件控制	

陈耀亭运用认识论的观点将科学过程与科学方法（过程技能）比较完满地统一起来，并且对科学过程中涉及的具体方法（过程技能）进行了较为细致的阐述。在上表中，（Ⅰ）和（Ⅱ）之间的竖线是认识过程的第一次飞跃，即从感性认识到理性认识；（Ⅱ）和（Ⅲ）之间的竖线是认识过程的第二次飞跃，即从理性认识到实践。上述科学研究的过程模型，反映了认识论或实践论的生动直观或感性认识阶段（Ⅰ）、抽象思维或理性认识阶段（Ⅱ）和实践阶段（Ⅲ）的内在联系和认识规律，其理论依据是马克思主义的认识论。上表中经过系统化和程序化了的具体的科学方法［（1）—（11），相当于本书所指的科学过程技能］指明了科学研究工作的途径、阶段和步骤。[1]陈耀亭在我国化学教育界较早就提出了要以自然科学方法论指导教学的思想，这是难能可贵的，而且他所提出的具体的科学过程技能要素至今仍有现实意义。但是，我们应当看到，他所提出的科学研究的认识活动过程难免有着很深的时代印记，今天看来，他的这个观点并非无懈可击。科学研究的认识活动过程是否必然从观察和实验开始？是否可以截然地分为感性认识和理性认识阶段？近年来涌现的科学哲学思潮对此有不同的观点。

科学研究活动作为人类的一种认识活动，符合人类认识的一般规律，这是毫无疑问的。问题在于，科学研究活动毕竟是一种特殊的认识活动，上述“过程模型”美中不足之处就是没有突显科学研究过程的特殊性。科学发展史上很多的事实表明，科学研究往往并不是从感性认识开始的。首先，科学的观察不是盲目的观察，它有一定的目的性和选择性，并且是由科学家的理论观点、兴趣决定的；其次，科学的观察并非只是感觉、知觉行为，它必须对出现在观察者视野中的现象有所理解，而理解不能没有观点或理论的指导；再次，科学的观察必须记录为资料，记录必须使用概念，而概念特别是科学概念具有高度的理论性。澄清科学研究的过程观，事关教学中培养学生什么样的科学观的问题。

值得注意的是，我国传统科学课程的认识论是经验论和唯理论的结合。例如，对科学研究的起点，认为先从感性认识即实践开始。科学研究从观察开始，这是近代早期唯物主义经验论者的一个重要观点。这种观点认为，科学认识的基本程序是通过观察、测量和实验，获得经验事实性的知识，然后从经验事实中，通过归纳与假说，上升到定律，再逐渐形成理论。同时，我国传统科学课程也强调观察过程应用脑积极思考、分析，在这一方面又接近唯理论。总体上看，我们的课

［1］ 陈耀亭．化学教学法的指导理论需要发展［J］．化学教育，1986（3）：26.

程反复告诉学生，科学的基本认识程序是：事实→定律→理论。这种观点是由培根首先提出的，在历史上曾起过积极的作用，而且影响深远。迄今为止，我国中学科学课程（含化学课程）的科学认识论基本上一直采用这个观点，并且在近年来的教学改革中还有所发展。缘何如此？有学者尖锐地指出："至少直到20世纪80年代中期以前，不论是官方出版的'自然辩证法'教科书，抑或是各地自编的'自然辩证法'教科书，都是在某种特殊哲学的'指导'下，强调并向学生们灌输科学研究'始于观察'的思想。科学家们撰写的用以教导青年们的关于科学研究的方法的书也不例外。这些教材和著作中强调科学研究'始于观察'的观点，都十分'强而有力'，因为它们都依据于权威的'官方哲学'或直接从'官方哲学'中找到依据。按照这种'官方哲学'，道理似乎很简单：观察和实验是实践活动，是人们获得感性认识的方法；既然认识从实践开始，从感性然后上升到理性，科学研究当然应当而且必须从观察和实验开始！然而，科学认识的历史所表明的实际情况果真是如此吗？非也！"[1]改革开放的思想解放运动已经有30多年了，可是在实践中关于"科学过程"的教育未能做到与时俱进，这种现象值得反思。

马克思主义是科学的、开放的、发展的理论体系，马克思主义认识论揭示了人类认识的一般规律，对科学认识活动也无疑具有重要的指导作用。但是，马克思主义的普遍原理还必须与具体的实践活动相结合才能发挥指导作用，否则难免会走向教条主义的泥潭。将科学研究活动简单地等同于人类的一般认识活动，并不能完全揭示出科学过程的本质特征。

二、问题解决的观点

这种观点与前一种观点的不同之处，首先是对科学研究的起点有着不同的认识。科学研究的起点是什么？科学史表明，作为科学研究的第一个环节，即引导科学家进行探究性活动的起点是科学的问题，而不是观察或实验。观察和实验作为科学研究的基本手段是确定无疑的，但是它们总是从一定的研究课题出发的。如果仅仅是观察到事实，并没有提出科学问题，那么即使是观察到一些前所未有的新事实，也不过是记述新事实而已。在科学发展史上这样的例子比比皆是。X射线的发现就生动地说明这一点。事实上，在伦琴之前，美国费城的古德斯密斯和英国科学家克鲁克斯在实验阴极射线的时候都曾经发现过照相底片上有异常的

[1] 林定夷．问题与科学研究：问题学之探究［M］．广州：中山大学出版社，2006：7-8.

现象，而且古德斯密斯还无意中拍了一张 X 射线的照片。但是，古德斯密斯和克鲁克斯并未认识到他们所观察到的现象的意义，反而认为是实验失败所致。这表明，仅仅是观察事实并不能引导人们对 X 射线进行研究。只有像伦琴那样，认为被观察的这个事实是已有的理论无法说明的，也就是说只有提出了科学的问题，才能引导人们对这类现象进行研究。[1]在科学史上，与伟大的发现失之交臂的情况不胜枚举。许多科学家首先观察到了前人没有观察过的现象，但是却并没有抓住机遇进行深入研究，中子的发现如此，氧、氯、溴等元素的发现也是如此。在我们为这些科学家扼腕叹息的同时，也应该认识到，在科学研究活动中问题意识是何等的重要。

问题对科学研究的重大意义，正如爱因斯坦指出的："提出一个问题比解决一个问题更为重要，因为解决一个问题也许仅是一个数学上或实验上的技能而已。而提出新的问题，新的可能性，从新的角度去看旧的问题，却需要有创造性的想象力，而且标志着科学的真正进步。"[2]

英国科学哲学家波普尔（K. R. Popper）认为，科学研究如果从收集事实的观察实验开始，然后再构建理论，实际上是不可能的。其原因在于：要求研究者第一步就去"观察并记录一切事实"，这一点实际上是永远无法完成的。"一切事实"相对于人的认识来说是一个无穷集合，研究者永远不可能穷尽一切事实。[3]因此他提出科学研究过程是一个始于问题、终于问题的过程，即从认识问题开始，而后经猜测、构想假说、验证得出结论。表示为：

P_1（问题 1）→ TT（试验性理论）→ EE（消除错误）→ P_2（问题 2）[4]

波普尔的观点产生于 20 世纪 40 年代，但是由于政治和历史的原因，真正对我国科学哲学界产生影响却是在 80 年代之后。张巨青主编的《科学研究的艺术——科学方法导论》一书中，认为科学研究的程序是一个"从问题到答案"的过程。并且指出，"科学研究始于问题"与"科学研究始于观察"两种观点有着根本上的区别，前者把科学研究看作是能动的、创造性的活动，后者把科学研究看作是自发的、消

[1] 吕乃基，刘郎. 自然辩证法导论［M］. 南京：东南大学出版社，1991：96-97.
[2] 爱因斯坦，英费尔德. 物理学的进化［M］. 周肇威，译. 上海：上海科学技术出版社，1962：66.
[3] 陈其荣. 当代科学技术哲学导论［M］. 上海：复旦大学出版社，2006：178.
[4] 波普尔. 客观知识：一个进化论的研究［M］. 舒伟光，译. 上海：上海译文出版社，2005：137-138.

极性的活动。他认为,科学研究活动就是围绕问题而进行的解题活动。[1]其基本程序是:

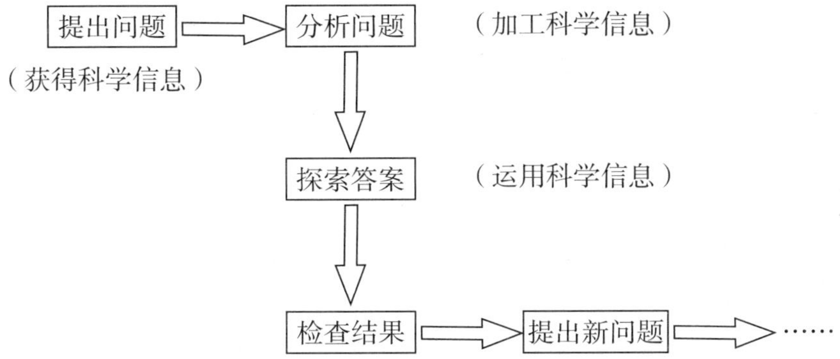

图2-2 科学问题解决活动基本过程

科学研究是问题解决活动的观点，与认识论观点的另一个不同之处是，认为科学研究不是逻辑实证和线性累积的过程，而是一个提出假说然后寻找证据的过程，最典型的就是波普尔的证伪主义科学过程观。波普尔认为，用归纳法的逻辑推理，不可能通过对一些事实的观察陈述，对普遍的定律和理论的推理，而达到证明它是真的结论。因此，科学任务就是提出高度可证伪的假说（一个理论是可证伪的，是指它存在着一个和它相矛盾的逻辑上有可能的陈述，可以用事实来检验）。接着对假说进行检验，若证明为假的理论则必须被抛弃，同时，与此不同的大胆的推测性假说，则被证明为科学的。科学的发展，就是可证伪性假说的不断被否定。科学的发展形式是：问题 → 推测 → 证伪 → 新问题→ ……。[2]波普尔认为，科学的发展是一个间断的、不断否定的过程，这与归纳法的科学是累进的观点截然不同。

上述两种观点似乎针锋相对，对此我们不能简单地做出非此即彼的判断，而应该用辩证的观点去看待它们。

首先，认识的过程是主观与客观辩证统一。我们过去强调从客观到主观这一方面，而对主观到客观这一方面研究得不够。科学研究是一种问题解决的观点，强调了主观能动性在认识过程中的积极作用。主观能动性发挥得如何，直接影响着人们能否正确反映客观事物及其内部联系。这里所说的主观能动性，主要是指质疑的精神、创新的勇气，不因循守旧，敢于突破常规。当然，主观能动性的发挥也必然受到研究者对有关研究课题背景知识的掌握和研究方法水平的高低的制约。氧化汞受热放出一种气体，对于这一实验现象，坚持“燃素说”的普里斯特里

[1] 张巨青. 科学研究的艺术：科学方法导论［M］. 武汉：湖北人民出版社，1988：38.
[2] 曹维源. 当代社会科学概要［M］. 北京：中国广播电视出版社，1991：218.

（J. Priestley，1733—1804，英国）认为放出的是一种脱燃素气体；而拉瓦锡（A. L. Lavoisier，1743—1794，法国）却由此发现了氧气，揭开了化学革命的序幕。原因恰恰在于，前者的观念保守，后者的思想解放。

其次，波普尔强调科学的发展从问题开始，这并不能轻视或否定观察的作用。事实上，问题往往是在观察的新事实与原有理论发生了矛盾的地方出现的，观察事实与原有理论的矛盾之处，往往是科学发展的突破口。比如，"活力论"的代表人物贝采里乌斯（J. J. Berzelius，1779—1848，瑞典）认为：只有活组织才具有制造有机化合物的能力。而贝采里乌斯的学生，化学家维勒（F. Wohler，1800—1882，德国）却在无机物里制得并观察到了有机物——尿素。新的事实材料与原有理论的冲突产生的问题，激发了化学家们大胆猜想、小心求证的研究活动，由此推翻了几个世纪以来占统治地位的"活力论"，开辟了有机化学的新领域。

我们认为，上述两种观点并不存在孰是孰非的问题，而是类似于"鸡生蛋还是蛋生鸡"的问题，各有其合理的方面。张嘉同认为：就一个具体研究过程而言，确定研究的问题是一项研究工作的开始，从这个意义上说，提出和确定问题，是认识的开始，是"这一个"研究、认识过程的开始。但是，问题或课题又是怎么产生的？问题的提出、课题的确定是大致调查研究的结果，提出问题离不开实验、实践，所以问题作为起点只能表示一项具体研究工作的次序。就人类认识的过程来说，实践是认识的基础和源泉，认识的发展规律是实践 — 认识 — 实践。[1] 这种循环往复、螺旋上升的发展规律同样适用于科学发展的历史，这一点也是无可置疑的。

因为本书所探讨的核心问题是科学过程技能，这里的"科学过程"是指研究一个具体的科学问题的过程，因此作者倾向于问题解决的观点。

三、科学探究学习的基本过程

以上对科学研究过程的探讨，是为了认识科学探究学习的过程。什么是探究（Inquiry）？《牛津英语词典》的解释是："求索知识或信息特别是求真的活动；是搜寻、研究、调查、检验的活动；是提问和质疑的活动。"《美国国家科学教育标准》中对科学探究的表述是："科学探究指的是科学家们用来研究自然界并根据研究所获事实证据做出解释的各种方式。科学探究也指的是学生构建知识、形成科学观念、领悟科学研究方法的各种活动。"[2] 本人认为，这里所说的科学探究与科学研究实际

[1] 张嘉同. 化学哲学［M］. 南昌：江西教育出版社，1994：169.

[2] 〔美〕国家研究理事会. 美国国家科学教育标准［M］. 戢守志，译. 北京：科学技术文献出版社，1999：30.

上是一回事，只是“研究”（Research）给人的感觉是庄重严谨，而“探究”（Inquiry）给人的感觉是生动活泼。对于学生的学习活动来说，用“探究”一词也许更为恰当。

探究学习是学生模仿科学家科学研究的过程而进行的一种学习活动。因此，探究学习的过程类似于科学研究的过程。科学探究学习的基本过程是什么？不同的研究者往往会给出不同的结论。这一方面是因为科学探究本身没有一个固定的程序（过程），不可能遵循一个固定的“流程”。另一方面，研究者所持的哲学观不同，更具体地说是科学观的差异，对科学探究过程的认识就不尽相同。

美国学者彼德森（K. D. Peterson）认为：“科学探究是一种系统的调查研究活动，其目的在于发现并描述物体和事物之间的关系。其特点是采用有秩序的和可重复的过程，简化调查研究对象的规模和形式，运用逻辑框架做解释和预测。探究的操作活动包括观察、提问、实验、比较、推理、概括、表达、运用及其他活动。”[1]

我国《全日制义务教育科学（7—9年级）课程标准（实验稿）》中指出，探究学习的基本要素包括：提出科学问题 → 进行猜想和假设 → 制订计划，设计实验 → 观察与实验，获取事实与证据 → 检验与评价 → 表达与交流。[2]

我国《全日制义务教育化学课程标准（实验稿）》中指出，探究学习的基本要素包括：提出问题 → 猜想和假设 → 制订计划 → 进行实验 → 收集证据 → 解释与结论 → 反思与评价 → 表达与交流。[3]

以上观点大同小异，都是持问题解决的观点，本人比较赞同。综合上述观点，本书提出科学探究学习的基本过程如下：

提出问题 → 制订计划 → 猜想假设 → 搜集证据 → 做出解释 → 交流评价 → 发表结论

这里分析科学过程的一般程序与基本环节，旨在为进一步探明每一环节中所蕴含的技能提供分析框架。当然，这只是一个抽象概括的结论。对一个具体的科学问题的探究，并非机械地执行上述过程。这是因为，探究活动本身是个复杂的过程，不太可能是一个线性的流程。其中有些环节可以跳过，有些环节可以交错，有些环节可能会循环。如果在教学中机械地套用某种流程，则难免重蹈教条主义的覆辙。

[1] PETERSON K D. Scientific inquiry training for high school student: Experimental evaluation of a model program [J]. Journal of Research in Science Teaching,1978,15（2）.

[2] 国家课程标准专辑：科学课程标准（7—9年级）[EB/OL].（2003-02-23）.http://www.being.org.cn/ncs/sci/m/sci-m.htm.

[3] 中华人民共和国教育部. 全日制义务教育化学课程标准（实验稿）[M]. 北京：北京师范大学出版社，2001：10.

四、科学探究学习中的过程技能

自从20世纪60年代兴起科学探究学习以来，关于探究学习的研究和实践经久不衰，且成为一个热点问题。科学探究作为学习科学的一种重要的方式已经成为一股势不可挡的潮流。一些国家的教育文件突出强调了科学探究学习的意义和作用。有些发达国家对于科学探究的要求已经不再停留在比较笼统的环节，而是对每一环节中的技能提出了十分具体的要求。我们可以通过20世纪90年代美国、英国等国家的科学教育标准，管窥科学探究学习中科学过程技能方面的目标要求。

（一）《美国国家科学教育标准》中的科学过程技能

美国“2061计划”第一个标志性成果《面向全体美国人的科学》一书，在导言中指出：“目前的科学教材和教学方法并不理想，常常阻碍了科学素养的提高。这些教材强调学习现成答案而不是探讨问题，把主要精力花费在记忆上而牺牲敏锐鉴别的思维，记忆零碎的信息而不是强调理解学习内容，重背诵轻论证，以学代干。”[1]为此，“2061计划”明确提出科学教育以提高公民科学素养为宗旨，而科学素养的构成要素包括科学观、科学探究和科学事业。

作为“2061计划”的另一个重要成果——《美国国家科学教育标准》（1996），更是明确地提出科学学习以科学探究为核心，强调给学生提供感受科学探究过程和方法的机会，强调科学探究能力（包括科学交流与合作能力）的培养。该文献明确提出：

1. 学科学是学生积极主动地参与活动的过程。首先，学生们要亲自动手做，而不能由别人来代劳，不是要别人做给他们看。其次，动手的实践活动自不可少，但是这还不够，学生们必须有动脑的理性体验。学科学的过程应该是体力与脑力的共同活动过程，不仅有动手的活动，而且要有动脑的活动。应把学科学作为一个过程，作为学生学习并提高观察、推断和实验等各种能力的过程。学生只有在解决实际问题的过程中，通过亲身经历概念与过程的相互作用后才能真正理解科学。

2. 科学探究是科学学习的核心。学科学的中心环节是探究。学生应该在积极参与科学探究的过程中逐渐对自然界有所认识。对从学生所亲历的事物中产生的一些实际问题进行探究，是科学教学所要采取的主要做法。应该尽可能地提供机会让学生在他们力所能及的范围内从事科学探究。科学探究活动在科学学习中具有重要价值：通过“做科学”（即“科学探究”活动）来学科学，在这一过程中学生们就可

［1］ 美国科学促进协会．面向全体美国人的科学［M］．中国科学技术协会，译．北京：科学普及出版社，2001：导言．

以把科学知识与观察、推理和思维的技能结合起来，从而可以能动地获得对科学的理解。在科学探究活动中，在参与解决问题、参与制订计划、参与决策、参与小组讨论、参与评价的过程中，学生将所掌握的科学知识同他们从多种渠道获得的科学知识联系起来，并把所学的科学内容应用到新的问题中去，通过科学探究活动，学生对科学探究的手段、使用证据的规则、形成问题的方式、提出解释的方法等一系列的问题有了亲身体验，而不仅仅是听到或记住有关的知识或结论。通过科学探究活动，学生对科学与数学的关系，科学与技术的关系，科学的性质（什么样的东西是科学，科学能够做什么，科学不能够做什么，以及科学如何在文化中起作用）等一系列问题，有了切身的认识和体验，而不仅仅是获得了关于这些问题的标准答案。

3. 科学探究活动的设计。科学探究是包括以下过程的一个多侧面的活动：观察，描述物体和事件（相互作用的过程）；提出问题；查阅书刊及其他信息源以便弄清楚哪些已经是为人所知的东西；运用判断思维和逻辑思维，做出可能的各种解释或假设；然后根据现有科学知识对所做解释以多种不同方式（如系统的观察、测量及有变量操作的实验等）加以检验，包括运用各种工具和技术搜集、记录、分析和解读数据，对证据和解释之间的关系进行批判性评价和逻辑性思考等，并构造和分析其他解释方法；把自己的看法通过多种不同的交流方式（如口头方式、绘画方式、图表方式、模型方式、数字方式和电子方式等）准确、清晰、简洁地传达给别人。科学课程应该提供足够的时间和机会让学生经历上述过程，学生可以参与科学探究中某些方面、某些环节的活动，但也应该给学生从事完整的探究活动全过程的机会。[1]

在《美国国家科学教育标准》中，虽然没有出现“科学过程技能”的术语，但是，通过文本的表述不难看出，“科学探究活动的设计”的要求实际上就是关于科学过程技能方面的具体要求。

（二）英国《国家科学教育课程标准》中的科学探究技能

英国的科学教育也特别强调科学过程技能的培养目标，只是在词语表述上用的是科学过程技能的同义词“科学探究技能”。1999 年版英国《国家科学教育课程标准》，是为义务教育阶段 5 ~ 16 岁的儿童设计的，它将儿童按年龄分为四个学段，对每个学段提出相应的学习计划和成绩目标，学习计划根据成绩目标提出具体的内容和要求。四个学段分别是：学段 1 为 5 ~ 7 岁（KS1），学段 2 为 7 ~ 11 岁（KS2），学段 3 为 11 ~ 14 岁（KS3），学段 4 为 14 ~ 16 岁（KS4）。成绩目标包括四个领域，

［1］ 任长松. 探究式学习：学生知识的自主建构［M］. 北京：教育科学出版社，2005：66–67.

分别是科学探究、生命过程和生命体、物质及其性质、物理过程。每个成绩目标均有一系列内容和要求，称为组成部分（Strands）。其中关于科学探究的组成部分为：①科学的思想和证据。②科学探究的技能（计划，获得和提出证据，证据的推断，评估）。[1] 其中对 KS4 的要求如表 2–3 所示：

表2–3　英国《国家科学教育课程标准》中的科学探究技能（KS4）

<table>
<tr><th colspan="2">内容</th><th>要求</th></tr>
<tr><td colspan="2">科学思想和证据</td><td>1. 如何提出、评估和传播科学思想
2. 科学观点因证据的不同会产生不同的解释
3. 科学工作的背景对工作方式和科学思想传播的影响
4. 思考科学的力量和局限</td></tr>
<tr><td rowspan="3">科学探究的技能</td><td>制订计划</td><td>1. 将想法变成计划，并计划实施策略
2. 决定是否使用经验或二手资料获取证据
3. 做预备工作，适当时做预测
4. 收集资料时考虑关键因素和无法控制的情况
5. 决定收集证据的程度和范围，要使用的技术、设备和材料</td></tr>
<tr><td>获得和提出证据</td><td>1. 正确使用简单设备和材料并控制危险
2. 观察和测量，使用ICT（信息交流技术）分析数据达到精确无误
3. 进行相关联的观察和测量以获得可靠证据
4. 判断观察和测量的精确性程度
5. 使用各种图表和ICT，表达定性和定量的数据</td></tr>
<tr><td>思考和评估证据</td><td>1. 利用各种图表辨认并解释数据可构成的模式和联系
2. 提出精确无误的计算结果
3. 推导结论
4. 判断结论与预测的一致性，并做进一步预测
5. 解释数据和结论
6. 思考反常数据并给出拒绝或者接受的理由；就观察和测量的不确定性，思考数据的可信程度
7. 思考证据能否支持结论和解释
8. 适当时，提出改进方法和建议
9. 提出更深入的调查研究的建议</td></tr>
</table>

[1] The national curriculum for England [EB/OL]. http://www.nc.uk.net.

由此可见，随着科学教育的发展，人们对科学过程教育越来越重视。科学过程教育的内容已经不再是对科学方法教育泛泛而谈，或者只是提出一些笼统的操作程序或实施环节，而是到了非常具体深入的程度,即科学过程技能的层面。尽管在《美国国家科学教育标准》中没有出现科学过程技能的词汇，英国的《国家科学教育课程标准》中用的是“科学探究技能”一词，但是这些并非意味着科学过程技能已经销声匿迹了。恰恰相反，科学过程技能是以更具体的形式融入科学探究学习活动的要求之中。

我国现阶段的科学教育中关于科学探究的研究与实践也正在如火如荼地开展，这因应了国际科学教育的主流。但是，对于科学探究的认识，很多人仍然停留在探究的基本环节阶段，对于基本环节中所蕴含的科学过程技能缺乏细微的体察。在教学实践中，有些探究教学从表面上看基本环节完全具备，但是在每个环节上却都是蜻蜓点水，教学效果不能尽如人意，究其原因，恐怕也是教师对基本环节中蕴含的科学过程技能不甚了解。要从粗放型的探究教学转变到精细型的探究教学，必须深入研究各学科课程中的具体的科学过程技能。

本章小结

人们对科学过程技能的关注源自科学过程教育思想的发展。在科学教育发展的历史上，科学过程教育思想有一个渐进演变的过程。科学过程教育思想发轫于科学方法教育。18世纪，法国教育家狄德罗受培根的科学方法论思想的影响，第一次明确、系统地提出科学方法教育思想。此后，英国的斯宾塞、阿姆斯特朗、赫胥黎等具有远见卓识的教育家继承和发展了科学方法教育的思想。但是，在20世纪之前的科学教育实践中科学方法教育并没有引起真正的重视。

20世纪初期，人们对科学方法的关注不仅在于希望掌握科学方法本身，而且希望用科学方法解决社会和经济问题，并增加对科学发现过程中个体思维的理解。在这一时期，美国杰出的实用主义哲学家和教育家杜威对科学过程教育思想做出了重要贡献。杜威从实用主义哲学出发，认为科学是知识系统和过程方法的统一体。他积极倡导“做中学”，并具体提出了“思维五步法”。他认为如果科学方法不比科学知识更重要的话，至少也与它一样重要，科学过程既是获得科学知识的手段，也是理解作为科学教学目标的科学方法的手段。

20世纪50年代末，美国吹响了科学教育改革的号角。一些科学家和科学教育家强烈呼吁，学生应以“做科学”的方式来学习科学。这次科学教育改革的领军人物之一布鲁纳大力倡导发现学习，他认为发现学习有助于发展学生的智力，通过这种方式使学生像科学家那样去思考、探索，体验科学家发现、发明、创造的过程，培养学生创造的态度和创造的能力。在这次科学教育改革中，另一位颇有影响的人物施瓦布积极主张探究教学，他建议教师用探究的方法来教授科学，学生则使用探究的方法来学习科学。这次科学教育改革，人们关注的焦点已经从局部的科学方法训练扩展到科学探究的全过程，倡导通过“做科学”而获得科学知识以及发展科学探究能力。也就是在20世纪60年代，加涅为探究学习的实践研究奠定了理论基础。由他指导编写的一个小学科学课程，即“科学－活动过程教学”是最明显地表现出科学过程技能的课程。

20世纪90年代，美国颁布了第一个国家科学教育标准——《美国国家科学教育标准》，该标准把科学过程与方法看成一个系统，是指一系列相互联系的科学家普遍使用的研究方法和程序。将科学的过程与方法作为科学教育的重要目标之一，希望借此让学生理解科学的本质，形成现代科学观。《美国国家科学教育标准》将探究学习定义为学生模仿科学家科学研究的过程而进行的一种学习活动。认为科学探究是一个多侧面的活动，科学探究的基本特征包括：提出问题、寻找证据、做出解释、给予评价、发表交流等。英国《国家科学教育课程标准》也对科学探究给予高度重视，提出科学探究的技能包括：计划，获得和提出证据，证据的推断，评估。在这一时期，科学过程技能没有被单独提出，但是已经被整合到科学探究之中。

我国在新世纪启动的化学课程改革，充分借鉴了国际科学教育改革的经验。在化学课程标准中强调科学探究的学习方式，对科学探究能力的要素进行了说明，同时也蕴含着科学过程教育的思想。

第三章　科学过程技能的学习心理探微

探明科学过程技能的学习心理，可以为化学课堂教学中有效地培养学生的科学过程技能提供理论依据，也可以为化学教科书的编制提供心理学依据。科学过程技能的学习既遵循一般技能训练的原则——示范、模仿、练习，同时也有其自身的特点。本章尝试从智慧技能、缄默知识、内隐学习等角度揭示科学过程技能的学习心理机制。

第一节 科学过程技能习得的过程与条件

研究科学过程技能习得的过程与条件，首先必须澄清它的属性。我国传统的心理学中以活动方式定义技能，技能的内涵主要就是动作技能，这种技能的概念过于狭隘，无法解释科学过程技能的学习心理机制。现代认知心理学提出了广义知识的分类，用新的视角重新阐明了知识与技能的关系。在广义知识的分类中，技能的概念也扩展了。广义的技能概念也为科学过程技能的学习心理机制提供了理论依据。

一、智慧技能层次论

目前，心理学研究中关于知识的分类有多种观点。美国著名心理学家加涅（R．M．Gagne）关于学习结果分类的理论，对于我们理解科学过程技能的属性有诸多有益的启示。

长期以来，知识与技能是教育学、心理学中最常用的两个概念。但是在加涅之前，这两个概念一直未得到科学解释。为此，加涅对知识和技能做了科学划分，也就是表现为五种学习结果：言语信息、智慧技能、认知策略、动作技能、态度。从加涅的五种学习结果分类可以看出，广义的技能可以分为三类，即智慧技能、认知策略、动作技能。其中，智慧技能可以用信息加工心理学的程序性知识来解释，它是运用概念和规则对外办事的能力；认知策略，也称认知技能，是学习者内部组织起来的、用以支配自己心智加工的技能，在加涅看来，认知策略是一种特殊的智慧技能；动作技能就是运用规则支配自己身体肌肉协调的能力。

加涅不仅提出了五种学习结果，还对学习结果做了进一步的层次划分。关于智慧技能，他认为智慧技能并不是一种单一的形式，由简单到复杂，智慧技能包括四个层次。最简单的智慧技能是辨别，即区分物体的差异的能力；较高一级的智慧技能是概念，即对同类事物的共同本质特征的认识，在此基础上便有对事物做出分类的能力；再上去是规则，当规则支配人的行为时，也可以说人在按规则办事；最高级的智慧技能是高级规则，它是由许多简单规则构成的。高级规则的学习以简单规则的学习为前提，简单规则的学习又以概念学习为前提，概念学习以辨别学习为前提。如图3–1所示。[1]

问题解决
（需要高级规则的形成）
↑
高级规则
（需要以规则和定义性概念为先决条件）
↑
规则和定义性概念
（需要以具体概念为先决条件）
↑
具体概念
（需要以辨别为先决条件）
↑
辨别

图3–1 智慧技能的学习层次

二、科学过程技能的类属层次

科学过程技能是人们在从事科学探究活动过程中所运用的基本技能，在加涅的五种学习结果分类中，它主要属于智慧技能的范畴。当然，这也不是绝对的。有的科学过程技能如测量、实验操作应该主要属于动作技能；表达、交流和讨论等则与言语信息密切相关。而制订计划、反思评价等主要属于认知策略，在这里我们可以将认知策略看作是一种特殊的智慧技能。

科学过程技能是用以解决科学问题的工具，因此在智慧技能的学习层级中主要处于较高层次的“规则”和“高级规则”层次。不过，在问题解决的过程中，处于较低层次的“辨别”和“具体概念”也是必不可少的，或者说它们是科学过程技能形成的基础条件。我们知道，要成功地解决科学的问题，除了要具备基本的科学过程技能，还要有相关的科学知识背景，两者的有机结合才能构成科学探究能力。

通过对加涅的智慧技能概念的分析，可以看出它实际上相当于我们通常所说的“能力”的概念。前文做了初步阐述，在科学探究能力的结构中，科学知识处于最外层，科学过程技能处于中间层次，而且这两者是可以相互转化的。但是，知识与技能转化的心理机制是什么？运用加涅的智慧技能概念可以得到很好的解释。

认知心理学常常把知识分为陈述性知识和程序性知识两大类。从心理表征方面

[1] 加涅．教学设计原理［M］．皮连生，庞维国，译．上海：华东师范大学出版社，1999：64.

来说，陈述性知识以命题或命题网络表征，程序性知识以产生式表征。以两类知识的观点去分析加涅的智慧技能概念，可以发现智慧技能实际上兼有陈述性知识和程序性知识。两类知识在智慧技能中是密不可分的。概念本身属于陈述性知识，而概念的形成和运用则属于程序性知识。

加涅的智慧技能层次论为培养学生的科学过程技能奠定了重要的理论基础。目前，不少教师已经认识到在化学教学中培养学生解决问题能力的重要性，但是，对于如何培养学生的解决问题能力却又一筹莫展。在学科教学中，问题必然与相关的知识背景有关。解决一个科学问题，不是仅仅依靠所谓的问题解决技能，还必须要有与问题解决密切相关的科学知识。我们可以根据加涅的智慧技能层次论，对问题解决的任务目标进行细致分析。以下试举一例说明（如下图所示）。

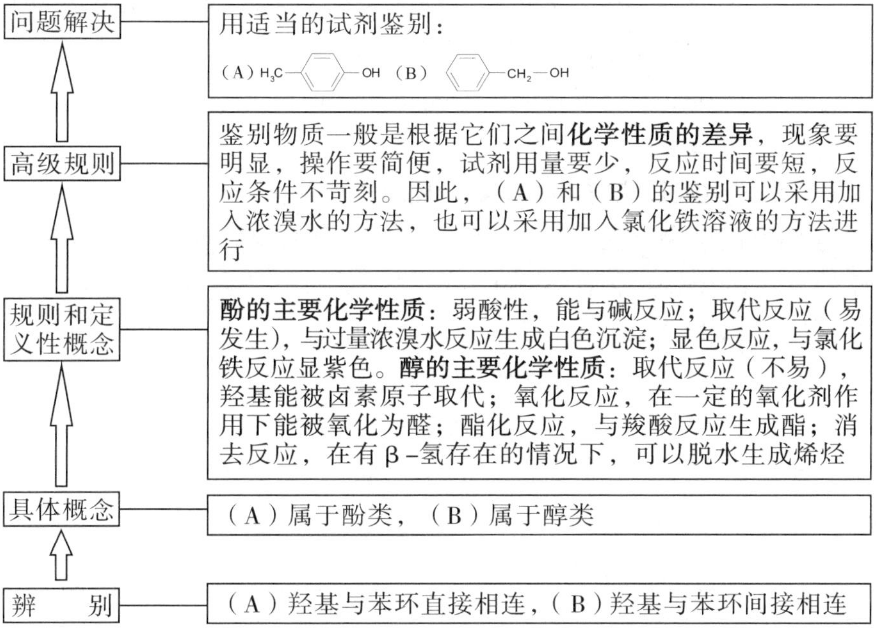

图3–2　问题解决过程中的智慧技能层次

上述问题解决如果是实际操作活动，而不是纸上谈兵的话，所涉及的科学过程技能至少包括比较、分类、观察、实验方案设计、实验操作等。由此可见，这样一个简单的问题解决学习活动，却蕴含着比较复杂的心理过程。陈述性知识必须掌握酚、醇、羟基、苯、取代反应、酯化反应等知识，还要掌握醇、酚的化学性质等知识。程序性知识可能更加复杂，包括一连串的“如果 / 那么”（if / then）这样的产生式（系统）。

三、科学过程技能与科学知识的协同建构

在以往的化学教育中，一定程度上存在着灌输知识的不良状况。学生学习科学的主要方式是“上课记笔记，下课背笔记”，结果是“考后全忘记”。缘何如此？加涅的智慧技能层次论给我们很好的启示。知识是不能简单“复制”的，技能更不可能靠听而学会。如果学生的学习过程没有智慧技能的参与，即使记住了知识的结论，也只不过是鹦鹉学舌、囫囵吞枣。这样的知识，如果说是知识的话，也只是惰性的知识，因为它不能转化为能力。在学习化学的过程中，只有将陈述性知识与程序性知识有机融合起来，才是获得智慧技能的有效途径。也就是说，要将知识与技能统一在学习活动中，才能真正达到发展智慧技能的目的。

科学过程技能是认知结构的重要成分之一，也是建构科学知识并深刻理解科学知识的工具。反过来说，科学知识对于科学过程技能的提高也具有促进作用。因此科学过程技能与科学知识是相互促进、相得益彰的关系。

科学知识主要包括科学事实知识和科学理论知识。科学过程技能对于这两类知识的学习都具有非常重要的作用。

（一）科学过程技能与化学事实知识的学习

运用多种科学过程技能去获取科学事实知识，远比仅仅通过静坐、静听和旁观所获取的知识印象深刻，并且能学以致用。譬如，对于“氯气的性质”的学习，学生如果只是被动观察教师的演示讲解，效果不会很好。通过以下过程获取知识，可以达到科学过程技能与科学知识的协同建构的目的。

［实验、观察］取一只盛满氯气的集气瓶，观察颜色；稍打开玻璃片，用手轻轻在瓶口扇动，使极少量的氯气飘进鼻孔；取一支盛满氯气的试管，将其倒扣在水槽中，静置几分钟后观察现象。

［记录］氯气的主要物理性质

状态	颜色	气味	水溶性
气态	黄绿色	强烈的刺激性	常温常压下一体积水约溶解2.5体积氯气

［实验、观察］将烧得红热的一束细铁丝伸入充满氯气的集气瓶中，然后向集气瓶中加入少量水，振荡……

［记录］氯气的主要化学性质

实验内容	实验现象	推断生成物
氯气与铁的反应		
氯气与氢气的反应		

据我们了解，不少学生感到学习化学比较困难，甚至把化学看作是“第二门外语”，其中一个重要原因就是感到化学所涉及的物质及其性质太多，化学专业用语太多，纷繁复杂，难以记忆。进一步了解到，由于各种因素的制约，学生很少有机会去做化学实验。教师虽然也努力去做演示实验，但是从教学效果来看，只有坐在教室前排的学生能够清楚地观察实验现象，中、后排的学生根本无法观察清楚，所以难以留下深刻的印象。在一些硬件条件好的中学，不少教师以播放实验视频替代真实的实验。一些农村中学，由于物质条件的制约，有的教师连演示实验都无法去做，无奈之下，只能采取“讲实验，画实验，背实验”的教学方法。诸多物质的颜色、气味等物理性质，以及各种化学反应的现象和化学反应方程式都要学生死记硬背，如此这般，学生记忆的负担可想而知。

如果是学生亲自做过的实验，他们对于实验现象有着深刻的感官印象，会经久难忘。而且在实验和观察的过程中，许多现象是以无意记忆的方式记住的，这样不但减轻了记忆的负担，而且还能记得很牢。正如布鲁纳所言：“亲自查明或发现事物的特性的真正态度与活动，看来必具有使材料更容易记忆的效果。”[1]这也印证了美国华盛顿博物馆墙上镌刻的，据说是来自中国的格言：Tell me, I forget. Show me, I remember. Involve me, I understand. 直译为：告诉我，我会忘记；给我看，我会记住；让我去做，我会理解。意译为：听到的，过眼烟云；看见的，铭记在心；做过的，沦肌浃髓。（是否为中国的格言，笔者没有考证）

（二）科学过程技能与化学理论知识的协同建构

运用多种科学过程技能去学习化学理论知识，有助于学生深刻地理解化学理论知识。譬如，学生学习“弱电解质”的概念，如果只是记住“在水溶液里只能部分电离的化合物叫弱电解质”，而不能理解什么是部分电离和为什么只能部分电离等问题，那么，他们只是记住了信息而没有理解意义。如果学生不能真正理解弱电解质的概念，势必又会影响“电离平衡”“盐类水解”等后续知识的学习。如果学生对关键的化学概念理解不透彻，头脑中混沌一片，不得不重返死记硬背的老路。而如果采取主动建构的学习方式，运用多种科学过程技能展开学习活动，则完全是另外一种情况。如下例。

［观察］大小相同的烧杯中分别倒入物质的量浓度相同、体积相同、温度相同的氯化钠溶液、氢氧化钠溶液、盐酸溶液、醋酸溶液、氨水溶液，分别插入两根电极（电极间距离相等），每个烧杯的电线串联一个灯泡（五个灯泡相同），然后并

［1］瞿葆奎，徐勋，施良方．教育学文集：教学（上册）［M］．北京：人民教育出版社，1988：598.

联接通电路。

［记录］

溶液	NaCl	NaOH	HCl	CH_3COOH	$NH_3 \cdot H_2O$
灯泡亮度	明亮	明亮	明亮	暗淡	暗淡

［分析、讨论］溶液为什么能够导电？

因为溶液中存在着能够自由移动的离子。

［分析］这些能够自由移动的离子来自哪里？

是这些物质溶解在水中形成的。

［分析］灯泡明亮和暗淡说明什么问题？

［推测］说明这些溶液的导电性存在差别，灯泡明亮说明溶液的电阻小，溶液中离子的浓度大；灯泡暗淡说明溶液的电阻大，溶液中离子的浓度小。

［分析］五种溶液的物质的量浓度相同，为什么离子的浓度不同呢？

它们电离的程度有差别。进一步推测出醋酸和氨水的电离程度较小。

［分析］为什么醋酸和氨水的电离程度较小呢？以化学平衡的知识解释。

［图表］通过图表可以直观地理解弱电解质的电离是一个可逆的过程。

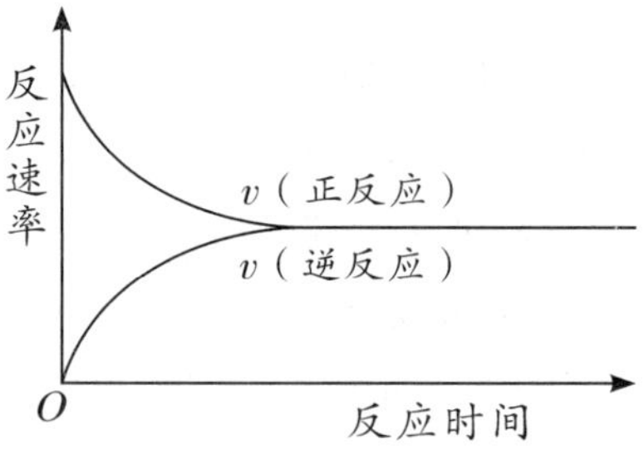

［表达］$CH_3COOH \rightleftharpoons CH_3COO^- + H^+$

$NH_3 \cdot H_2O \rightleftharpoons NH_4^+ + OH^-$

以上的学习过程是学生在教师的指导下运用多种科学过程技能进行学习的过程。从教学方式来说，可以说是启发式教学，也可以说是探究式或发现式教学。总之，教师是通过实验现象，根据学生已有的知识经验，引导学生深入分析、思考，学生的学习是主动建构式学习，是一种有意义、有效果的学习。因为学生通过自己探究、建构而获取的新知识是经过深思熟虑、真正理解的知识，这种新知识与学生的已有知识进行充分的相互作用，通过同化或者顺应的方式有机地纳入原有的知识结构，内化为自己的知识，形成良好的知识结构网络，因而能长久地保持在记忆中。

综上所述，学生学习化学的过程是一个认知建构的过程。这种建构不仅是事实、概念、原理等陈述性知识命题网络的建构，而且包括科学过程技能程序性知识产生式的建构。如下图所示（图3–3）。

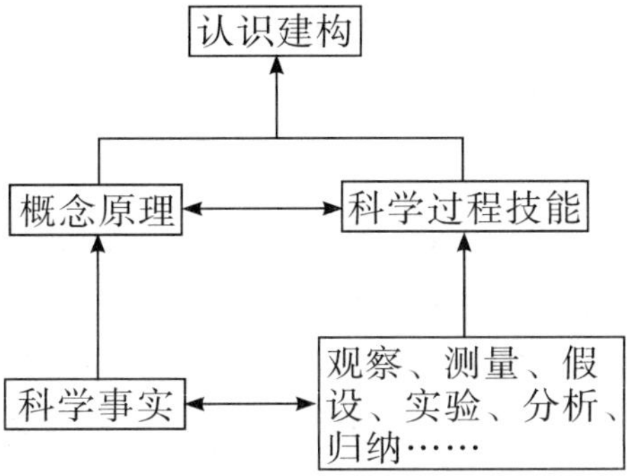

图3–3　科学知识与科学过程技能的协同建构

因此，学生的学习是知识与技能协同建构的过程。需要注意的是，以上强调的运用科学过程技能建构知识，不仅包括探究式学习，也包括有意义的接受式学习。事实上，学生在有意义的接受学习过程中，也在运用诸如分析、综合、归纳、演绎、比较、类比、想象等多种科学过程技能。

第二节　科学过程技能的内化途径

“我已经给你讲过多次了，你怎么还不会？”当学生做习题或者解决问题遇到障碍时，有的教师这样训斥学生。言下之意是：“你真笨啊！”事实果真如此吗？也许学生在心里这样想：“你的水平也不咋的嘛，怎么讲了那么多次，还没有把我教会？而且班上不会做的又不是我一个人。”我们需要反思，学生解决问题时遇到了什么困难，是知识理解的问题还是方法和技能的问题，是否所有的知识都是可以通过语言传递的，是否传递了信息学生就能记住，是否记住了信息就能理解和运用，等等。无数事实表明，技能的学习需要了解规则，但是仅仅靠背记一些规则是无济于事的。科学过程技能属于技能系统的子集，对它的学习和掌握当然不能仅靠简单的语言传递。这是因为科学过程技能很大程度上具有缄默知识的成分。

一、缄默知识论

“我们所知道的多于我们所能言传的。”[1] 20世纪50年代，英国物理化学家和哲学家波兰尼（M. Polanyi）在其论著《人的研究》中提出了这个命题。波兰尼推断出人类大脑中的知识可以分为两类：明确知识（Explicit Knowledge）和缄默知识（Tacit Knowledge）。波兰尼指出：“人类有两种知识。通常所说的知识是用书面文字、地图或数学公式来表述的，这只是知识的一种形式。还有一种知识是不能系统表述的，例如我们有关自己行为的某种知识。如果我们将前一种知识称为明确知识的话，那么我们就可以将后一种知识称为缄默知识。”[2] 通俗地讲，所谓明确知识是指能言传的，可以用文字等来表述的知识；而所谓缄默知识则是指不能言传的、不能系统表述的，或者说是说不清道不明的那部分知识。我们在日常生活中，可以说每个人都有过只可意会不可言传的体会，这并不是（或并不仅仅是）我们的语言表达能力低下，而是确实存在着一种难于言表的缄默知识。

波兰尼提出明确知识与缄默知识的概念，是基于他的“附属意识”（Subsidiary Awareness）与“焦点意识”（Focal Awareness）理论基础上的。在波兰尼看来，人类的意识总的来说可以划分为焦点意识和附属意识两种类型，两者在

[1] POLANYI M. The tacit dimension [M]. London: Routledge & Kegan Paul, 1996: 4.
[2] 同[1].

人类认识或实践活动中既相互区别又相互联系。焦点意识是指认识者或实践者对认识对象或所要解决的问题的意识，大致相当于“目标意识”。附属意识则是指认识者或实践者对于所使用的工具（物质的与智力的）以及其他认识或实践基础（如认识的框架、实践的价值期待、形而上学的信念等）的意识，大致相当于“工具意识”。波兰尼将附属意识中发生的认识活动称为缄默认识。这种缄默认识的结果就是缄默知识，在缄默认识参与下对目标问题的认识结果就产生了明确知识。因为缄默知识是对缄默认识或附属意识的结果，因此缄默知识是非理性、非批判、非意识、非言语、非公共的；因为明确知识是焦点意识或焦点认识的结果，因此它具有理性、批判性、意识性、可陈述性、公共性等特征。

在波兰尼之后，众多的哲学家、语言学家、心理学家展开了对缄默知识的研究。在 20 世纪 80 年代，美国著名智力心理学家斯腾伯格（R. J. Sternberg）也提出了自己的缄默知识概念。斯腾伯格基于他的三元智力理论提出了“成功智力”（Successful Intelligence）的概念，他认为成功智力包括三个方面：分析性智力、创造性智力和实践性智力。[1] 其中缄默知识是实践性智力（实践智慧）的一个标志。他将缄默知识定义为：“行动定向的知识，在没有他人直接帮助的情况下获得，它帮助个体达到他们个人所认为是具有价值的目标。”

众多学者的研究表明，缄默知识有着不同于明确知识的显著的特征：（1）缄默知识的首要特征是不能通过语言、文字或符号进行逻辑的说明；（2）缄默知识不能以正规的形式加以传递，不能同时为不同的人所分享；（3）缄默知识不能加以“批判性反思”；（4）缄默知识具有程序性，和实践智力高度相关；（5）实用性，即缄默知识是人们达到自己认为有价值的目标的工具，因此目标的价值越高，这种知识就越有用。[2] 由于缄默知识的上述特征，它经常不为人们所注意，但是它在人类实践活动中具有相当高的价值，支配着整个认知活动。

当然，我们理解缄默知识时也不能绝对化和神秘化，缄默知识虽然不能完全用语言清晰表达，但是在一定程度上它还是可以部分言说的。事实上，任何知识都含有内隐的维度，在缄默知识和明确知识之间存在着一种“连续性”现象，它们不是截然不同的两极。根据其能够被意识和表达的程度可以划分为不同的层次。克莱蒙特（J. Clement）在实验的基础上将缄默知识划分为“无意识的知识”（unconscious knowledge）、“能够意识到但不能通过言语表达的知识”（conscious but non-verbal knowledge）以及“能够意识到且能够通过言语表达的知

[1] 吴庆麟. 教育心理学：献给教师的书 [M]. 上海：华东师范大学出版社，2003：93.
[2] 郭秀艳. 内隐学习和缄默知识 [J]. 教育研究，2003，24（12）：31-36.

识”（conscious and verbally described knowledge）。[1]通过这种划分，克莱蒙特认为，在缄默知识和明确知识之间存在着一种“连续”或“谱系”现象，而不是截然不同的两极。由此可见，缄默知识和明确知识的区分也不是绝对的。

二、缄默知识与明确知识的相互转化

在一定的条件下，缄默知识和明确知识之间也是可以相互转化的。1995 年日本学者野中郁次郎（Nonaka）和竹内光隆（Tadeuchi）出版了《知识创造公司》一书。提出了缄默知识与明确知识相互转化的四种模式，简称为 SECI 模型。

（1）社会化（Socialization）：从缄默知识到缄默知识，也是个体交流共享缄默知识的过程。用“社会化”一词主要是强调缄默知识的交流是通过社会或团体成员的共同活动来进行的。最常见的就是工厂和学校中惯用的“师徒模式”。

（2）外化（Externalization）：从缄默知识到明确知识，通过努力，个体可以在一定程度上将缄默知识转化为明确知识，并将之传授给他人。外化是知识创造的关键，因为知识的发展过程正是缄默知识不断向明确知识转化和新的明确知识不断生成的过程。这个过程常需要使用一定的技术来帮助个体将自己的观点和意象外化成为词语、概念、形象化语言（如比喻、类比或描述）或者图像。

（3）组合（Combination）：从缄默知识到明确知识，是一种把概念综合成知识系统的过程。个人抽取和组合知识的方式是通过文献、会议、电话交谈等媒体。通过计算机通信网络来实现学校中的教育和训练，通常采用这种形式。

（4）内化（Internalization）：从明确知识到缄默知识，是把明确知识应用为缄默知识的过程。它与通过做来学习密切相关。[2]

根据 SECI 模型，缄默知识和明确知识存在着相互转化关系，这也表明，缄默知识的习得可以通过内化和意会两种途径。如图 3–4 所示：

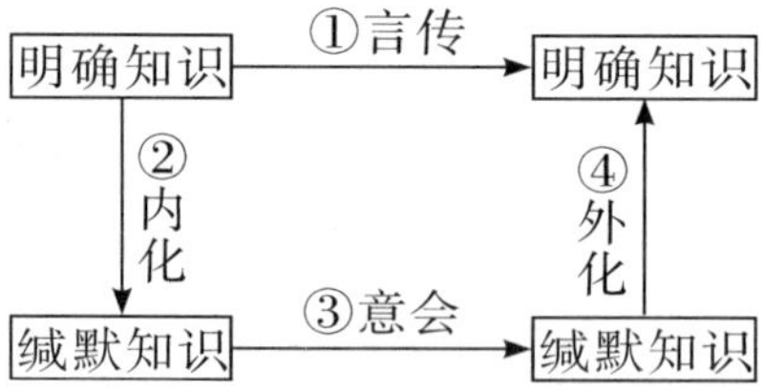

图3–4 缄默知识与明确知识的相互转化关系

［1］石中英．知识转型与教育改革［M］．北京：教育科学出版社，2001：230.
［2］郭秀艳．内隐学习［M］．上海：华东师范大学出版社，2003：326.

在科学教育中，明确知识（如事实、概念、原理、公式等）和缄默知识（如科学过程技能中的缄默成分）共同构成完整的科学知识体系。而且，明确知识的增长、应用和理解都植根并且依赖于缄默知识。

三、科学过程技能的内化

借用弗洛伊德对意识和无意识的冰山隐喻，笔者认为，科学过程技能是由明确知识和缄默知识共同构成，而且以缄默知识的成分为主。明确知识表现为科学过程技能的显性规则，它宛如浮出水面的冰山尖端，而缄默知识则是隐藏在水面以下的那大部分。

一般而言，人们容易将科学过程想象为一个严格的理性化的过程，似乎按照科学方法论中的某些规则办事就能顺利地解决科学的问题，其实不然。虽然说许多科学过程技能有着明确的操作规则，但是，这些操作规则只是它的明确知识成分，实际上它还有很大一部分是缄默知识成分。以一个简单的化学实验操作——过滤来说，操作规则很简单，就是“三靠两低”（盛装待过滤溶液的烧杯尖嘴部位靠着玻璃棒，玻璃棒靠着滤纸，漏斗尖嘴部位靠着盛滤液的烧杯内壁，滤纸的边缘低于漏斗口，待过滤溶液低于滤纸边缘）。说起来容易做起来难，初次做此操作的学生大都感到很吃力，经常会把溶液洒出。这个操作关键是要控制溶液的倾倒速度。但是如何控制？左右手各用多少力？恐怕谁也说不清楚。这些只能靠自己去实践体会。因此，试图按照某种“科学探究操作指南”的规则和程序去进行科学探究活动，是不可能顺利地解决科学问题的，毕竟，科学探究活动绝非照方抓药那么简单。且不说科学探究活动，就拿日常生活中的厨艺来说，如果一个人从未进行过实践操作训练，只是临阵磨枪，按照菜谱去做菜，根本不清楚“适量”“文火”等如何控制，无论如何也不可能像特级厨师那样烹制出美味佳肴。

实践证明，科学过程技能既不是纯粹的明确知识，也不是纯粹的缄默知识，而是这两种知识的“合金”。学习科学过程技能，掌握一定的规则是必要的，但是更重要的还是要进行实践训练，只有经过亲身的实践才能真正学会技能的“操作要领”，才能得心应手。此谓“在游泳中学会游泳”。学生在学习科学的过程中，在教师的指导下，将一般意义上的科学过程技能如观察、实验、记录、描述、资料分析、逻辑推理等个性化、实践化，转变为他自己独特的知识（个体知识、缄默知识），才能成为他自己的科学探究能力结构的有机组成部分。这就好像是学习骑自行车，一个学习骑自行车的人尽管可以掌握许多别人告诉他的显性规则，但是他必须在学习骑自行车的过程中个性化地、真正地理解和应用这些规则，并从中发展出许多只有他自己运动着的身体才能够理解的新规则。没有这种个性化的理解、应用及难以分析的新规则，一个人就不可能最终学会骑自行车。同样的道理，没有对科学过程技能的个性化的理解、应用及难以说清的新规则，一个人也就不可能真正学会科学探究。

有学者曾对科学家的发明、发现过程进行过专门研究，得出的结论是：科学家的创造性工作至少有50%归功于缄默知识。在科学家的缄默知识中，科学过程技能占主要成分，而科学家具有高超的科学过程技能是长期从事科学研究活动的结果。由此可见，要培养学生的科学过程技能，实践训练环节是极其重要的。

第三节　科学过程技能的内隐学习

自从1965年美国心理学家A. S. Reber最先提出内隐学习（Implicit Learning）概念以来，尤其是20世纪80年代掀起内隐认知研究热潮以来，人们逐渐领悟到，学习复杂知识有两种不同的模式：一种是众所周知的外显学习（Explicit Learning），另一种就是内隐学习。在外显学习过程中，学习行为受意识控制，有明确目的，需注意资源；而在内隐学习时，人们并未意识到控制他们行为的规则是什么，却学会了这种规则。[1]内隐学习的特征经历了三十多年的研究和争论，如今研究者都已公认，所有的学习中都包含着一种不知不觉的学习——内隐学习。目前，研究者普遍认同的内隐学习的定义为："内隐学习是指有机体在与环境接触的过程中不知不觉地获得了一些经验并因之改变其事后某些行为的学习。"[2]前文已经说明缄默知识的获得可以通过明确知识的内化或者缄默知识的意会两种途径。那么，什么是"意会"？"意会"大致相当于"内隐学习"。

一、内隐学习的特征

目前，国内外不少学者对内隐学习进行了深入细致的研究。研究表明，内隐学习具有以下特征：一是内隐性，即内隐学习对于信息加工的无意识性，内隐获得的知识往往不能用语言表达出来；二是自动性，内隐知识自动产生，无需有意识地去发现任务操作的外显规则；三是概括性，内隐学习很容易概括到不同的符号集合；四是理解性，即内隐学习的产物——缄默知识在某种程度上可以被意识到；五是高选择性，内隐学习对于信息使用具有很好的选择性；六是高潜性，内隐学习具有极为丰富的信息资源；七是高效性，内隐学习信息加工和贮存的容量大大超过外显学习，首先表现在内隐学习不受或较少受心理异常和脑损伤的影响，其次表现为内隐获得的知识比外显获得的知识保持时间更长。[3]正因为内隐学习具有以上一些特征，因此对它的研究备受重视，不仅有理论层面的探索，而且有应用方面的开拓。

国内有学者对科学过程技能的内隐学习进行了研究。研究结果表明，科学过程

[1] 樊琪. 科学探究技能的内隐与外显学习的比较研究［J］. 心理科学，2005，28（6）：1375-1378.
[2] 杨治良，郭秀艳. 内隐学习与外显学习的相互关系［J］. 心理学报，2002，34（4）：351-356.
[3] 郭秀艳. 内隐学习［M］. 上海：华东师范大学出版社，2003：98-134.

技能学习过程中伴随着内隐学习。根据实证研究结果，内隐学习的效率接近于外显学习，说明自然科学的内隐学习十分活跃，能量很大，影响深远；内隐学习的性质区别于外显学习，似乎内隐学习无意识加工的多为样例信息，而外显学习同时有意识地加工着样例信息和类别信息；内隐学习的心理机制不同于外显学习，在达到相似学习水平的前提下，内隐学习者付出较少的意志努力，消耗较少的心理能量。但当学习遇到困难时，理性思维和意志努力就凸显出其重要的积极意义。研究还证实了科学过程技能的获取存在年龄差异，但是性别差异不显著，另外，内隐学习用语言启动效果明显。[1]

二、科学过程技能的内隐学习机制

有关内隐学习的研究启示我们，并不是所有的知识都可以用语言传授的。换言之，并非所有的学习都是外显的学习，内隐学习同样是必不可少的。对于科学过程技能的教学来说，教师仅仅对各项科学过程技能的规则进行条分缕析的讲解，认为只要学生记住了，便万事大吉了，实际上这只是一厢情愿的幻想。内隐学习的一大特征是学习的效果往往需要大量的实际操作或活动才能得以体现。由于内隐学习得到的就是不可言表的缄默知识，通过旁听和旁观不可能达到很好的效果。科学过程技能属于一种实践智慧，只有通过实践才能真正地掌握。学生在丰富多彩的实践活动中，通过体验和感悟，获得丰富的“做科学”的经验，不仅可以提高科学探究技能，而且可以更加深刻地理解科学知识。所以，首要问题在于我们必须给学生提供实践的机会。要让学生学会游泳，必须创造条件让学生下水，此即为“做中学”的真谛。

我们还必须看到，仅仅给学生提供实践的机会还是不够的，还必须考虑给学生提供什么样的实践。斯腾伯格等人认为，虽然说大部分缄默知识都是在个体无意识、自动化的学习过程中获得的，但是缄默知识也可以通过培训获得。他提出了获得缄默知识的几种策略。首先，缄默知识的获得依赖于现有的技能，现有技能可以为学习新的或更高级的技能服务，因此应当加强现有技能和新的技能之间的关系。其次，尽量利用社会互动的过程来增加学生的缄默知识。学徒关系模式就是一种很好的策略。一般而言，专家在其特长领域中拥有更多的缄默知识。学徒关系模式就是鼓励个体主动与经验丰富的专家沟通和互动，从而获取某项任务或领域的缄默知

[1] 樊琪．科学探究技能的内隐与外显学习的比较研究［J］．心理科学，2005，28（6）：1375-1378.

识。朱克曼在《科学界的精英》一书中统计，1972年以前在美国进行其获奖研究的九十二位获奖人当中，有一半以上（四十八位）的人曾在诺贝尔奖获得者手下当过学生、博士后研究员或低级合作者。[1]真可谓“名师出高徒”。鉴于此，朱克曼主张，传统的学徒制仍应保留。由于科学过程技能具有很大的缄默知识成分，因此很大程度上只能通过师徒之间在科学活动过程中大量随机的相互交流和切磋来掌握。波兰尼也非常强调学徒关系模式在获取某项领域缄默知识中的重要性，认为这种模式可以帮助个体经历与专家同样的练习和思考，所以，与有识之士接触或联系对获取缄默知识来说是一种明智的策略。这也启示我们，要让学生习得科学过程技能，教师自身必须拥有娴熟的科学过程技能，给学生提供良好的榜样示范。

当然，我们强调科学过程技能的内隐学习，并不意味着排斥外显学习。事实上，经过研究者们的深入研究，发现通常情况下内隐学习与外显学习是共同发挥作用的，两者所获得的知识具有合用性。[2]在教学过程中，教师应当视学习对象和学习材料的特点，引导学生采用适当的学习方式。这就对教师如何运用恰当的语言给予学生指导提出了很高的要求。显然，仅仅通过系统的讲授，或者给学生讲解科学方法论的知识，学生不可能真正学会科学过程技能。关键在于，教师要能适当点拨，通过点拨，让学生自己去体验、领悟。体验是学生学习科学过程技能的必然途径。教师的语言指导只是一种外部刺激，研究表明，不论刺激学习的外部因素是什么——教师、材料、有趣的机会——只有当学习者进行了体验，至少某种程度上进行了体验，学习才会发生。只有通过转化学习者的体验，这些外部影响因素才能起作用。[3]科学过程技能的学习尤其如此。

科学过程技能的学习心理机制需要进一步揭示。本研究通过系统分析的方法，提出了化学课程中科学过程技能的要素，但是，关于系统性和全面性，在研究的深入程度上还不充分。其实，每一项科学过程技能的学习心理机制不尽相同，有分别加以研究的必要。而且，对于每一项科学过程技能的学习心理都应该采取实证研究的方法，以取得更加精细的研究结论。此外，需要进一步研究科学过程技能与元成分智力、创新思维等之间的关系。斯腾伯格提出的元成分智力共有八项，它们分别是：确定问题的存在，定义问题，较低阶成分的选择，选择信息的一种或多种表征及组织，选择结合较低阶成分的策略，资源的分配，问题解决过程的监控，问题解决的评价等。这些元成分智力在问题解决的过程中起着重要的作用。元成分智力是

[1] 朱克曼. 科学界的精英［M］. 周叶谦，冯世则，译. 北京：商务印书馆，1979：140.
[2] 郭秀艳. 内隐学习［M］. 上海：华东师范大学出版社，2003：34.
[3] 比尔德，威尔逊. 体验式学习的力量［M］. 黄荣华，译. 广州：中山大学出版社，2003：20.

否影响科学过程技能的学习？科学过程技能的提高是否会促进元成分智力的发展？这些问题都需要进行深入研究。此外，还要从发展心理学的视角去研究科学过程技能与学生心理发展的关系，以得出在什么年龄阶段应该优先培养哪些科学过程技能的结论。科学过程技能的学习心理研究需要训练有素的心理学工作者的加盟。

本章小结

在加涅的五种学习结果分类中，科学过程技能主要属于智慧技能的范畴。有的科学过程技能如测量、实验操作等主要属于动作技能，表达、交流和讨论等则与言语信息密切相关。而制订计划、反思评价等主要属于认知策略。科学过程技能是用以解决科学问题的工具，因此在智慧技能的学习层级中主要处于较高层次的“规则”和“高级规则”层次。在化学学习过程中，只有将知识与技能统一在学习活动中，才能真正达到发展智慧技能的目的。科学过程技能与科学知识是相辅相成、相得益彰的关系。

科学过程技能属于技能系统的子集，对它的学习和掌握不能仅靠简单的语言传递。科学过程技能是由明确知识和缄默知识共同构成，而且以缄默知识为主。明确知识表现为科学过程技能的显性规则，它宛如浮出水面的冰山尖端，而缄默知识则是隐藏在水面以下的大部分。学习科学过程技能宜通过多种途径进行，包括明确知识的接受（掌握一定的显性规则）和明确知识的内化（有指导的练习），更重要的是要进行缄默知识的意会（实践训练），只有经过亲身的实践才能真正学会技能的“操作要领”，才能得心应手。

“意会”大致相当于内隐学习。内隐学习的一大特征是，学习的效果往往需要大量的实际操作或活动才能得以体现。由于内隐学习得到的就是不可言表的缄默知识，通过旁听和旁观不可能达到很好的效果。科学过程技能属于一种实践智慧，只有通过实践才能真正掌握。学生在丰富多彩的实践活动中，通过体验和感悟，获得丰富的“做科学”的经验，不仅可以提高科学探究技能，而且可以更加深刻地理解科学知识。所以，首要问题在于教学中教师应提供适当的机会，让学生在科学探究学习的实践中体验、感悟科学过程技能，让学生在实践中逐步提高科学过程技能水平。

第四章　化学课程中科学过程技能的系统建构

传统的化学基本技能概念比较狭隘，主要包括化学实验技能和化学计算技能，这已经不适应新时代化学课程的要求。本章从科学过程的视角系统考察科学过程技能的要素，在此基础上观照化学学科的特点，建构化学课程中科学过程技能的目标体系。

第一节　对传统化学基本技能的深刻反思

在我国化学课程发展中，化学基本技能曾经备受重视，它曾与化学基础知识并称为化学“双基”。可是，近年来人们在追求能力、素质等“高品位”目标的时候，似乎漠视了化学基本技能目标。这些化学教育研究论文中有关研究探究、创新、能力等的文章汗牛充栋，而有关研究化学基本技能的文章寥若晨星。是化学基本技能真的不重要，还是传统的化学基本技能的概念本身存在着缺陷？对此，我们有必要进行深刻反思。

一、传统的化学基本技能概念的由来

我国的化学教育发轫于19世纪末的洋务运动。当时，化学课程的内容基本上是化学概念、原理和元素化合物知识，且以元素化合物知识为主，教授化学的方法与教授“四书五经”相同。教者照书逐段讲解，间或有一两个示教实验，则视为“非常惊奇之事”。学生实验，尚无其事。[1] 这种状况一直延续到新中国诞生之时。纵观化学教学的历史，我国对化学知识的教学历来是重视的。究其原因，其一，与我国的教学传统有关，在洋务运动之前我国基本上是私学，教授内容以“四书五经”为主，没有自然科学的位置，教学方法主要是讲授法；其二，也与人们对科学本质的认识水平密切相关，将科学等同于科学知识，化学也就等同于化学知识；其三，与人们对科学教育对人的发展的功能的认识有关，认为知识就是力量，一个人有了知识就可以转识成智慧。

20世纪50年代，我国的科学教育在改造旧中国教育制度的基础上，学习苏联的教育体制和经验，确立了以注重科学基础知识和基本技能教育、强调知识学习的系统性为核心的科学教育理念。由此形成了深刻影响我国基础科学教育长达半个世纪的“双基”教育观。1952年3月，教育部颁发的《中学暂行规程（草案）》首次明确提出“双基”概念，指出中学的教育目标之一是使学生获得“现代科学的基础知识和技能”。[2]

[1] 张家治，张培富，李三虎，等. 化学教育史［M］. 南宁：广西教育出版社，1996：416.
[2] 宋宝和，宋乃庆. 淡化“双基”是对“双基”的误解：多元视角下的“双基”解读［J］. 人民教育，2004（11）：12-13.

在化学课程中，1956 年颁布的《中学化学教学大纲（修订草案）》在“说明”中指出：“中学化学教学的主要任务有以下各点：使学生自觉地掌握巩固的、系统的化学基础知识；培养学生观察并解释自然界里和生产中发生的化学现象的技能；培养学生使用药品、仪器、连接实验装置并进行简单化学实验的技巧……”[1] 在接下来的教学注意事项中，还对初中学生、高中学生计算方面的技能提出了具体的要求。由此可见，虽然在 1956 年的大纲中没有出现“基本技能”一词，但是已经对诸如观察、解释、实验、计算等技能做了明确的要求。1963 年颁布的《中学化学教学大纲》首次明确提出化学基本技能的培养目标。该大纲在“教学目的”中强调：“使学生有系统地获得重要的关于元素、化合物和化学原理的基础知识以及化学基本技能，了解这些基础知识和基本技能在工农业生产中的应用，能够解释或解决一些简单的化学实际问题……”[2] 由此可见，化学基本技能的提出，在当时的历史条件下无疑是一个不小的进步。

那么，化学基本技能的具体要求是什么呢？历年的化学教学大纲都没有对化学基本技能的概念做出明确界定。1963 年的《中学化学教学大纲》所强调的化学基本技能主要是化学实验技能、使用化学用语的技能和化学计算技能。该大纲在“教学内容”中明确规定初中阶段在基本技能方面，“教会学生使用简单的仪器和常用的药品，进行过滤、加热、使用指示剂、连接简单仪器等一些较简单的操作，教会学生做一些制备和鉴别氢气、氧气、二氧化碳等物质的简单实验；教会学生书写元素符号、分子式、化学方程式等化学用语；教会学生进行关于分子式、化学方程式、溶解度和百分比浓度等的简单计算”。高中阶段的要求比初中阶段要高，但是基本内容与初中阶段是一脉相承的。该大纲中有两个附表，附表一对于“各年级培养的化学实验技能”提出了非常具体的要求。其中包括：① 使用仪器和试剂的技能，其中使用仪器的技能计 20 项，使用试剂的技能计 4 项；② 仪器的连接和装配的技能，计 4 项；③ 实验操作的技能，计 17 项；④ 实验的记录和设计的技能，计 3 项。各项实验技能分为“学会”和“熟练”两个水平层次。在附表二中具体罗列了“各年级培养的化学计算技能”：① 根据分子式的计算，计 10 种类型；② 根据化学方程式的计算，计 9 种类型；③ 有关溶解度和溶液浓度的计算，计 12 种类

[1] 课程教材研究所. 20世纪中国中小学课程标准·教学大纲汇编（化学卷）[M]. 北京：人民教育出版社，2001：224.

[2] 同 [1] 246.

型；④ 求分子量和分子式，计 4 种类型。[1] 虽然在该大纲中没有明确提出化学基本技能只包括化学实验技能和化学计算技能两项，但是因为在大纲中对于这两项做出了非常详细的要求，可能给广大化学教师以十分深刻的印象。在 1988 年颁布的《九年制义务教育全日制初级中学化学教学大纲（初审稿）》中，在有关“初中化学教学的目的”的部分，明确地指出“学习一些化学实验和化学计算的基本技能”，1992 年的大纲也是如此，这就更加强化了人们对“化学基本技能主要就是化学实验和化学计算的基本技能”的认识。即便如今，我们和一些化学教师谈到基本技能时，他们所指的化学基本技能就是实验和计算这两项，这似乎已经约定俗成了。

二、传统的化学基本技能概念的缺陷

20 世纪 60 年代提出的“化学基本技能”概念，在当时的历史条件下也属于新生事物，无疑具有进步性，表明当时人们对科学过程技能已经给予了一定的关注，尽管关注得很不全面。然而，时过境迁，随着科学的发展以及科学教育改革的深入，在 20 世纪 60 年代初形成的化学基本技能的概念越来越不适应时代的发展，并逐渐显露出历史的局限与先天的不足。究其原因，是当初所界定的化学基本技能的内涵过于狭隘，而人们又未能做到使其与时俱进地扩展。因此，在教学实践中造成了诸多不良的后果。

（一）化学实验技能只关注操作层面

应该承认，化学是一门以实验为基础的科学，化学实验技能的确是化学课程中的一项重要技能。但是，大纲中对化学实验技能的要求主要局限于实验操作技能和实验设计两方面，未能从科学研究的全过程去审视化学实验技能的含义，而且对实验技能的要求过于琐碎，这在教学实践中产生了两个方面的问题。一方面，少数有条件开齐、开足实验内容的学校，对学生机械地进行实验操作训练。有些操作要求几乎到了教条的地步。譬如，规定滴管要用右手的四个指头拿住，不能用三个指头，更不能用左手；规定刷试管要用右手拿试管刷，且手心要向上；规定试管夹要从试管的底部向上套，且要夹在距离管口的三分之一处……凡此种种，不一而足。另一方面，大多数不具备实验条件的学校，找到了一条训练实验技能的“捷径”，这就是“讲实验”“画实验”“背实验”。由于各类考试尤其是高考都是纸笔测

---

[1] 课程教材研究所. 20世纪中国中小学课程标准·教学大纲汇编（化学卷）[M]. 北京：人民教育出版社，2001：271.

试，按此方法学生不做实验照样能获得高分。如此这般，实验技能的要求便成了纸上谈兵，形同虚设。

（二）化学计算技能的要求被不断拔高

关于化学计算技能，我们也应该承认，化学科学的发展在很大程度上要归功于对化学现象和问题的定量研究，所以化学计算作为化学课程的一项重要技能也是无可厚非的。但是，由于化学计算技能在化学课程的基本技能中“独领风骚”，在教学实践中，教师对化学计算的要求便不断拔高，以至于达到无以复加的程度。笔者曾对人民教育出版社出版的高中化学教科书《化学》（必修）第一册和第二册中的习题进行过统计分析，发现在总共381道习题中，化学计算题竟有100道，占习题总数的26.25%，这还不包括一些选择题和填空题中的化学计算，由此可见传统的化学课程对化学计算的重视程度。在中学化学课程中，化学知识内容由于大纲的明确规定，所以是有限度的；而化学计算的内容，虽然大纲也有规定，但是其弹性和灵活性较大，有深度挖掘的空间，于是人们对化学计算是做足了文章。一些挖空心思的偏题、难题、怪题层出不穷，相应的“巧解”“妙招”也应运而生。不少人一厢情愿地以为通过高难度的化学计算可以巩固学生的化学知识，培养学生的思维能力，殊不知，这样做恰恰害苦了莘莘学子。因为化学计算是各类考试中的重头戏，所以广大师生不得不尽量熟悉各种题型，死泡题海，进行无休止的重复演练，而且愈演愈繁、愈演愈难、愈演愈烈，以至于化学课程逐渐丧失了学科特点，不少计算题呈现的是虚假的化学问题，为计算而计算，化学计算异化成一种数学游戏，导致不少学生视化学计算为畏途。

传统的化学基本技能概念突显了化学学科的特点，可是局限于“点”而忽视了“面”。究其深层的原因，是因为在20世纪五六十年代人们的化学教育观念是以学科为中心的，化学课程的目标就是要培养化学专业人才，因此把化学基本技能看成是化学学科所特有的技能。如此这般，将化学基本技能局限于化学实验技能和化学计算技能也就顺理成章了。在以往的化学教学实践中存在的死记硬背、机械训练的不良现象，其产生的原因是复杂的，但我们不能不说化学基本技能概念过于狭隘也是其中的一个重要原因。传统的化学基本技能的界定不能给广大师生提供一片广袤的沃土，师生缺乏施展才华的空间，只能无可奈何地在狭小的田地里挖地三尺，这便是现实存在的化学教学中无休止地“深挖井”的根源。

我们还应当看到，虽然我国的化学教学有着注重“双基”的传统，但是“双基”教学中却又存在着严重的不平衡问题。对于化学基础知识，广大教师始终予以高度重视，对于各知识点确保做到条分缕析、扎扎实实。可是对于化学基本技能，只有与应试有关的技能才受到青睐，其他技能（包括化学实验技能）就遭到冷落。

综上所述，传统的化学基本技能是特定历史条件下的产物，有着很深的化学学科本位主义的烙印。以上分析并非苛求历史，不敬前辈，而是旨在以史为鉴，面向未来。时代在发展，化学教育的理念也发生了深刻的变化。20世纪80年代国际化学教育界就提出了“扩大化学教育的视野”“通过化学进行教育”等口号，现如今这些口号已经成为理念和行动，公民教育、科学素养教育等已经明确成为化学教育的目标。如果化学课程中的基本技能概念不及时更新，仍旧沿袭狭隘的技能概念，则远远落后于时代的潮流。当务之急，我们必须突破化学学科的樊篱，从更广阔的科学教育的视角，综合考虑学生发展、社会发展和学科发展的需要，与时俱进，重新建构符合时代发展要求的化学课程的基本技能体系。

第二节 化学课程中科学过程技能的要素

在化学课程的发展过程中，课程目标的表述折射出时代的印记。从课程标准（或教学大纲）的文件分析可知，人们对通过化学课程培养学生的能力的认识有一个从模糊到清晰的过程。新的化学课程标准提出了培养学生的科学探究能力的目标。在新课程的推动下，不少教师已经开始关注并尝试科学探究教学。但是，科学探究能力如何培养？科学探究教学要经历哪些环节？在每一个环节中应该培养学生的哪些技能？技能与能力二者是什么关系？这些问题很多教师并不清楚。为了使科学探究教学卓有成效地开展下去，这些问题值得研究。

一、化学课程中能力目标的演变

在绪论中已经分析了科学过程技能与科学探究能力的关系，指出了科学探究能力是一个上位的概念。科学探究能力的基本构成成分是科学知识和科学过程技能，科学知识与科学过程技能之间存在着相互作用，它们在一定的条件下也可以相互转化。其实，在化学课程中提出能力培养的目标，并不是一蹴而就的，它有一个逐步发展和演变的过程。我们循着历史的线索探寻，可以发现在课程目标中与能力有关的表述可以分为以下几个阶段。

第一阶段是新中国成立前。早在 1932 年，《初级中学化学课程标准》在“课程目标”的第四条提出“训练观察、考查与思想之能力”，《高级中学化学课程标准》在“课程目标”的第四条提出“养成学生敏捷之观察力与准确之思考力”。新中国成立前的化学课程标准的能力目标大抵如此。可见，虽然早期已经提出了能力培养的目标，但是比较狭隘，只提出了观察力与思考力。

第二阶段是 20 世纪 50 年代至 80 年代。新中国成立以后，我国全面学习苏联，在化学课程中没有直接提出能力培养目标，而是提出了基础知识与基本技能的“双基”目标，这种状况一直延续到 20 世纪 80 年代初。1980 年《全日制十年制中学化学教学大纲（试行草案）》才在“教学目的”中提出“培养分析和解决一些简单的化学实际问题的能力”。但是，只是出现了“能力”一词，并没有说明化学学科具体要培养哪些能力。

第三阶段是 20 世纪 80 年代中期至 20 世纪末。1986 年《全日制中学化学教学大纲》“教学目的”中明确提出“培养和发展学生的能力”，并在“教学要求”中具体提出了“培养和发展学生的观察能力、思维能力、实验能力和自学能力等”。在1996 年《全日制普通高级中学化学教学大纲（供试验用）》的“教学目的”中，除提出“培养和发展学生的能力以及创新精神”之外，还提出“培养他们的科学态度和训练他们的科学方法”，并且在“教学中应该注意的几个问题”中，强调“重视培养学生的能力”。该大纲阐述道：“化学教学中应十分重视培养学生的能力，学生能力的形成与知识、技能有密切的关系。知识与技能是学生形成能力的基础，而一定的能力又是学生进一步获取知识和技能的重要前提，是促使他们提高学习水平的重要因素。学生掌握知识、技能和形成能力，是一个循序渐进、由低级到高级发展的过程。”[1] 接着对化学教学中培养学生的观察能力、思维能力、实验能力、自学能力做出详细的说明。在2000 年的《全日制普通高级中学化学教学大纲（试验修订版）》中，“教学目的”分为三个方面予以说明：知识、技能；能力、方法；情感、态度。此大纲突出了能力、方法的目标。这一阶段，对知识、技能与能力的关系有了比较清晰的认识。但是，对化学学科要培养的能力仍然限定在观察能力、思维能力、实验能力和自学能力四个方面。

第四阶段是 21 世纪初。在新中国成立之后的第八次课程改革中诞生的化学课程标准（义务教育阶段和高中阶段），其中的“课程目标”指出：“化学课程以提高学生的科学素养为主旨，激发学生学习化学的兴趣，帮助学生了解科学探究的基本过程与方法，培养学生的科学探究能力……”[2] “课程目标”分三个维度予以说明：知识与技能、过程与方法、情感态度与价值观。科学探究能力的基本要素划分为：提出问题、猜想与假设、制订计划、进行实验、搜集证据、解释与结论、反思与评价、表达与交流。值得注意的是，在“课程目标”的三个维度中并没有将能力作为一个单独的维度，但是在“过程与方法”的维度中可以看到，标准强调了学生终身学习和发展所需要的能力。

从化学课程目标的演变可以看出，在化学课程中注重培养学生的能力是由来已久的。但是，化学课程中要培养学生什么能力、如何培养？人们对此问题有一个认识逐渐深化的过程。在化学课程开始设置之时，人们相信“知识就是力量”，认为学生习得知识也就发展了能力；在民国时期，化学课程重视了观察力与思考力，人们的认识有了进步，但是对能力的界定还比较狭隘，且对如何培养学生的能力缺乏具体措施；在新中国成立之后的相当长的一段时间里，化学课程注重“双基”

[1] 课程教材研究所. 20世纪中国中小学课程标准·教学大纲汇编（化学卷）[M]. 北京：人民教育出版社，2001：408.

[2] 中华人民共和国教育部. 全日制义务教育化学课程标准（实验稿）[M]. 北京：北京师范大学出版社，2001：6.

目标，人们认为只要基础扎实了，能力自然就会提高；20世纪80年代中期以后，在科学技术日新月异，知识信息急剧增长的形势下，越来越多的人认识到培养能力的重要性。化学课程明确提出了能力培养的目标，并且针对化学学科的特点，提出了化学学科要培养学生的观察能力、思维能力、实验能力和自学能力四个方面。进入21世纪后，面对知识经济的浪潮，我国进行了轰轰烈烈的课程改革。在这次课程改革中诞生的化学新课程，旗帜鲜明地以培养学生的科学素养为总目标，更加重视培养学生终身学习和发展必需的基本能力——科学探究能力，并且详细阐述了科学探究能力的基本要素。

虽然新课程标准比以前的大纲或标准对能力培养目标的要求更加细致，但是仍然有进一步细化的必要。我们发现，在教学实践中有的教师在实施探究教学时，探究活动的各个环节一应俱全，遗憾的是，在每个环节上都是蜻蜓点水，结果造成学生的探究活动如同走过场。所以，要使探究教学走向深入，取得实效，真正达到培养学生探究能力的目的，就必须将每一个环节进行细化，注重每一个环节中所蕴含的科学过程技能的培养。从现实的和未来的化学教学实践出发，有必要在化学课程中明确科学过程技能的培养目标。

在化学课程中提出科学过程技能的培养目标，从历史的线索来看，是基本技能目标的拓展，是能力目标和科学方法目标的具体化。从现实的角度看，是科学探究能力目标的可操作化。在化学课程中重提技能目标而不提能力目标，不是重返老路，而是为广大教师在化学教学实践中切实培养学生的能力指明一条实在的、可行的途径。

二、以科学过程技能建构化学基本技能系统

在化学课程中，基本技能的目标依然重要，但是，我们应该将化学课程中的基本技能理解为科学过程技能。传统的化学基本技能之所以狭隘，是因为其囿于学科本位，未能从科学教育的宏观视野去认识基本技能的内涵。当今时代，化学教育作为科学教育的重要组成部分，以培养学生的科学素养为主旨，重视科学探究的教学方式成为必然要求。学生的科学探究学习活动从过程上看类似于科学家的科学研究活动，本质上是一种解决问题的活动。在科学探究活动过程中，学生需要学习运用多项技能，即科学过程技能。因此，化学课程作为科学课程的重要组成，基本技能应当定位于科学过程技能。按照这样的逻辑，化学基本技能应当包含从提出问题到解决问题的全过程所必备的技能。

那么，在化学课程中到底哪些技能是必备的？换句话说，化学课程中的科学过程技能的要素是什么？这是一个重要的问题，却是一个至今还无人深入探讨的问题。如果对这个问题的认识模糊不清，可想而知，要想在化学课程中培养学生的科学过程技能，只能是处于一种自发的状态，而不能成为人们的自觉行动。关于科

学过程技能的要素，最早最权威的是 20 世纪中期美国科学促进会为小学制定的以过程为中心的“科学–活动过程教学”（Science–A Process Approach，简称SAPA）课程中规定的，总共是 13 项，其中 8 项为基本技能（观察、测量、应用数值、分类、应用时空、表达沟通、预测、推论），5 项为综合技能（从事适当的定义、形成假说、解释资料、控制实验因子、从事实验）。此后，这些技能的项目有了一些调整，如在基本技能中舍去了“应用时空”一项，在综合过程技能中增加了“建立模型”“搜集资料”，但是与当初制订的内容大同小异。（具体内容见附录1）这些要素体现了基本性和基础性，对小学生科学课程的学习是恰当的，但是对中学生的化学课程学习不能简单照搬，中学化学课程应该提出内容更加丰富、水平层次更高的要求。由帕迪利亚主编的“科学探索者”丛书中列出的科学过程技能的要素比较丰富，水平层次也较高，但是其分类显得凌乱。（具体内容见附录2）桑德和特罗布雷奇提出的科学过程技能要素分为搜集的技能、组织的技能、创造的技能、操作的技能和交流的技能五大类，每一类中又具体地列出了若干更加细微的技能，计 35 小项，显得比较琐碎。（具体内容见第二章）

由此可见，对科学过程技能的要素已有不少人进行了探讨，观点纷呈，没有定论。但是有一点是共同的，他们都关注到了科学探究活动的全过程。也就是说，科学过程技能的要素应从“科学过程”的视角去探讨。本书按此思路建构的化学基本技能系统如下图所示：

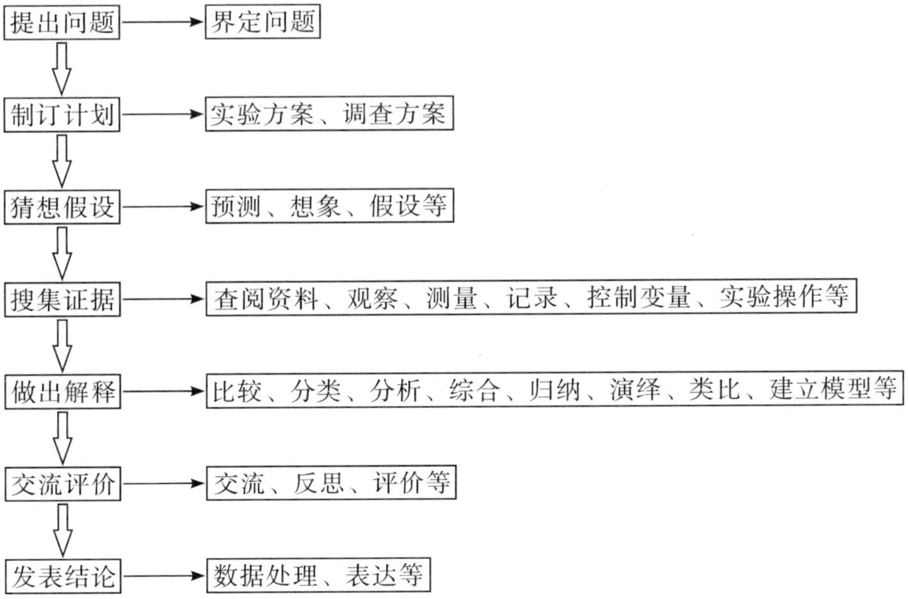

图4–1 化学课程中的科学过程技能系统

需要说明的是，这里提出的化学课程中的科学过程技能系统所包含的要素是根据科学过程分析得出的，涉及从提出问题到解决问题的全过程，因此是比较系统和全面的。当然，分离这些要素只具有相对的意义。其一，科学探究过程具体包括几个环节，分别有哪些环节？有的人提出五环节，有的人提出六环节，众说纷纭，没有定论。其二，某一环节中究竟包含哪些要素？这也不是固定的。以“制订计划”为例，不论是实验方案还是调查方案的制订，可能也需要查阅资料，也需要进行分析、综合等思维活动，所以各要素之间有相互交织的情况。其三，在科学探究过程中，人们不可能孤立地使用某一项技能，必然是综合运用各项科学过程技能。各科学过程技能要素之间存在着不可分割的联系，例如，“观察”“测量”“实验操作”在实验活动时可能是融为一体的，虽然它们都属于动作技能，但是，人们在实验时不可能仅仅是肢体的运动，必然会伴随着思维的活动。因此，对以上所提出的各项要素，我们不能机械地、孤立地看待。

在教学实践中，从宏观方面来说，一门课程，或者至少是一学期的课程学习，宜对上述科学过程技能各要素进行系统安排、全面实施；从微观方面来说，具体到一个单元或者一节课，切不可机械地照搬固定程序，更不可刻意追求在一次探究学习中包含所有的科学过程技能的要素。

第三节　化学课程中科学过程技能目标的层次

明确划分化学课程中科学过程技能目标的层次，有利于教师合理选择教学的策略、方法和手段，也有利于对学生的学习结果进行评价。恰当的科学过程技能的目标层次可以发挥导学、导教、导测量等功能。

一、科学过程技能目标层次划分的依据

科学过程技能究竟应当划分为几个层级？每一层级的具体要求是什么？我们可以借鉴国内外相关的研究成果作为重要参考。

（一）参照认知领域的目标层次划分

要划分科学过程技能目标的层次，我们首先必须明确它属于哪一个领域。在布卢姆所划分的三个学习领域中，科学过程技能显然不属于情感领域。至于动作技能领域，在科学过程技能的诸要素中只有实验操作技能以及画图表的技能等属于此类，而其他的要素基本上应当划分在认知领域的范畴。因此，我们可以参照布卢姆关于认知领域目标层次的划分。

布卢姆将认知领域的目标划分为6个层次，并且对每一层次又划分出亚层次。认知目标从低到高分别是：①知道（Knowledge）；②领会（Comprehension）；③应用（Application）；④分析（Analysis）；⑤综合（Synthesis）；⑥评价（Evaluation）。[1]

但是，布卢姆所划分的认知领域是一个比较宽泛的范畴，我们应当看到，科学过程技能只是其中的一个组成部分。因此，对科学过程技能的层次划分我们可以借鉴布卢姆关于认知领域的层次划分，但不能完全照搬。

（二）借鉴国外课程标准和教材中的技能层次划分

国外的有关课程标准和教材对科学过程技能的层次水平分得很细致。

英国《国家科学教育课程标准》中的科学过程技能包括“观察、交流、估算、测量、搜集数据、分类、推断、预测、建立模型”九种，并把每一种科学过程技能的水平都分为八级。

[1] BLOOM B S，KRATHWOHL D R．Taxonomy of educational objectives, handbook I: Cognitive domain [M]．New York: Longman-Mckay, 1956.

美国科学基金会研制的教材 *Science and Technology for Children*（简称STC），将科学过程技能分为四个方面：①观察、测量和辨识属性；②寻找证据认出模式和循环；③辨识原因和结果拓展概念；④设计并进行可控制的实验。每一年级的学生所要求的层级是不一样的，譬如，第一个方面有六种水平，学生从一年级就开始训练；第二个方面有五种水平，学生从二年级开始训练；第三个方面有三种水平，学生从四年级开始训练；第四个方面有一种水平，学生从六年级开始训练。

美国科学教育专家Karen L. Ostlund编写的《科学探究过程技能评价手册》中，科学过程技能的要素包括观察、交流、估计、测量、搜集数据、分类、推断、预测、制作模型、解释数据、制作图表、假设、控制变量、下可操作性定义和探究等 15 项，每项要素都分为 6 种水平。

总之，国外关于技能目标的划分比较细致，所划分的层次比较多，这些是值得我们借鉴的。但是，层次水平也不是划分得越多越好。层次越多，层级间的边界必然越模糊，而且目标的制订以及评价标准的制订必然非常琐碎，实际操作起来很困难，所以关于技能目标的层次划分还必须考虑可操作性的问题。

（三）参考有关科学方法教育目标水平的划分

目前，国内对科学过程技能目标层次划分的研究还不多见。考虑到科学过程技能的内容与科学方法体系中的一般方法比较接近，所以国内学者对科学方法目标层次划分的研究可以作为参考。

林长春对科学方法教育目标从低级到高级分为四个水平层次：

1. 感受——指对科学方法的初步知识（含义、作用、要求及操作步骤等）有一定的觉察、留心、关注和印象，是科学方法教育的渗透孕育阶段。

2. 领悟——指经过反复体会、思考，逐渐认识了科学方法的本质及内部联系与区别，是科学方法教育的提炼概括阶段。

3. 应用——指能运用科学方法的初步知识去解决化学问题，包括化学知识的学习、习题（含实验习题）解答、实际问题等。这是科学方法教育的初级发展阶段。该层次又可分为两级：一是再现式应用，即能运用科学方法解决一些与以往的学习过程相似的情境下的简单化学问题；二是创造性应用，即能运用科学方法解决某些较为复杂的化学问题。

4. 评价——指能根据自己建立的科学方法体系判断自己或他人的学习探究行为是否正确、有无价值，这是科学方法教育的高级发展阶段和最高目标层次。[1]

[1] 林长春. 试论化学教学中科学方法教育目标的构建[J]. 中学化学教学参考，1998（4）：33-36.

吴俊明提出了科学方法教学要求的四个层次：

1. 体现-渗透——结合具体的教学内容，按照科学方法的步骤、程序编写教材和实施教学，要求能反映该科学方法的特点，特别是反映其中蕴含的科学思想和策略；但是，不要求出现科学方法的名称，不向学生提出记忆、理解、应用等要求，只让学生对这种方法有所接触即可。不刻意追求该科学方法的教学，使科学方法很自然地体现、渗透在具体的阐述和教学中。

2. 知道——学生能识别出该科学方法，说出该方法的名称，了解该科学方法的活动方式、特点和主要步骤，具有该科学方法的知识。

3. 理解——学生了解该科学方法中蕴含的科学思想和策略，能解释该科学方法为什么要采取其特定的步骤，或者粗略地预测各主要步骤的结果或趋向。

4. 初会——学生能在见识过的、变化不大的情境中模仿应用该科学方法来解决问题，或者初步有所体会，偶尔能对一些步骤做出简单和适宜的变通。[1]

我们也可以将其理解为科学方法培养目标的四个层次。

综观国内学者的学习目标层次划分，一般都将科学方法或者技能划分为三个或者四个层次。

二、科学过程技能目标的四个层次

一般说来，目标设计的层次分得越精细似乎越科学，但是它的可操作性不强。反之，如果目标设计不分层次，或者分的层次较粗，就会模糊笼统，又显得不够细致。鉴于以上考虑，本书将科学过程技能的水平分为体验、初会、熟练、自动化四个层次。这四个层次的基本要求分别是：

A. 体验——对科学过程技能有初步的认识，能够模仿或者尝试使用。

B. 初会——能够运用科学过程技能解决一些简单的化学问题，但是熟练程度不高，运用时有时需要别人的提示。

C. 熟练——能够独自地、比较顺利地运用科学过程技能解决一些稍微复杂的化学问题。

D. 自动化——能够恰当选择科学过程技能，技能达到自动化水平，能运用科学过程技能顺利地解决一些比较复杂的化学问题。

考虑到我国中学化学课程的开设主要在九、十、十一三个年级，十二年级只有少数学生学习化学，因此在下表的“各年级要求”中只列出三个年级。

[1] 吴俊明．中学化学中的科学方法教育与课程教材改革［J］．化学教育，2002（6）：8-10.

表4-1 化学课程中科学过程技能目标

科学过程技能	各年级要求		
	九	十	十一
1. 界定问题	B	C	D
2. 观察	B	B	C
3. 测量	A	B	D
4. 记录	C	D	D
5. 查阅资料	B	C	D
6. 预测	A	B	C
7. 假设	A	B	C
8. 调查计划	A	B	C
9. 实验方案	B	C	D
10. 控制变量	A	B	C
11. 实验操作	B	C	D
12. 比较	B	C	D
13. 分类	B	C	D
14. 分析	B	C	D
15. 综合	B	C	D
16. 归纳	B	B	C
17. 演绎	A	C	D
18. 类比	A	B	C
19. 想象	B	C	D
20. 建立模型	A	B	C
21. 数据处理	C	C	D
22. 表达	C	D	D
23. 交流	B	C	D
24. 反思	B	C	D
25. 评价	B	C	D

从表中可以看出，科学过程技能的要求是按照年级的升高而提高的。九年级基本上是A、B水平，十年级基本上是B、C水平，十一年级基本上是C、D水平。需要说明的是，化学课程中科学过程技能目标层次的划分只具有相对的意义。一方面，技能的水平从“完全不会”到“完全自动化”是一个连续体，其中并不存在类

似“量子化”的跃迁现象。将技能水平分为四级、六级或N级，是基于连续性前提下的阶段性划分。另一方面，四个层次的划分是针对中学生的发展水平而言的。譬如，即使学生某项技能已经达到了 D 水平，也并不意味着他对科学过程技能的掌握已经达到了炉火纯青的地步，只能说明他在该阶段的课程学习中某项技能达到了较高的水平。实际上，科学过程技能的发展是无止境的。

第四节 以科学过程技能重建化学课程的技能目标

课程目标是教育目的和培养目标的下位概念。课程目标是“在课程编制过程中所确定的目标”，即学校课程在一定阶段力图达到的教育目标，是通过课程实施所要完成的指标体系，是课程使学生发展的基本标准，即通过一定学段的学校课程学习使学生达到的发展状态。课程目标既是课程的出发点，又是课程的归宿。构建符合时代发展要求的新的课程目标体系是一项十分重要的工作。

新课程所确定的学校课程的总体目标是为了每一位学生的全面发展，全面提高所有学生的素质，言简意赅地表述即实行“素质教育”。理科课程作为学校课程的重要组成部分，其目标是培养学生的科学素质（即科学素养）。化学课程作为理科课程的重要组成部分，其目标也应该是培养学生的科学素质，这一点是毫无疑义的。但是，在化学课程目标的维度划分、各维度的具体表述等方面的问题仍然需要进一步探讨。

一、化学课程目标的三个维度

化学课程为什么要以科学素养为主旨？化学课程目标为什么要划分为三个维度？这三个维度之间的逻辑关系是什么？要搞清楚这些问题，我们必须对科学素养概念的由来及其内涵进行考查。

“科学素养”一词源自英文literacy。这个词有两个不同的含义：一个是指有学识、有教养，是跟学者、专家有关的；另一个是指能够阅读、书写和计算，有文化，是跟普通公民有关的。按照美国当代著名理科教育专家拜比（R. W. Bybee）的考证，第一次使用“科学素养”（Scientific Literacy）一词的是美国学者科南特（Conant）[1]。他在1952年出版的《科学中的普通教育》（*General Education in Science*）一书中认为，被人们称为专家的那些人，其最大的特点就是具有“科学素养”。这是从科学家的角度论述科学素养。科南特并没有进一步阐明科学素养的意义。在20世纪50年代，面对科学技术的迅猛发展，美国率先发起了以科学课程改革为核心的科学教育现代化运动，引发了人们对科学教育的全面探索。1958年，美

[1] BYBEE R W. Achieving scientific literacy: From purposes to practices [M]. Portsmouth, NH: Heineman, 1997: 47.

国斯坦福大学的学者赫德（P. D. Hurd）发表了一篇题为《科学素养——对美国学校的意义》（*Science Literacy: Its Meaning for American Schools*）的论文，并首次使用“科学素养”一词来探讨科学教育问题。在该文中，赫德把科学素养解释为理解科学及其在社会中的作用，并探讨了科学与社会的联系。从此，人们开始关注科学素养的问题，“科学素养”作为理科教育的口号也经常被提及。

20 世纪 50 年代末，以科学家为中心的理科教育改革强调科学的统一性和自主性，理科教育旨在培养科学精英，理科教学所要实现的科学素养注重“概念性的知识”“科学的本质”“科学的伦理”，脱离“科学与人文”“科学与社会”的关系，人们普遍把科学素养的内涵理解为着重于科学知识的掌握。

进入 60 年代后，由于科技对社会生活的影响越来越大，人们对科学素养内涵的理解有了变化和发展。人们认识到，科学技术的发展在造福人类的同时也带来了许多社会问题，如环境污染、能源危机等，解决这些问题成为当务之急。人们开始关注科学与社会、科学与文化的联系，强调科学的人文侧面。1966 年美国开展的“科学扫盲”运动，对科学素养的内涵做出了新的界定，认为它包含六个范畴：

（1）概念性知识：构成科学的主要概念、概念体系或观念；

（2）科学的理智：科学研究的方法论；

（3）科学的伦理：科学所具有的价值标准，亦即科学研究中科学家们的行为规范，也称科学态度或科学精神；

（4）科学与人文：科学与哲学、文学、艺术、宗教等文化要素的关系；

（5）科学与社会：科学与政治、经济、产业等社会诸侧面的关系；

（6）科学与技术：科学与技术之间的关系及差异。[1]

20 世纪 80 年代末，美国科学促进协会制订了“2061 计划”，公布了《面向全体美国人的科学》，该报告把科学素养定义为“具备使用科学、数学和技术学的知识做出有关个人和社会的重要决策的能力”。所规定的“科学素养的基本领域”是：

（1）熟悉自然界并尊重自然界的同一性；

（2）懂得科学、数学和技术相互依赖的一些重要方法；

（3）理解科学的一些基本概念和原理；

（4）有科学思维的能力；

（5）认识到科学、数学和技术是人类共同的事业，及其长处和局限性；

［1］ 钟启泉. 国外科学素养说与理科课程改革［J］. 比较教育研究，1997（1）：16.

（6）能够运用科学知识和思维方法处理个人和社会问题。[1]

20 世纪 90 年代，依据“2061 计划”制定的美国历史上第一部国家层面的科学教育标准——《美国国家科学教育标准》正式出台，其中将科学素养表述为：“理解和深谙进行个人决策，参与公民事务和文化事务、从事经济生产所需的科学概念和科学过程”，并且认为“科学素养有不同的程度和形式，它扩展和深化到人的一生，而不仅仅是在学校的一段时间”。

（1）有科学素养就意味着一个人对日常所看见和所经历的各种事物能够提出、发现、回答因好奇心而引发的一些问题。

（2）有科学素养就意味着一个人已有能力描述、解释甚至预言一些自然现象。

（3）有科学素养就意味着一个人能读懂通俗报刊刊载的科学文章，能参与就有关结论是否有充分根据的问题进行社会谈话。

（4）有科学素养就意味着一个人能识别国家和地方决定所赖以为基础的科学问题，并且能提出有科学技术根据的见解来。

（5）有科学素养的公民应能根据信息源和产生此信息所用的方法来评估科学信息的可靠程度。

（6）有科学素养还意味着有能力提出和评价有论据的论点，并且能恰如其分地运用从这些论点得出的结论。

关于科学素养的内涵，不少学者进行了研究，以上只是摘取了不同时期的具有代表性的观点。由此可见，科学素养的内涵是开放的、发展变化的，不同时代、不同文化背景的人对其理解是有差异的。在当代新的社会环境和背景下，科学素养又有其新的含义。一方面，随着科学技术与社会的联系越来越紧密，科学技术对社会的影响也越来越大，这就要求把科学与社会、技术关联的观点引入对科学素养内涵的理解中来。关注自然、关注社会，参与社会决策，从科学与社会的角度主动地思考社会问题的解决并付诸行动，这是每个公民不可或缺的基本素质。另一方面，科学应该以人为本，科学教育更应该成为以学习者为中心的教育，增强学生对科学和技术的兴趣，使他们肩负起发展科学、发展社会的使命。

科学素养的内涵十分丰富，学者们的观点也异彩纷呈，其中影响最大的当属科学素养国际发展中心（芝加哥）主任米勒（J. D. Miller）教授在 1983 年提出的三维模式：

（1）关于科学概念的理解；

[1] 孙可平，邓小丽．理科教育展望［M］．华东师范大学出版社，2002：263.

（2）关于科学过程和科学本质的认识；

（3）关于科学、技术和社会的相互关系的认识。[1]

米勒关于公民科学素养的三维度模型，获得广泛的认可。基于该模型的科学素养调查已经为国际上对公民科学素养的调查所使用。

20 世纪 80 年代中期以来，面对科学技术应用上的短视行为所带来的大量科学—技术—社会课题，诸如酸雨、温室效应、臭氧层空洞、人口膨胀、物种灭绝、淡水短缺、废物处理等问题，培养能够处理与自身生活密切相关的科学技术问题，具有科学素养的未来公民已经成为学校科学教育的共同目标。但是，由于人们对科学素养的内涵认识的不同，同样是声称"以培养学生的科学素养为主旨"的人在实践中却可能大相径庭。这是因为，不同的人对科学素养的理解有可能仁者见仁，智者见智，而且科学素养的内涵也不是一成不变的，它随着社会的发展以及人们理解的深入而不断地得以丰富和发展。

在 20 世纪末期，英国提出了 6 项国家理科课程目标：理解科学观念，训练科学方法，建立学科间的联系，理解科学对社会的贡献，理解科学对个人发展的贡献，认识科学的本质。而美国国家理科教育内容则提出了 8 个方面的目标：统一的科学概念和科学过程，作为探究的科学，物质科学，生命科学，地球和空间科学，科学和技术，个人和社会前途中的科学，科学的历史和本质。这两种观点对于从基础教育层面了解国外对科学素养含义的认识，具有一定的代表性。将这两种观点加以梳理、对比，可以发现它们有内在的一致性。见表4–2。

表4–2　美国和英国国家理科课程目标中科学素养的含义

	科学知识	科学过程和科学方法	科学的本质和价值
美国	统一的科学概念 物质科学 生命科学 地球和空间科学	统一的科学过程 作为探究的科学	科学和技术 个人和社会前途中的科学 科学的历史和本质
英国	理解科学观念 建立科际联系	训练科学方法	理解科学对社会的贡献 理解科学对个人发展的贡献 认识科学的本质

我国新世纪科学课程改革专家组于 2000 年 8 月对科学素养的内涵进行了讨

[1] MILLER J D. Scientific literacy: A conceptual and empirical review [J]. Daedalus, 1983, 112 (2): 29–48.

论，参鉴国际科学教育界关于科学素养的界定，结合我国的实际情况提出了科学素养架构的如下四个基本维度：

（1）科学探究（过程、方法与能力）；

（2）科学知识与技能；

（3）科学态度、情感与价值观；

（4）科学、技术与社会的关系。

我国于2001年颁布的《全日制义务教育化学课程标准（实验稿）》及2003年颁布的《普通高中化学课程标准（实验）》，明确提出化学课程的总目标是培养学生的科学素养，并且分三个维度进行了具体说明：知识与技能、过程与方法、情感态度与价值观。课程目标的三个维度逐渐被人们简称为“三维目标”。显然，“三维目标”不是三个目标，而是一个总目标（科学素养）的三个维度，或者说，课程标准力求以三个维度全面体现科学素养目标的内涵与要求。

二、化学课程三维目标的逻辑关系

现行义务教育化学课程标准和高中化学课程标准，以培养学生的科学素养为主旨，构建了知识与技能、过程与方法、情感态度与价值观三维一体的课程目标体系。与以前的教学大纲相比，理念更加新颖，目标更加全面，内容更加深刻。但是，如果我们以科学过程技能的视角审视化学课程标准，就会发现课程的三维目标在逻辑上难以自洽。

（一）关于“知识与技能”目标

“知识与技能”目标中“知识”的内涵比较明确，它主要包括化学的事实、概念、原理及应用等。但是“技能”包括哪些内容呢？按照《全日制义务教育化学课程标准（实验稿）》（以下简称《标准》）中的文字表述，它指的是“分析有关的简单问题”和“基本的化学实验技能”。[1] 如果化学课程中的技能仅局限于这两点，是否过于狭隘？

值得注意的是，也许是研制者意识到了传统的化学基本技能的弊端，所以对化学计算技能未提及，总算是改变了一点。尽管在具体的内容标准中提出了关于化学计算技能的要求，但是在课程目标中不提及化学计算技能，这样是否又存在不妥之处？

[1] 中华人民共和国教育部. 全日制义务教育化学课程标准（实验稿）[M]. 北京：北京师范大学出版社，2001：6.

（二）关于“过程与方法”目标

“过程与方法”目标中的“过程”是指什么过程？“方法”是指什么方法？根据对《标准》的文本分析，可以看出“过程”是指科学探究的过程，“方法”主要是指科学探究的方法（科学方法），还包括学习的方法。我们知道，“过程”与“方法”实际上是统一的，在科学探究过程中，离开过程的方法与离开方法的过程都是不可实现的。“过程”与“方法”本来是一回事，可是用一个“与”字隔开，似乎说的是两码事。另外一个问题是，科学方法究竟属于哪一个学习领域？实际上，“科学方法是科学工作者应当掌握的一种创造性的复杂技能”[1]，它应当属于广义技能的范畴。由此可见，《标准》将“过程与方法”视为技能之外的范畴似乎有悖学理。

正因为《标准》中将“技能”与“过程与方法”相分离，所以在课程目标的表述中出现了自相矛盾的情况，第一个维度涉及技能，第二个维度指涉的其实也属于技能的范畴。这可以从“过程与方法”目标的具体要求中更清楚地看出。此目标要求学生学习和掌握提出问题、观察、实验、比较、分类、归纳、概括、分析、表达、交流、讨论等科学方法，以及“解决一些简单的化学问题”的能力。这里所涉及的科学方法的基本要素实际上都属于技能的范畴，而且在此目标中“分析有关的简单问题”和“基本的化学实验技能”与第一个维度重复。正因为对“过程与方法”学习领域归属的模糊，以及对技能概念的狭隘理解，造成了课程目标中第一个维度和第二个维度纠缠不清的情况。

（三）关于“情感态度与价值观”目标

“情感态度与价值观”的表述也存在着一定的问题。这里的“情感态度”是指“关于情感的态度”还是“情感、态度”？前一种解释似乎缺乏依据，而后一种解释如果是正确的，则顿号不可省略，毕竟课程标准是政府颁布的正式文件，其表达方式必须符合汉语规范。而且即使加上了顿号也说不清楚情感与态度究竟有什么区别，因为两者在教育心理学上实际上属于同一概念。至于态度与价值观的关系，究竟是并列关系还是递进关系也还需要考量，因为价值观乃为态度的最高层次。由于这方面不是本文研究的重点，故此不再展开论述。

无独有偶，2004 年出版的作为上海市“二期课改”重要文件之一的《上海市中学化学课程标准（试行稿）》，将化学课程目标也划分为知识与技能、过程与方法、情感态度与价值观三个维度。是“英雄所见略同”吗？与教育部颁布的化学课

---

［1］ 张巨青. 科学研究的艺术：科学方法导论［M］. 武汉：湖北人民出版社，1988：17.

程标准稍有不同的是，上海市化学课程标准中对技能的要求包括化学计算技能、化学实验基本操作技能以及表达技能。[1]与传统的化学基本技能相比，仅仅增加了表达技能一项，也算是有了一点新意吧。

课程标准属于政府颁布的法定文件，其权威性、导向性自不待言。正因为《标准》中关于课程目标的划分逻辑混乱，所造成的不仅是理论的困惑，更是实践的迷惘。譬如，有的教师就认为化学基本技能已经不重要了，其根据就是《标准》“知识与技能”目标中有关技能的要求似乎降低了。本人臆测，新的课程目标三个维度的划分也许是受到后现代思潮的影响，因为后现代推崇非线性、非逻辑、不确定、非理性等思维方式。诚如是，则另当别论。

令人玩味的是，国家化学课程标准和上海化学课程标准的研制者们都看到了传统的化学基本技能的不足之处，因此在“过程与方法”目标中都实质性地增加了有关技能的内容。但是，为什么他们却不约而同地将技能作狭隘的理解？新的课程标准一方面体现了新的课程理念，试图突破狭隘技能的樊篱，另一方面又对之恋恋不舍，藕断丝连。这些矛盾、冲突和彷徨，也许是课程改革进程中难以避免的问题。我们应该思考的问题是：化学课程中的基本技能究竟应该是什么？

三、重新建构化学课程的“三维目标”

新世纪启动的课程改革，较之以往的课程改革，是一个跨越式的发展，是一次革故鼎新的“范式转变”。在这个“范式转变”的过程中，出现新的适合新范式的概念框架是必然的。与此同时，对于已经不适应新范式的概念要坚决地摒弃，没有必要抱残守缺。新的化学课程标准制定的“三维目标”试图突破以往课程目标的窠臼，可是关于技能的概念依然是老调重弹，这也正是《标准》中课程目标三个维度划分出现逻辑问题的症结。解决的办法有两个，一是用旧瓶子装新酒，沿用“化学基本技能”的术语，但是要将它理解为“化学课程中的基本技能”。这样做的优点是保留了大家耳熟能详的名词，缺点是让人无法直接感知化学课程中基本技能内涵的变化。另外一个解决办法是，用新瓶子装新酒，即以科学过程技能取代传统的化学基本技能，这样人们从字面上就能理解新名词的含义，而且给人以焕然一新的感觉。

以科学过程技能来表征化学课程中的基本技能，关于化学课程“三维目标”划分的逻辑困惑便可迎刃而解。但是，考虑到三维目标名称的对称和谐，本文认为，

[1] 上海市教育委员会. 上海市中学化学课程标准：试行稿[M]. 上海：上海教育出版社，2004：66.

化学课程“三维目标”可以重新划分为：知识目标、技能目标和情意目标。这里的“技能目标”实际上就是科学过程技能目标。这样的划分有充分的理论依据。

（一）符合认知心理学关于学习领域的分类理论

当代认知心理学根据广义的知识观提出了学习领域的分类理论。尽管不同的学派观点会有分歧，但是大多数学者倾向于将学习领域划分为认知领域和非认知领域。认知领域主要包括陈述性知识、程序性知识和问题解决；[1]非认知领域包括动作技能、情意领域等。我们将重建的化学课程“三维目标”与学习领域的划分进行对比，可以发现它们具有高度的一致性。见表4–3。

表4–3　化学课程“三维目标”与学习领域

化学课程目标	学习领域及主要内容
知识目标	陈述性知识，关于“是什么”和“为什么”的化学知识，包括化学事实、概念、原理及应用等
技能目标	程序性知识，解决“如何”的问题，涉及科学探究活动的全过程
情意目标	情意领域，包含态度、价值观、品德等

上表中前两个目标都属于认知领域。在学生的学习系统中，如果说前两个目标所指涉的是操作系统，那么情意目标所指涉的是导航系统和动力系统。

那么，如果按照布卢姆的教育目标分类方法，将化学课程目标分为认知领域、动作技能领域和情感领域，如何？我们认为，化学课程目标如果这样来分，认知领域显得过于宽泛，而动作技能领域基本上只涉及化学实验操作技能，又显得过于狭窄。布卢姆的教育目标分类方法是针对宏观的教育领域而言的，对于一门具体的学科课程目标虽然仍有一定的指导作用，但是不能生搬硬套。我们注意到，将课程目标划分为知识与技能、过程与方法、情感态度与价值观三个维度并不是化学课程标准独有的，其他一些学科的课程标准也是这样划分，这也许是有关部门的统一要求。不过，我们认为，在统一要求的前提下也应该允许各门学科适当体现出自身特点的要求。

（二）贴近科学素养的基本内涵

科学素养的基本内涵，虽然目前在学术界还没有一致的看法，但是其基本要素

［1］ 邵瑞珍．教育心理学：修订本［M］．上海：上海教育出版社，1997：63.

包含科学知识，科学过程，科学、技术与社会三大领域，这一点是得到广泛认可的。在重新建构的化学课程“三维目标”中，知识目标对应于科学知识，技能目标对应于科学过程。而科学、技术和社会这一领域则要复杂一些，在知识目标、技能目标中有所体现，但是主要还是在情意目标中体现。由此可见，重新建构的“三维目标”简约而不简单，它的包涉性很广，可以覆盖科学素养的基本内涵，也体现了化学课程总目标的要求。

实际上，课程目标是否一定要划分为三个维度还值得研究。即便是划分为三个维度，这三个维度的名称也还有进一步探讨的余地。我国香港特别行政区的《化学课程及评估指引》（2007，中四至中六）将学习目标（即课程目标）划分为：知识和理解、技能和过程、价值观和态度。这三个维度的名称上都有个“和”字，倒也比较对称、和谐，我们也可以借鉴。

四、中学化学课程技能目标的重新表述

前文探讨了化学课程中科学过程技能目标的要素和层次，这里所要讨论的是关于化学课程标准中科学过程技能目标的表述问题。课程是一个包涉面很广的概念，包括课程理念、计划、标准、教科书、教学和评价等。从课程标准到教科书，再到具体的教学活动，是一个逐步生成的，越来越具体、细化的过程。因此，在化学课程标准中对于（科学过程）技能目标的表述应该突出重点，没有必要面面俱到，这就需要在众多的技能项中有所选择。上文提到的化学课程中的重点技能应尽可能在课程目标中出现。

本书将化学课程中的（科学过程）技能目标具体表述如下：

（一）义务教育化学课程（科学过程）技能目标

①认识科学探究的意义和基本过程。

②能提出问题，做出假设，制订学习和探究计划。

③初步学会观察、实验等基本操作技能。

④能通过多种途径获取信息，能用文字、图表和化学语言表述有关的信息，能进行简单的化学计算。初步学会运用比较、分类、分析、综合、归纳、演绎等思维方法对获取的信息进行加工。

⑤能主动与他人进行交流和讨论，反思与评价学习的过程与结果，清楚地表达自己的观点。

（二）普通高中化学课程（科学过程）技能目标

①经历对化学问题进行探究的过程，进一步理解科学探究的意义。

②能够发现和提出有探究价值的化学问题，制订合理的探究计划。

③学会观察、实验等基本操作技能。

④能熟练地通过多种途径获取信息，运用恰当的方式表达有关信息，能进行有关的化学计算。学会运用比较、分类、分析、综合、归纳、演绎、类比、模型化等思维方法对获取的信息进行加工。

⑤能主动与他人进行交流和讨论，对化学学习过程进行反思、评价和调控，能准确地表达自己的观点。

对于以上表述需要做几点说明：（1）该目标大体上按照科学探究的基本过程进行表述。第一条，要求学生对科学探究过程有一个整体的认识；第二条，大致对应于科学探究的启动阶段；第三条，对应于搜集证据阶段的部分活动，侧重于动作技能方面；第四条，包含搜集证据的部分活动以及寻求解释的活动，侧重于智力技能方面；第五条，对应于评价、反思、交流、发表。可以看出，初、高中阶段的目标是基本对应的，只是高中阶段的要求比初中阶段高一个层次，所包含的科学过程技能要素也略多一些。（2）将“学习习惯和学习方法”删除，并不是不重视此内容，而是考虑到它们与科学过程技能具有高度的相关性。试想，如果学生学习、掌握并能主动运用诸如提出问题、制订计划、观察、实验、获取加工信息、反思、评价等基本技能，改变机械被动、死记硬背、死泡题海的学习方式，改变学习习惯和学习方法岂不是水到渠成？（3）在第四条中加上有关化学计算的项目，既未提出过高的要求，又保留了化学学科的特点。（4）删除了原表述中的“解决一些（简单的）化学问题”。这是考虑到科学探究过程与科学过程技能是整体与局部的关系，第一条已经对科学探究的整体认识提出了要求，第二条到第五条又对具体的科学过程技能提出了要求，因此“分析、解决化学问题”已经是题中应有之意。

行文至此，本章应该画上句号了。但是，本人在完成了博士论文之后，偶然看到了香港特别行政区政府教育统筹局建议学校采用的《化学课程及评估指引》（2007，中四至中六），其中的“学习目标”的表述，将学习目标分为三个范畴：知识和理解，技能和过程以及价值观和态度，与本人的想法非常契合。

本章小结

20世纪50年代，我国的科学教育界在反思旧教育、学习苏联教育经验的基础上形成了重视基础知识、基本技能的“双基”教育观。在化学课程中，1956年颁布的《中学化学教学大纲（修订草案）》已经对诸如观察、解释、实验、计算等技能作了明确的要求。1963年颁布的《中学化学教学大纲》首次明确提出化学基本技能的培养目标。鉴于当时的认识，化学基本技能突出了化学学科特点，主要是指使用化学用语的技能、化学实验技能和化学计算技能。这种状况一直延续到20世纪90年代末。

时过境迁，近年来化学教育的理念发生了深刻的变化。公民教育、科学素养教育等已经明确成为化学教育的目标。当务之急，我们必须突破化学学科的樊篱，从更广阔的科学教育的视角，综合考虑学生发展、社会发展和学科发展的需要，与时俱进，重新建构符合时代发展要求的化学课程的基本技能体系。本章对科学探究学习活动的全程进行了考查，通过系统分析的方法厘定化学课程中科学过程技能的基本要素：界定问题、设计实验方案和调查方案、预测、想象、假设、查阅资料、观察、测量、记录、控制变量、实验操作、比较、分类、分析、综合、归纳、演绎、类比、建立模型、交流、反思、评价、数据处理、表达等。借鉴国内外对学习目标水平的划分，将科学过程技能目标划分为四个层次：体验、初会、熟练、自动化。对各年级提出了相应的学习目标水平要求。

以科学过程技能的视角重新审视化学课程的“三维目标”，发现在“三维目标”中存在着逻辑悖论。尤其是不能清楚地说明第一个维度中的“技能”与第二个维度“过程与方法”的关系。以科学过程技能来说明化学课程中的基本技能，关于化学课程“三维目标”划分的逻辑困惑便可迎刃而解。化学课程“三维目标”可以重新划分为：知识目标、（科学过程）技能目标和情意目标。这样的划分不仅具有理论意义，而且具有实践意义。

在对化学课程中的基本技能——科学过程技能认识的基础上，本章对初中、高中化学课程中的（科学过程）技能目标予以重新表述。重新表述的（科学过程）技能目标，逻辑更加严密，内容也更加清晰。

第五章　化学课程中的重点技能诠释

上一章以系统的观点提出化学课程中科学过程技能的要素，这些要素应当在化学课程中全面实施。但是，科学过程技能的培养不是只靠化学一门课程，物理、生物、地理，乃至数学等其他课程都有所涉及。因此，化学课程中的科学过程技能在全面实施的前提下还要突出重点，要辩证地处理一般技能与重点技能的关系。那种画地为牢，认为只有本学科特有的技能才是本门课程的目标已是前车之鉴，而大包大揽，试图以一门课程承担全部的培养科学过程技能的任务，也必然是缘木求鱼。本章根据化学学科的特点，厘定了化学课程中的重点技能，并予以具体说明。

第一节　问题与计划阶段的技能

问题与计划阶段包括发现并提出问题、猜想与假设、制订计划等。涉及的科学过程技能主要包括：界定问题、假设、设计实验方案等。

一、界定问题

发现并提出问题是科学研究工作的起点。对于学生的化学学习活动来说，问题是促进学生学习的直接驱动力。能否发现并提出问题、是否善于提出问题，是衡量学生学习是否具有主动性和创造性的重要标志。发现并提出问题首先需要具有怀疑的精神和批判的勇气，需要积极主动的学习态度。提出高质量的、具有探究价值的问题，要有批判性思维地参与，具有高度的创新品质。在以往的化学教学中，学生只会“学答”，不会“学问”，长此以往，将会造成学生被动接受知识的状况，结果导致学生创新意识淡薄，创新能力萎缩。造成学生不会提问的原因是什么？每当人们提及我国鲜有诺贝尔奖获得者的尴尬问题时，不少人都会发出“我们为什么赢在起点而输在终点”的感慨。窃以为，这个“感慨”本身就有问题，“输在终点”是事实，“赢在起点”则未必。有人以我国中学生参加国际数学、物理、化学等奥林匹克竞赛（简称奥赛）屡屡获得金牌的事实来说明“赢在起点”的观点，实际上忽略了一个重要事实——这些“金牌学生”只是很好地回答了别人提出的问题。如果是比谁提出的问题多、质量高，我们还敢说能稳操胜券吗？

培养学生的创造性首先要从培养学生的提问技能开始。化学课程中培养学生提出问题的技能，首先要让学生敢于提问，不迷信书本、不惧怕权威、具有问题意识、善于独立思考，这些都是提出问题的前提。为此，教师必须营造适宜的问题情境，设计恰当的学习活动，让学生在情境和活动中产生问题，另外，还要在心理上与学生拉近距离，营造民主的氛围，让学生感觉到心理安全和心理自由。在学生敢于提问的基础上，进一步发展学生提问的技能，也就是让学生善于提问。善于提问，就是能够敏锐地识别问题，清楚地定义问题并且能够清晰地表述问题，也就是识别并界定问题。“这题怎么做”，通常学生会问教师这样的问题。这样的问题过于笼统，不是一个好问题，一个好的问题应该是具体的。“氢喜欢与氧结合吗”，这样的问题是不科学的问题，因为氢是否“喜欢”与氧结合无法检验，而好的科学问题应该是能够加以检验的。事实上，化学研究中是以电负性、共价键、键能等概念揭示氢与氧结合的问题。

科学的问题可以分为开放性问题和封闭性问题。开放性的科学问题无边无际，往往暗含多个变量，解决问题的方案可能有多种，答案也不是唯一的。例如，怎样治理环境污染？这个问题不能说没有意义，但是对于学生来说，由于知识、经验的缺乏，他们很难提出实际可行的解决方案。事实上，对于上述问题，迄今为止即便是科学家们也没有理想的解决方案。封闭性的科学问题只有两个或两个以下的变量，往往指向确定的答案。这样的问题有利于活动的设计和学具的选择，有利于教学目标的明确，有利于学生沿着活动所指引的、而不是教师规定的方向思考，从而顺利地达到认知的彼岸。[1]所以，我们不能一味强调开放性问题，认为问题越开放就越能培养学生的发散性思维，进而能培养学生的创造力，这种想法未免过于天真。当然，开放性问题与封闭性问题也不是截然对立的。人们往往是先有了问题意识，产生开放性问题，然后逐步转换为封闭性问题。而一个个封闭性问题的解决，最终可能促使一个大的开放性问题的解决。

提出问题不是一项孤立的技能，它必须建立在观察与思考的基础上，而且与提问者的已有知识、经验有关。从心理机制来说，当一个人遇到用自己的原有知识、经验无法解释或解决某些现象或问题时，便会产生认知冲突，这种认知冲突在学习过程中是经常出现的。而提出问题的深度与提问者思考的深度是一致的，如教师做了过氧化钠与水反应的演示实验，当向反应后的溶液中滴加酚酞试液时，学生可以观察到溶液先变红后褪色的现象。这种现象是学生始料未及的，出于好奇心和求知欲，此时他们自然会产生问题，迫切地想提出问题以获得答案，但是提出问题的质量却有高下之别。

▲这是怎么回事？

▲溶液为什么先变红后褪色？

▲是什么物质使得酚酞变红？又是什么物质使得酚酞的红色褪去？

▲过氧化钠与水反应后生成什么物质？褪色是因为生成的新物质造成的吗？

▲过氧化钠与水反应会生成过氧化氢吗？如果生成过氧化氢，是否可以加盐酸和二氧化锰检验？

第一个提问反映出学生看到了出乎意料的现象而感到好奇，朦胧地意识到了问题的存在，但是未能清楚地界定问题；第二个提问仅就现象发问，未能深入问题的

[1] 张红霞．科学究竟是什么［M］．北京：教育科学出版社，2003：14–15.

实质，或者说，此问题的提出是期待着（教师的）答案，而不是准备自己去探究；第三个提问深入了一步，已经从化学反应的实质方面进行考虑，但是没有触及这种物质可能是什么以及如何鉴定的问题；第四个提问比较具体，已经意识到了过氧化钠与水反应生成的产物可能是造成酚酞褪色的原因，此问题可以通过实验检验，是一个比较好的问题；第五个提问是经过深思熟虑的，触及化学反应的本质，且可以检验，是一个很好的问题。上述提问从上到下越来越具体，越来越深入，提问质量也越来越高。当然，能提出最后一个问题的学生可能也是经历了前几个问题的思考步骤，只是他们更善于思考，将问题一步一步地聚焦、深化。

学生可能提出各种各样的问题，但是无外乎三种类型：①描述性问题。例如，什么物质在水里面难溶？在酸性溶液中加入石蕊试液呈什么颜色？②关联性问题。例如，硝酸的氧化性比硫酸强吗？碳酸钠、碳酸氢钠与相同浓度的盐酸反应时，哪个反应速率快？③因果问题。例如，温度会影响盐溶液的 pH 吗？反应物为固体时它的量对化学反应速率有影响吗？描述性问题一般都有现成的答案，思维的空间不大。应该引导学生提出思维空间较大的关联性问题和因果问题，这样的问题一般具有较高的探究价值。

二、假设

假设是提出科学假说的关键。在科学研究中，人们以一定的事实为基础，以已经掌握的科学知识或经验知识为依据，通过理论思维的能动作用，对于研究对象的本质和规律所提出的猜测和推断，称为科学假说。化学发展史表明，假说贯穿于化学科学发展进程的始终，它是化学科学发展的重要环节和重要形式，是建立化学科学理论的桥梁。恩格斯指出："只要自然科学在思维着，它的发展形式就是假说。一个新的事实被观察到了，它使得过去用来说明和它同类的事实的方式不中用了。从这一刻起，就需要新的说明方式了——它最初仅仅以有限数量的事实和观察为基础。"[1] 假说不"假"，它不同于信口开河、胡说八道，而是根据一定的事实材料和理论知识，对研究对象未知性质和规律的一种推测和试探，所以它既包括已知知识，又包括据此而推测得到的未知知识。就这个意义来说，假说具有科学性和假定性相结合的特点，同时还应具有一定的预先性和推测性。化学假说作为一种思维方法，是化学理论发展和进步的阶梯，是构造化学理论的有力武器。化学假说的形成和发展是思维形式和思维方法相结合的过程。化学家们借助于假说，就可以从观察实验

[1] 恩格斯．自然辩证法[M]．北京：人民出版社，1984：218.

中确立的事实过渡到建立理论和创造发明。从化学发展史上来看，化学假说是一个不断证实和证伪的过程，也是化学假说的形式和方法不断更新的过程。正确的化学假说能经得起实践的多次检验，随着实践的发展而发展，在一定条件下逐步转化为可靠的知识，形成真正的化学理论，推动着化学科学向前发展，如苯环假说。错误的化学假说虽然在实践中被验证为错误的，但是从化学发展史上来看仍起过一定的作用，如燃素假说。

建立假说的基本步骤一般包括提出问题、搜集证据、提出假设、进行推论、检验假设和得出结论等 6 个步骤。以下试以“确定乙醇的分子结构”为例加以说明。

①提出问题：乙醇的分子结构是什么样的？

②搜集证据：根据测定，乙醇的分子式是 C_2H_6O，C、H、O 的化合价分别是 −2、＋1、−2。乙醇能与钠反应，有氢气生成。

③提出假设：乙醇的分子结构是（Ⅰ）或（Ⅱ）中的一种。

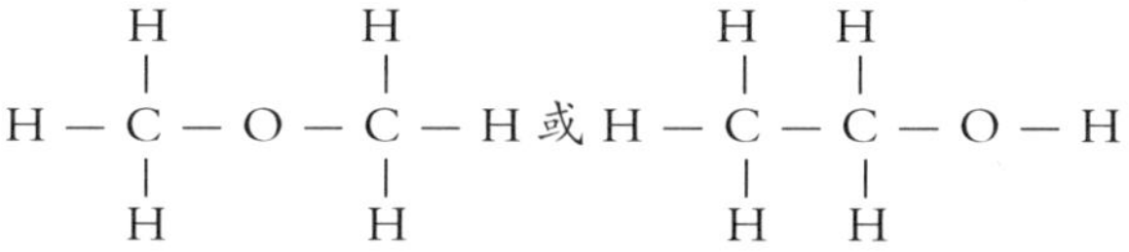

（Ⅰ）　　　　　　（Ⅱ）

④进行推论：乙醇的分子结构如果是（Ⅰ），因为 6 个氢原子的“化学环境”是相同的，所以能够全部被钠置换出来；乙醇的分子结构如果是（Ⅱ），其中的 1 个氢原子与其他的 5 个氢原子的“化学环境”不同，生成氢气的量要么是全部含氢量的 5/6，要么是 1/6。

⑤检验假设：做乙醇与钠反应的实验，收集产生的氢气，测得氢气的体积。经过计算得知产生的氢气量大约是乙醇全部含氢量的 1/6。

⑥得出结论：乙醇的分子结构是（Ⅱ）。

由此可见，提出假设是科学假说的核心环节。在中学化学课程中，要求学生提出系统的科学假说是不切实际的，因此，要求学生学习科学假说的核心要素——假设，是比较恰当的。化学课程中对学生提出假设的要求是：①提出的假设要有一定的根据。虽然说假设具有一定的猜测成分，但不是纯粹的猜测，而是要有一定的事实或理论依据。比如，教师提出问题：在化学反应前后反应物的总质量与生成物的总质量有怎样的关系？学生只是回答“大于”“等于”“小于”是不够的，教师必须进一步追问学生回答的依据是什么。②提出的假设要能够检验。比如，有学生提出“集气瓶中的氧气达 50% 就可能使带余烬的木条复燃”，姑且不论此假设是否成立，无疑这是一个很好的假设,因为它可以通过实验证实或证伪。而提出这样的假设:“铝与氢氧化钠溶液反应的实质是，铝先与水反应生成氢氧化铝和氢气，然后氢氧化钠与氢氧化铝反应生成偏铝酸钠。”因无法用实验证明谁“先”谁“后”，所以不是一个好的假设。所以，在中学化学教学中我们不宜要求学生提出有关化学反应机理的假设。

需要说明的是，假设并不完全依赖于逻辑推理，有时也需要直觉思维的参与。直觉是人们对事物本质的直接觉察和预感，是人们不经逻辑推理而直接认识真理的能力。爱因斯坦对直觉一直给予极高的评价，他认为科学发现的道路首先是直觉的而不是逻辑的。“要通向这些定律，并没有逻辑的道路；只有通过那种以对经验的共鸣的理解为依据的直觉，才能得到这些定律。”[1]

三、设计实验方案

化学课程中的探究活动大多数都需要做实验，在实验操作之前，学生必须明确怎么做，也就是要进行实验方案的设计。以往的学生实验基本上属于“照方抓药”式的实验，实验手册中将实验操作的每一步骤都详细写明，学生只要按部就班地做就行了，完全是一种机械的操作，无益于科学探究能力的形成。化学实验教学的改革，其中重要的一点就是让学生学会设计实验方案。学生预先设计了实验方案，进行实验时才会目的明确，知道做什么，为什么要那样做，怎样去做。

对学生设计实验方案的具体要求是：明确实验的目的；了解实验原理；确定实验需要使用的仪器、药品等；设计实验的具体操作步骤；设计记录表格；预计实验活动的进程；等等。

以下是一位学生设计的实验方案：

实验课题：牙膏中某些成分的检验

一、实验目的

1. 了解牙膏的主要成分和功能。

2. 检验牙膏中的碳酸钙和甘油。

二、实验原理

牙膏中含有碳酸钙、甘油，它们可以通过如下反应进行检验：

$CaCO_3 + 2HCl = CaCl_2 + CO_2\uparrow + H_2O$

[1] 许良英，范岱年. 爱因斯坦文集：第1卷[M]. 北京：商务印书馆，1976：102-160.

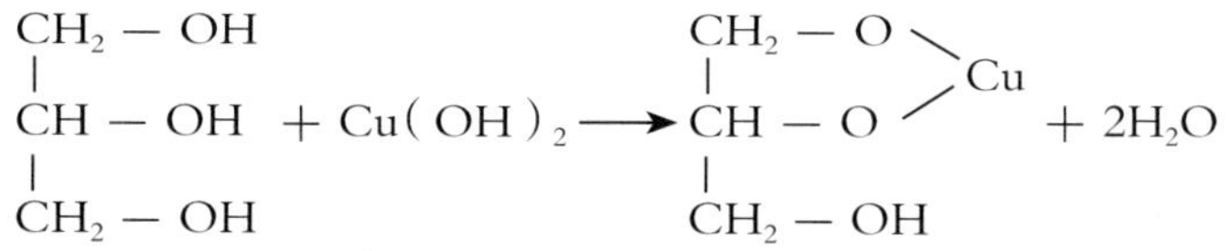

绛蓝色

三、实验器材

1. 仪器：广泛 pH 试纸、试管、烧杯、玻璃棒、滴管、酒精灯、火柴、托盘天平、50 mL 量筒。

2. 试剂：牙膏、0.5 $mol\cdot L^{-1} CuSO_4$ 溶液、1 $mol\cdot L^{-1}$ NaOH 溶液、稀盐酸、蒸馏水。

四、实验步骤

1. 挤出约 10 g 牙膏于洁净的烧杯中，加 50 mL 蒸馏水，搅拌，静置，用倾析法过滤。

2. 用广泛 pH 试纸测定滤液的 pH。

3. 取 1 mL 0.5 $mol\cdot L^{-1} CuSO_4$ 溶液于试管中，滴加几滴 1 $mol\cdot L^{-1}$ NaOH 溶液，加入 3 mL 滤液，振荡。

4. 在沉淀物中加入适量稀盐酸。

5. 取上面反应后的溶液，进行焰色反应。

五、实验记录

实验内容	实验现象	结论或化学方程式
测定牙膏溶液的pH		
检验甘油		
检验碳酸钙		

该学生设计的实验方案思路清晰、表达简洁、格式规范、符合要求。

第二节 搜集证据阶段的技能

搜集证据包括查阅文献资料、调查、访谈、观察、实验等。其中“控制变量”既是实验方案设计中需要考虑的问题，也是实验操作中的一项技能，因此单独列出予以讨论。

一、观察

观察是人们通过看、听、尝、闻、摸等动作，对大千世界多姿多彩的事物和千变万化的世界进行认知的过程。在化学研究中，人们常常利用眼睛来观察化学反应中的颜色变化，用鼻子来鉴别反应中的气味改变，用皮肤来感知温度的高低，等等。利用这种感官观察，可以获取科学研究的最初材料。关于观察在科学研究中的重要作用，爱因斯坦曾说过：“理论所以能够成立，其根据就在于它同大量的单个观察关联着,而理论的‘真理性’也正在此。”[1]化学科学研究中的观察与日常生活中的观察相比，有其自身的特点。它是人们有目的地控制某些条件，通过自身感官或借助于科学仪器，有目的、有计划地考察研究对象，从而获得被观察事物的主观印象的一种活动方式。

（一）化学观察的特点

1. 化学观察是在化学科学理论指导下有目的、有意识的主动观察。在化学科学研究中，研究者对观察对象的选择、观察方案的设计、观察仪器的准确操作以及对观察结果的分析陈述等，都是在一定的化学科学理论指导下围绕着实现观察目的而进行的。人在观察过程中必然对外界的信息进行选择、加工和翻译，这就与人的理论背景有关。不同的知识背景，不同的理论指导，甚至不同的生活经验，对同一事物就会得出不同的观察陈述，这就是“观察渗透着理论”。正如爱因斯坦所说：“是理论决定我们能够观察到的东西。”

2. 观察始终伴随着积极的思维活动。化学观察虽然获得的是对研究对象的感性材料，但这一过程不是机械地、消极地反映对象的过程。它不同于日常生活中的随意观察，被动地接受外界事物对感官的刺激。这是因为化学观察不仅是接受信息的

[1] 许良英，范岱年. 爱因斯坦文集：第1卷［M］. 北京：商务印书馆，1976：115.

过程，同时也是加工信息的过程。观察者会自觉地把过去已有的知识和观察到的现象、过程联系起来考虑，并且使观察随着事物的变化做出相应调整，从而使观察更准确、更深入。

3. 化学观察往往要借助一定的仪器对研究对象进行专门观察。化学科学的发展很大程度上体现在对科学仪器的制作、改进和使用上。化学科学的发展表明，大量精密的自动化仪器的使用，使科学观察更加客观、严格和方便，极大地提高了观察者的观察能力，从而有力地推动了化学科学的发展。现在，在化学科学研究中自动化的测量系统与计算机配合，观察者观察到的已不是原始的图像和数据，而是经过计算机处理过的数据。这样既扩大了观察者的视野，又避免了观察者的某些主观差错。

4. 化学观察一般都要有准确、翔实的记录。化学观察的根本任务在于长期地、系统地、全面地、如实地观察自然事物，记录客观事实，统计、分析已得到的资料，为揭示自然事物和自然现象的本质和规律提供客观依据。因此，化学观察一般都要有准确、翔实的记录，以供日后继续研究、使用，而不能仅仅依靠在大脑中留下的印象。

（二）化学观察的类型

按照不同的分类标准，在化学科学研究中化学观察可分为以下几种观察类型：

1. 直接观察与间接观察。按观察进行的方式，可分为直接观察和间接观察。凭借人的感官，直接对现象或事物进行感知或描述，这就是直接观察。一些基本的化学实验现象都要借助直接观察。譬如，对于化学反应中出现的颜色变化、刺激性气味、生成沉淀、产生气体等现象，都可以通过直接观察而获得。在化学研究中进行直接观察，可以免除因中间环节的误差所造成的对观察对象认识的错误。人的感官及其功能是生物界长期进化的结果，各种感官能够接受外部物质世界的各种不同的信息，能够分辨对象的各方面属性。这是人的感官的优点。但是，由于人的感官受到本身生理条件的限制，直接观察也是有局限性的。首先，人的感官使观察的范围受到限制。例如，人的眼睛在明视距离（25 cm）时能够分辨的细小物体，大致为0.1 mm。人的眼睛只能看到400~760 nm的电磁波（可见光）；人的耳朵只能听到音频20~20000 Hz范围内的物体振动。因此，一些物质的结构或者反应根本无法直接观察。其次，人的感官局限使观察的精确性受到限制。例如，温度的感知，仅凭人的感官不可能准确地观察出是多少摄氏度。

间接观察就是利用仪器或其他技术手段对现象或事物进行观察。仪器和仪表是人的感官的延长，机器和工具是人的四肢的延长，电子计算机则是人脑功能的扩展。间接观察扩大了人们的观察范围，使人们对自然界的认识在深度、广度上都有进步。

观察作为一种发现和发明的方法，在科学技术迅猛发展的今天，借助于现代化的仪器使其如虎添翼。

例如，1985 年发现的巴基球大分子（C_{60}），就要归功于利用质谱仪进行的观察。英国赛克斯大学的化学家克罗托和瓦尔顿长期致力于星际空间不寻常分子的研究。1985 年 8 月，他们在美国休斯敦设想用几万摄氏度高温的激光轰击石墨靶，以期得到单键和三键交替出现、又长又直的氰基聚炔烃分子。他们采用先进的质谱仪仔细地进行观察，出乎意料地发现了 60 个碳原子的信号。C_{60} 的结构是什么样的？克罗托受到了建筑模型师巴克敏斯特·富勒（Buckminster Faller）为 1967 年蒙特利尔国际博览会美国馆设计的球形建筑模型的启发，设想 C_{60} 是由 20 个六边形和 12 个五边形构成的足球形结构。直到 1989 年，美国物理学家霍夫曼和克默在实验室里制得了较多的（以毫克计）的 C_{60}，并用 X 射线衍射法精确地测得了其分子结构，才完全证实了巴基球分子的存在。这是借助于现代化的仪器进行观察而获得重大科学发现的典型案例。[1]

2. 质的观察与量的观察。根据观察目的、要求的不同，化学观察可以分为质的观察和量的观察。质的观察一般把重点放在对化学研究对象的性质、特征等方面。研究者首先要对所研究对象有一个大概的了解，然后才能进一步深入地去研究它。就研究化学事物或现象来说，质的观察所涉及的是确定在什么条件（温度、压力等）下发生了什么变化，该变化与别的变化间有什么样的联系，也就是说，质的观察的目的是确认“是什么”。如：观察红磷在一瓶空气中燃烧。质的观察就是要弄清楚红磷在什么条件下与什么物质发生反应，反应中产生什么现象，生成了什么物质，等等。

量的观察不仅要确认“是什么”，还要确定该事物的数量、反应的强度和经历的时间等。量的观察是在质的观察的基础上进行的，但有时只有确定某些数量关系后，才能确定所研究的现象或事物是什么。量的观察亦称为观测或测量。在化学研究中，考察事物与现象之间的规律性，需要对各种物理量加以定量描述，因而就要采用量的观察。如：观察红磷在一瓶空气中燃烧。在瓶塞上安装一导管，将导管的一端插入水槽中，打开止水夹让水进入瓶内，观察空气体积的改变以及红磷与氧气反应的质量比，从而为定量地研究化学反应提供依据。

随着化学科学研究日益向精密方向发展，数学方法、物理方法、计算机计算进

[1] 刘宗寅，吕志清．化学发现的艺术：化学探索中的智慧聚合［M］．北京：中国海洋大学出版社，2003：59-60.

入化学研究，使化学对事物和现象的质和量的研究都取得了巨大的进步，不仅帮助人们认识物质中有哪些元素或基因，而且还认识每种成分的数量或物质的纯度，最后还要了解物质中原子之间是如何联结成分子或基团的，以及它们在空间又是如何排列的。迅速发展的分析化学就是从质和量的方面对事物或现象进行深入的观察、分析和探究的学科。[1] 随着电子技术、计算机技术的发展，化学检测水平不断提高。样品质量小于 100 μg，也能给出确切的结构信息；扫描隧道显微镜的空间分辨率达到 10^{-10} m；超短脉冲激光器使时间分辨率达到飞秒级（10^{-15} s），可以跟踪拍摄化学反应的全过程；当吸毒者体内含有 0.1 mg/kg 的四氢大麻醇，经过一个星期的代谢，血浆中含量只有 10^{-11} g/mL 时，仍能被检测出来。[2]

3. 自然观察与实验观察。按照观察手段可将化学观察分为自然观察和实验观察。

自然观察是指对在自然条件下所发生的某种化学现象或过程所做的系统的考察。如观察暴露在室外的钢铁制品如何生锈，星际分子的光谱等。

实验观察是指在人工控制的条件下，复制自然现象并在实验过程中干预现象的一种方式。化学观察大多数属于实验观察。例如，为了了解影响钢铁生锈的因素，可以把光亮的铁钉分别放在：①干燥的试管中（密封）；②全部浸泡在经煮沸的蒸馏水中（水面上再滴加植物油）；③铁钉的一半浸泡在水中，试管口敞开；④铁钉的一半浸泡在食盐水中。通过实验观察、比较，就可以发现影响钢铁生锈的原因。这比起自然观察要节省时间，能提高实验效率。

（三）中学化学课程中，学生的观察主要是直接观察，对学生观察的要求：

1. 目的明确。观察是一种有目的、有计划的知觉活动，观察的效果如何，很大程度上取决于观察目的和任务是否明确。因此，学生必须知道为什么要观察。

2. 耐心细致。观察化学实验必须全神贯注、一丝不苟，才能获得正确的观察结果。因此要防止走马观花。

3. 全面周到。化学变化常常产生多种现象，如放热、发光、发声、变色、放出气体、生成沉淀等。在观察化学实验时，要运用各种感官，对实验现象进行全面的感知。

4. 观思结合。观察是“思维的知觉”。在实验观察过程中，必须有积极的思维活动，要大胆质疑、勇于探索。

5. 做好记录。有些实验现象稍纵即逝，有些实验现象异常复杂，有些实验中会涉及较多的数据，这些都需要及时记录。

---

［1］ 王后雄．化学方法论［M］．长沙：中南大学出版社，2003：5.
［2］ 高剑南，王祖浩．化学教育展望［M］．上海：华东师范大学出版社，2001：35.

二、控制变量

影响化学反应的因素比较复杂，如温度、压力、催化剂、试剂量、溶液浓度、药品纯度、反应器大小和形状等。正因为影响化学反应的变量较多，所以进行化学实验时必须严格控制反应的条件。例如，有机合成实验，有时会因为温度、压力等条件不同，而得到完全不同的产物。乙醇在浓硫酸作为催化剂的条件下加热，在140 ℃时的主要产物是乙醚，在170 ℃时的主要产物是乙烯，在更高的温度下则会生成碳、二氧化碳等。

也正因为影响化学反应的因素众多，所以若要研究某种因素对化学反应速率的影响就必须要控制变量。例如，研究温度对化学反应速率的影响，在反应物的用量、浓度、催化剂、反应容器等其他条件相同的情况下，只要改变温度就可以知道温度对化学反应速率的影响究竟怎样。同样，若研究浓度对化学反应速率的影响，则以浓度作为变量，其他条件保持不变。

在化学课程中，要求学生能全面分析影响化学反应的各种因素，即进行变量分析，然后根据实验目的选择条件、控制变量。通常情况下只有一个自变量，通过改变自变量进行对比观察。以“蓝瓶子实验”为例说明。[1]

亚甲基蓝是一种暗绿色晶体，溶于水和乙醇，在碱性溶液中，蓝色亚甲基蓝很容易被葡萄糖还原为无色亚甲基白。振荡此无色溶液时，溶液与空气的接触面积增大，溶液中氧气的溶解量就增多，氧气把亚甲基白氧化为亚甲基蓝，溶液又呈蓝色。

$$\text{亚甲基蓝} \underset{\text{被葡萄糖还原}}{\overset{\text{被氧气氧化}}{\rightleftharpoons}} \text{亚甲基白}$$

静置此溶液时，有一部分溶解的氧气逸出，亚甲基蓝又被葡萄糖还原为亚甲基白。若重复振荡和静置溶液，其颜色交替出现蓝色—无色—蓝色—无色……的现象，这就是亚甲基蓝的化学振荡反应。它是反应体系交替发生还原反应与氧化反应的结果。由蓝色出现至变成无色所需要的时间是振荡周期，振荡周期的长短受反应条件如溶液的酸碱度、反应物浓度和温度等因素的显著影响，振荡的剧烈程度对振荡周期也有影响。要探究各种因素对此反应振荡周期的影响，就必须控制实验条件，使得实验只有一个自变量。可分别进行如下操作：

[1] 人民教育出版社课程教材研究所化学课程教材研究开发中心．化学选修6：实验化学［M］．北京：人民教育出版社，2007：5-7.

<table>
<tr><th rowspan="2">步骤</th><th rowspan="2" colspan="2">操　作</th><th colspan="2">实验现象</th><th colspan="2">振荡周期</th><th rowspan="2">结论</th></tr>
<tr><th>静置</th><th>振荡</th><th>（1）</th><th>（2）</th></tr>
<tr><td>1</td><td colspan="2">锥形瓶中加入50 mL水，1.5 g葡萄糖，逐滴滴入 8～10滴0.1%亚甲基蓝，振荡</td><td></td><td></td><td></td><td></td><td></td></tr>
<tr><td>2</td><td colspan="2">加入2 mL 30% NaOH溶液，振荡，静置</td><td></td><td></td><td></td><td></td><td></td></tr>
<tr><td rowspan="2">3</td><td rowspan="2">把溶液分别倒入两支试管，①号试管装满，②号试管只装半管，都用塞子塞好，振荡，静置</td><td>①</td><td></td><td></td><td></td><td></td><td rowspan="2"></td></tr>
<tr><td>②</td><td></td><td></td><td></td><td></td></tr>
<tr><td rowspan="2">4</td><td rowspan="2">把①号试管中的溶液分一半到③号试管中，再向③号试管中滴加2滴0.1%亚甲基蓝，塞好两支试管，振荡，静置</td><td>①</td><td></td><td></td><td></td><td></td><td rowspan="2"></td></tr>
<tr><td>③</td><td></td><td></td><td></td><td></td></tr>
<tr><td rowspan="2">5</td><td rowspan="2">把①号、③号试管置于40 ℃水中，约10 min，振荡，静置</td><td>①</td><td></td><td></td><td></td><td></td><td rowspan="2"></td></tr>
<tr><td>③</td><td></td><td></td><td></td><td></td></tr>
</table>

三、实验操作

自从 17 世纪化学进入科学阶段以来，化学实验成为研究化学的重要手段。现在化学理论有了巨大的发展，但是化学实验的地位依然如故。[1] 化学实验就是在给定的条件下以人工方式重复自然界的化学现象以达到某一目的，或在给定条件下以人工方式提供某些自然界不存在的化合物。化学实验由一系列环节构成，它包括提出实验课题、设计实验方案、进行实验操作、观察、记录、数据处理、完成实验报告等环节。因此，实验方法不仅仅是指实验操作，但实验操作技能是顺利完成化学实验的保证。

中学化学实验是最基础的化学实验，化学课程中的实验操作主要包括使用仪器的技能、使用药品的技能、仪器的装配与连接的技能等。

①学习使用下列仪器：试管、试管夹、玻璃棒、酒精灯、胶头滴管、铁架台、烧杯、烧瓶、量筒、集气瓶、漏斗、分液漏斗、容量瓶、蒸发皿、冷凝器、干燥管、滴定管、锥形瓶、药匙、镊子、托盘天平（或分析天平）、温度计、pH 计等。

②使用药品的技能包括：固体、液体药品的取用，药品使用时的安全保障，废弃药品的处理，药品的存放等。

③仪器的装配与连接技能包括：玻璃管插入橡皮塞的孔里、玻璃管套上胶皮管、

[1] 张嘉同. 化学哲学［M］. 南昌：江西教育出版社，1994：160.

用橡皮塞塞住试管、用铁架台固定试管或烧瓶、装置气密性的检验等。

④其他基本操作技能，主要包括：加热、冷却、搅拌、振荡、蒸发、过滤、称量等。

对以上实验操作的要求不宜过于机械。对学生操作的评价应该按照安全、科学、规范、熟练的重要性排序。各年级的实验操作技能要求见表5–1。

表5–1 各年级实验操作技能要求

实验操作	初三	高一	高二
1. 固体试剂的取用	2	2	2
2. 液体试剂的取用	2	2	2
3. 浓酸、浓碱的使用	1	2	2
4. 指示剂的使用	1	2	2
5. 固态和液态物质的溶解	2	2	2
6. 振荡和搅拌	2	2	2
7. 加热	2	2	2
8. 蒸发	1	2	2
9. 过滤	1	2	2
10. 倾泻		1	2
11. 层析法分离物质			1
12. 用排水法、排气法收集气体	2	2	2
13. 用量筒量取液体	2	2	2
14. 用托盘天平称量药品	1	2	2
15. 结晶		1	2
16. 气体物质的溶解、吸收		1	2
17. 升华	1	2	2
18. 配制一定溶质质量分数的溶液	1	2	2
19. 配制一定物质的量浓度的溶液		1	2
20. 中和滴定			1
21. 水浴加热		1	2
22. 目视比色			1
23. 空气冷凝（回流）			1
24. 连接简单仪器	1	2	2
25. 检查仪器的气密性	1	2	2
26. 用 pH 计测定溶液的酸碱性		1	1
27. 手持技术（各种传感器的使用）			
28. 仪器的洗涤		1	2

表中空格表示不做要求，“1”表示初步学会，“2”表示熟练。上一章中曾经讨论了科学过程技能的目标层次分为四个等级：A. 体验；B. 学会；C. 熟练；D. 自动化。这是对每一项科学过程技能的要素而言的。具体到实验技能的各方面，没有分得很细，这是考虑到便于操作。第 26 项（用 pH 计测定溶液的酸碱性）和第 27 项［手持技术（各种传感器的使用）］不做具体要求，一些有条件的学校可以酌情考虑。

第三节 做出解释阶段的技能

解释属于思维活动，旨在探明现象背后的本质，寻找事件的因果关系，发现事物发展的规律，它主要包括理性思维和逻辑思维。当然，在科学探究的各个阶段都应包含思维活动，只不过在解释阶段集中地体现了各种思维技能。

一、分类

分类就是根据事物的共同点和差异点，将事物区分为不同种类的逻辑方法。分类方法是以比较方法为基础，是比较的深化。分类的过程是先通过比较识别出事物之间的共同点和差异点，然后把具有共同点的事物归为较大的类，再根据差异点将事物划分为较小的类，从而将事物区分为具有一定从属关系的不同等级的系统。目前，人们所知道的化学元素有一百多种，所知道的化学物质有三千多万种，化学物质之间所发生的化学反应更是不计其数。正因为化学研究的对象纷繁复杂，所以分类在化学学科中显得尤为重要。中学化学课程对学生分类技能的要求是：理解分类原则，掌握基本的分类方法。

（一）理解分类原则

1. 同一性原则。在同一分类过程中，要根据同一个标准进行分类，否则就会出现界限不清、子项模糊等错误。例如，把酸分为强酸、中强酸、弱酸、一元酸、二元酸、三元酸、含氧酸、无氧酸、无机酸、有机酸等，就将多种标准混为一谈。所以在化学分类中应力求选择一种合适的本质分类标准，然后在整个分类过程中始终坚持，不能任意更换。

2. 相称性原则。分类必须相称，即划分所得的各子项之和必须与被划分的母项正好相等，否则就会出现分类过宽或过窄的逻辑错误。例如，化学中的酸就可以分为含氧酸和无氧酸两大类。18 世纪，拉瓦锡把酸都归为含氧的一类物质，出现了分类过窄的错误，使 HCl、H_2S、HCN 等许多无氧酸被排挤出酸类之外，这就造成分类的子项之和小于母项的错误。

3. 层次性原则。分类必须按照一定的层次逐级进行。否则，就会出现越级划分的逻辑错误。例如，对化学物质进行分类，如果分为元素、酸、碱、盐、有机物……就显得非常混乱，犯了越级划分的逻辑错误。

（二）掌握基本的分类方法

由于化学所研究的客观对象（物质）种类繁多，客观对象本身有多方面的属性，这些对象之间又有着多方面的联系，所以化学中的分类也有多种不同的标准。中学化学课程要求学生学习掌握现象分类方法和本质分类方法，重点是本质分类方法：

1. 现象分类方法，即依据事物的外部特征或外在联系所进行的分类方法。如固体、液体、气体，红色物质、银白色物质等。需要注意的是，现象分类虽然比较直观、简单，但它不能反映事物的本质，有可能把本质上相同的事物归为不同类，也有可能把本质上不同的事物归为同类。例如，氟、氯、溴、碘在结构与性质方面应属同类元素，但从物态上进行现象分类，则它们会被分别归到气体、液体和固体这些不同的类别之中。

2. 本质分类方法，是根据事物的本质特征或内部联系所进行的分类方法，又称自然分类方法。例如，酸、碱、盐，氧化性和还原性，金属和非金属，有机物和无机物，等等。由于本质分类是按照研究对象的本质属性或重要特征，将它们分门别类、编组排队，因而，可以从中推测或找出研究对象的一般的、有规律的联系。这种分类方法学生应该重点掌握。

二、归纳

归纳的基本推理过程是“由个别到一般、由事实到概括”。无论是实验方案的设计，还是实验结果的整理，都在一定程度上表现出了这样的过程。因此，化学鲜明的实验性特点决定了归纳在化学研究中的重要作用。实验设计虽然是一种创造性活动，但它并非凭空产生，而是直接根植于对已有实验的广泛借鉴和归纳。拉瓦锡就是在总结了当时的许多燃烧实验之后，才提出较新的实验方案，进而提出氧化燃烧理论的。实验的目的是搜集表现事物本质的现象。在化学实验中，由于实验条件的限制，其结果也可能以不同的形式出现。当通过归纳，由事实到概括，可抽象出共同点，进而上升为本质规律。1787 年，拉瓦锡在对某些酸进行研究的基础上，运用归纳得出结论，认为酸是一种含氧的化合物；接着，阿伦尼乌斯基于更多的实验事实，进行归纳，提出了经典的酸、碱概念；不久，布朗斯特和劳瑞又在他们的基础上进一步归纳，提出了酸、碱的质子概念；到 1923 年时，路易斯指出，酸是能接受电子对的任何物质，碱是能给予电子对的任何物质。路易斯酸碱理论是对酸碱化合物的较为全面的归纳，是比较接近于本质的概括了。[1]

---

［1］ 中国自然辩证法研究会化学化工专业组，《化学哲学基础》编委会．化学哲学基础［M］．北京：科学出版社，1986：341.

对于归纳，我们应该辩证地看待。首先，作为经验方法的实验和作为理性方法的归纳，在时间先后顺序上，并不是机械地前者先、次者后。它们在具体的研究中，有时表现为边实验边归纳；有时是先归纳后实验，即先预想实验可能出现的结果，再进行归纳，然后以实验证明之。其次，通过归纳所得到的结果并非必然正确。必然性的产生只是在研究对象的全体被把握之后，才是完全归纳。然而一般情况下这是不可能的，对事实的不完全归纳是常有的。实践证明，运用不完全归纳所得到的结论往往是或然的，所以归纳的结果常以假说的形式出现。再次，归纳的过程不是单一的，要想使归纳的结果获得较大概率的正确性，必须在归纳中辅以分析、比较等其他逻辑方法。

（一）化学研究中的归纳方法

1. 静态归纳。它是对同时存在的，且具有平行关系的对象的归纳。门捷列夫发现元素周期律时，所运用的归纳可属这一类。到 1869 年人们已经发现了 63 种化学元素，并且对它们的原子量和化学性质也有了较深入的认识，这是门捷列夫得以归纳的基础。归纳中，他没有注重或者根本不考虑这些元素的制得过程和认识过程，而是着眼于元素的现状和同时存在。他根据单质的比重、熔点等与元素原子量的周期函数关系，归纳出元素的性质与其原子量有着周期性的函数关系。同样，化合物的性质与原子量亦有这种关系。可见，静态归纳是比较简单的归纳，也可称为形式的归纳。它所涉及的个别和一般的关系是“客观世界中个体与种、种与属的关系。这种个别和一般是同时存在的，不涉及被研究对象的发展过程或发展阶段的关系”。[1]

2. 动态归纳。它是对先后出现的实验现象发展的归纳。碳四面体构型假说的提出所运用的归纳便是这一类型。19 世纪初，法国化学家毕奥发现了某些天然有机物的旋光性，提出了旋光性与什么相关的问题；40 年代，巴斯德根据对某些有机晶体的研究，怀疑半面晶的存在是产生旋光性的原因；60 年代，威利森努斯根据对乳酸等的研究，指出旋光性可能产生于原子在空间的不同排布。在这前后，也有人试图从原子的平面排布来说明旋光性。最后是范霍夫总结前人的实验，肯定了旋光性与空间结构的关系，并提出了碳四面体构型假说。这是一个逐步归纳的过程。动态的归纳是一种辩证的归纳，它所涉及的个别和一般的关系较为复杂，“不表现个体与类或种与属的关系，而表现对象的发展过程的不同发展阶段的关系，即低级

[1] 中国自然辩证法研究会化学化工专业组，《化学哲学基础》编委会．化学哲学基础［M］．北京：科学出版社，1986：342.

阶段和高级阶段的关系”。动态归纳所得到的结果比静态归纳具有更大的必然性。[1]

此外，归纳方法还可以分为完全归纳和不完全归纳。完全归纳是根据某类事物的全体对象做出概括的推理方法。但是，在科学研究中采用的归纳法一般是不完全归纳法，即根据一类事物的某些个别现象具有某种属性而做出概括的推理方法。它的特点是由部分推论到整体，结论所断定的范围超出了前提所断定的范围。由于客观对象多方面的复杂性，因此不完全归纳法的结论就具有一定的或然性。例如，人们根据硫酸、硝酸、磷酸、硼酸等都含有氧元素的特点，推出一切含酸物质都含氧的结论。舍勒首先制得了氯气，但他却认为这种气体中一定含有氧，就是受到错误认识的影响。后来，人们发现无机酸中就存在着像盐酸、氢氟酸等不含氧的酸，才证明过去的猜测性推论“酸中必含氧”的结论是错误的。

归纳的基本推理过程是“由个别到一般、由事实到概括”。[2]无论是实验方案的设计，还是实验结果的整理，都在一定程度上表现出了这样的过程。因此，化学学科鲜明的实验性特点和经验性特点决定了归纳在化学研究中的重要作用。[3]通过归纳，由事实到概括，可抽象出共同点，进而上升为本质规律。

（二）中学化学课程对学生归纳的要求

1. 认识归纳的重要作用和它的局限性。譬如，人们通过对一些酸的性质归纳出酸的通性，有利于认识酸类物质的性质。但是，化学中的归纳绝大多数都是不完全归纳，结论具有一定的或然性，必须清楚归纳结论的适用条件。在化学史上，人们曾经根据硫酸、硝酸、磷酸、硼酸等都含有氧元素的特点，推出一切含酸物质都含氧的结论。这就是不完全归纳所导致的错误结论。

2. 在已有事实的基础上进行归纳。归纳不能靠臆测，也不同于猜测和想象，它是建立在一定的事实基础上的。譬如，提供给学生元素的原子半径数据，要求学生归纳同一周期或者同一族元素原子半径的变化规律，根据元素原子半径的变化、元素主要化合价的变化以及元素的电离能的变化等，归纳出元素的性质随着原子序数的递增而呈周期性变化的规律。

三、演绎

演绎和归纳在化学研究中往往是相伴而生，如影随形。化学研究的基本过程是：

[1] 中国自然辩证法研究会化学化工专业组，《化学哲学基础》编委会. 化学哲学基础 [M]. 北京：科学出版社，1986：342.
[2] 尤金. 简明哲学辞典 [M]. 北京：三联书店，1973：708.
[3] 中国自然辩证法研究会化学化工专业组，《化学哲学基础》编委会. 化学哲学基础 [M]. 北京：科学出版社，1986：340.

实验—假说—理论—指导合成新化合物（新的实验），这一过程的本质就是从个别到一般再到个别。化学研究的基本途径决定了归纳、演绎需要串联使用。

演绎是指这样的推理过程：从一大类属关系出发，推出某一具体的种，也即由一般推出个别。它是建立在这样的客观基础之上的，一般寓于个别之中，一般也包含了个别，某一大类所具有的属性，该类中的某一种必然会有。典型的演绎推理是直言“三段论”，即由大前提、小前提和结论构成。大前提是已知的一般原理，小前提研究的是特殊场合，结论是一般原理应用于特殊场合所得出的新知识。譬如，大前提：凡是有化合价变化的化学反应都是氧化还原反应；小前提：铜与浓硫酸的反应中有化合价的变化；结论：铜与浓硫酸的反应属于氧化还原反应。

学生要进行正确的演绎，关键在于对前提条件的掌握。由于化学研究中的归纳在很多情况下是不完全归纳，是建立在有限事实基础上的近似归纳，得到的是经验规律，这就决定了很多经验规律本身不是非常的严格，以此进行演绎推理就可能发生错误。譬如，“同一周期从左到右原子半径逐渐减小”，此前提本身就有例外的情况，氟原子半径（150 ~ 160 pm）就比氧原子半径（150 pm）大[1]；“同一主族从上到下元素的单质密度逐渐增大”也有例外的情况，钾的密度（0.86 g/cm^3）就比钠的密度（0.97 g/cm^3）小。[2]“规律皆有例外”这句话用来说明化学经验规律尤为贴切。掌握化学经验规律，同时也清楚规律的“例外情况”，这是由化学学科特点决定的一种学习化学的方法。

学生在演绎推理时经常犯的错误在于对大前提理解错误或大前提本身有局限性。以下试举几例说明。例如，有的学生写锌和硝酸的反应方程式时，在反应产物中写了氢气。缘何如此？是因为他熟记了“金属活动性顺序位于氢前面的金属能把酸中的氢置换出来”的结论。他不知道此处的酸指的是“非氧化性酸”，而“非氧化性酸”指的又是酸根的非氧化性，而不是酸电离出来的 H^+的非氧化性。这是对大前提本身没有理解透彻造成的推理错误。再如，有的学生认为氯酸钾加热分解的反应不是氧化还原反应，原因是他认为氧化还原反应中必须要有氧化剂和还原剂，也就是说要有两种物质参加反应，他不知道一种物质既可以是氧化剂也可以是还原剂。他之所以会有这种根深蒂固的想法，是因为教师在讲氧化还原反应时写过一个“通式”：氧化剂＋还原剂→氧化产物＋还原产物。这是教师归纳的“通式”存在局限性造成学生的推理错误。在教学实践中，有不少经验丰富的教师经常会总结一些

[1] 金安定．高等无机化学简明教程［M］．南京：南京师范大学出版社，1999：605.
[2] 人民教育出版社化学室．化学・必修・第一册［M］．北京：人民教育出版社，1990：90.

经验规律以帮助学生记忆，这种做法本身是没有问题的，但是务必要注意总结的经验规律的准确性。另外，既然是经验规律总有它的适用范围，教学中不能把经验规律教条化，否则会造成学生错误的理解。大前提发生了错误，演绎推理要不错都难。

当然，学生在小前提上出错的情况也时有发生。例如，有的学生这样推理：原子晶体的硬度大，石墨属于原子晶体，所以石墨的硬度大。显然，此推理的错误在于学生对石墨的晶体类型的判断有误。而实际上石墨属于混合型晶体。

综上所述，培养学生演绎推理的关键是让学生掌握概念及其关系。但是，需要注意的是，某些化学概念的定义并不是很严密，尽管演绎推理的过程是正确的，结论却不一定正确。譬如，有的人根据定义“在水溶液里或熔融状态下能导电的化合物是电解质”做出演绎推理：酸盐不是化合物，而是混合物，所以盐酸不是电解质；应该说氯化氢是电解质，酸盐只能说是电解质溶液。同样，根据定义“在水溶液里电离出来的阳离子全部是氢离子的化合物叫酸”，可以推论出“盐酸不是酸，因为盐酸不是化合物，只能说氯化氢是酸”的结论。显然，结论是十分荒唐的。所以，对化学概念的把握要清楚哪些是严密定义，哪些是非严密定义。

四、分析

分析是把客观对象的整体分解为一定部分、单元、环节、要素并分别加以认识的思维方法。[1] 分析方法的特点是从事物的各种现象和属性深入事物的内部，弄清其内部结构，了解其基本特征，把握其内在关系，从而揭示事物的本质和规律。分析是思维的“解剖刀”，将事物在头脑中进行隔离、切割，是深层次认识事物本质的重要方法。

分析的方法在化学科学的发展中起着非常重要的作用。英国化学家波义耳（R. Boyle，1627—1691）在他的《怀疑派的化学家》一书中写道：“化学的目的是认识物体的结构，而认识的方法是分析。”他正是运用了分析的方法而提出科学的元素概念。直到现在，分析方法仍然是化学科学研究的重要方法。我们要研究一种物质，就要分析它是由哪些元素组成的，它的化学式是什么，分子的结构是怎样的。

化学中的分析方法，有通过实验手段的物质分析和借助思维过程进行的理论分析两类，两种手段相辅相成。用实验手段可以把复杂的物质分离开来，从而可以了解其组成、结构等；可以把复杂的化学反应过程分解为许多步基元反应来研究，了解其反应历程，从而深入认识反应的本质规律；也可以从化学反应的复杂联系中抽

[1] 李建珊. 科学方法纵横谈［M］. 郑州：河南人民出版社，2004：107.

取出某一因素进行单独考察，如具体考察温度或压力对反应速率的影响等。通过这样的实验分析，人们可以获取大量的感性材料，为思维中的理论分析提供客观依据。随着化学的飞速发展，运用逻辑方法进行理论分析日趋重要。例如，人们在找矿过程中发现，有铌必有钽，有钽必有铌，两种元素形影不离，是共生矿。化学工作者通过实验了解到铌和钽两种元素的性质很相似，但单凭实验分析找不出原因，这时就需要运用思维分析的方法。铌的价电子结构是 $4d^45s^1$，钽是 $5d^36s^2$；铌的原子半径是 1.43（$\times 10^{-10}$ m，下同），钽的是 1.43；铌的离子半径是 0.69，钽的是 0.68。铌和钽的内部结构十分相似，它们的性质就极为相似，因此，它们在自然界里总是相伴而生。

化学中常用的基本分析方法有定性分析法、定量分析法、结构分析法、因果分析法、比较分析法、分类分析法，以及在物理化学、结构化学，尤其是量子化学中经常使用的数学分析法等。[1]需要注意的是，分析方法也有局限性。其缺陷主要表现在它割裂事物的整体联系，只着眼于局部的研究，这样容易使人的思维限制在狭小的范围内，养成一种孤立地、静止地、片面地看问题的习惯；另外，运用分析方法研究事物，一般只能获得对事物的各个组成部分或因素的局部了解，不易认识事物的整体。黑格尔曾经用剥葱来生动地比喻分析方法的不足。他说："用分析方法来研究对象就好像剥葱一样，将葱皮一层一层地剥掉，但原葱已不存在了。"[2]因此，我们在认识事物时不能片面地强调分析方法，必须在分析的基础上进行综合，在综合指导下进行分析。恩格斯曾指出："思维既把相互联系的要素联合为一个统一体，同样也把意识的对象分解为它们的要素。没有分析就没有综合。"[3]人们的认识就是在分析—综合—分析—综合的循环过程中不断前进的。

中学化学课程重点要求学生学习思维分析的技能。具体要求如下：

1. 定性分析。定性分析是判定研究对象是否具有某种成分或某一方面的属性。化学课程中的定性分析，主要是鉴定一种物质和鉴别一组物质。

2. 定量分析。定量分析是判定研究对象各种成分的数值以及各成分之间的数量关系。化学课程中，主要是给出现成的数据让学生进行分析。

3. 功能分析。功能分析是判定物质成分的某种结构与某种特性之间的确定性关系。结构决定性质，性质反映结构。化学课程要求学生对一些重要的、典型的物质

[1] 王德胜. 化学方法论［M］. 杭州：浙江教育出版社，2007：103.
[2] 鲍健强. 科学思维与科学方法［M］. 贵阳：贵州科技出版社，2002：95.
[3] 恩格斯. 反杜林论［M］. 中共中央马克思恩格斯列宁斯大林毛泽东著作编译局，译. 北京：人民出版社，1970：39.

结构与性质的关系有所认识。尤其是在有机化学的学习中，在熟悉各官能团性质的基础上，能通过有机物的结构分析其性质，或根据性质推断其结构。

五、类比

类比是根据两个事物在某些方面相同或相似的性质，推出它们在其他方面可能有相同或相似性质。在形式逻辑中，类比是指在同类或相近的事物之间的比较，它根据两个类似的对象在某些属性上相同而推出它们在其他属性上也可能相同的结论，即如果对象 A 有属性 a，b，c，d，对象 B 有属性 a，b，c，那么就可以得出对象 B 也可能有属性 d 这一结论。类比在科学研究中的作用，正如哲学家康德所言："每当理智缺乏可靠论证的思路时，类比这个方法往往能指引我们前进。"就逻辑意义而言，类比可分为演绎类比和归纳类比两种。如果对要比较的事物都已经了解，只需找出它们已知特征间的相似性，就可进行演绎类比。例如，电子具有绕自己轴心旋转的特性，地球也有绕自己轴心旋转的特性，这样我们就可以通过电子与地球的参数类比，对电子的本征角动量进行近似的描述。如果两个物体之间已经存在一些相似的特性，则可借助归纳类比，推论它们除已知相似性外，还可能存在我们尚未认识的相似特性。例如，铜是一种金属，有金属光泽，有延展性，易传热，有导电性；锂也是一种金属，有金属光泽，有延展性，易传热，因此，锂也具有导电性。[1]

化学研究中运用类比思维做出创造性贡献的典型案例莫过于发现"惰性气体"的化学性质。

1962 年，巴特列（N. Bartltt）通过实验发现强氧化性的 PtF_6 可将氧分子氧化成六氟铂酸二氧基 $O_2^+[PtF_6]^-$，他想到 O_2 失电子呈正电十分不易，电离能为 1175.7 kJ · mol^{-1}（$O_2 \rightarrow O_2^+ + e$），而"惰性"元素氙的电离能为 1171.5 kJ · mol^{-1}（$Xe \rightarrow Xe^+ + e$）。另外，从 O_2 和 Xe 的半径近似相等，可估计出 O_2^+ 和 Xe^+ 的半径大致相等，$O_2^+[PtF_6]^-$ 和 $Xe^+[PtF_6]^-$ 的晶格能大小也相近。由此，巴特列大胆类推：PtF_6 也能将 Xe 氧化，使之形成特殊的化合物 $XePtF_6$。当他将 PtF_6 蒸气与过量的 Xe 于室温下混合时，立即生成一种橘黄色的晶体，经 X 射线分析，该化合物的确为 $XePtF_6$。这是人类首次合成的"惰性"元素的化合物，从此结束了"惰性"元素无化学活性的经典观念，"稀有元素"很快取代了"惰性元素"一

[1] 王德胜．化学方法论［M］．杭州：浙江教育出版社，2007：95.

词，稀有气体化学研究得到了迅速发展。[1]

在化学课程中培养学生类比思维的技能，不但可以帮助他们理解有关化学概念，而且可以提高他们解决问题的能力。譬如，关于化学平衡的移动，可以将其类比为一个盛有水的U形管，U形管的一端加入水或者吸去水时水面的变化情况。再如，三硼三胺（$B_3N_3H_6$，俗称无机苯）的分子结构与苯相似，让学生推测其化学性质，并说出其二氯代物的数目。此问题的解决就是将陌生的三硼三胺与熟悉的苯进行类比。

需要注意的是，与其他的逻辑方法相比，类比的创造性最大，但是可靠性最差。类比推断的结论很可能正是两个对象的差异点，所以，类比推论带有或然性。譬如，Fe_3O_4 与 HCl 反应的产物是 $FeCl_2$ 和 $FeCl_3$，有的学生将 Pb_3O_4 与 HCl 反应的产物写成 $PbCl_2$ 和 $PbCl_3$，这个类比显然是错误的，因为 Pb 的化合价是＋2 和＋4，而 Fe 的化合价是＋2 和＋3。所以，要求学生在学习使用类比的同时，也要了解类比有可能产生的问题，防止不当的类比。

六、建立模型

模型方法是化学研究中广泛采用的方法之一。所谓模型方法就是通过研究模型来揭示原型（即被模拟的对象）的形态、特征和本质的方法。[2]模型方法的优越性在于它能简化和理想化地再现原型的各种基本因素和基本联系，略去次要的、非本质的细节，能使研究者充分地进行想象、抽象和推理。从原型获得的信息重新加以组合，形成新的图形的、符号的或概念的模式，突破人们感官的界限和时空的局限性，帮助研究者在思维中把握原型的内在机制。[3]

（一）化学模型的类别

在科学研究中，科学模型的种类很多，按照模型反映和代表原型的方式，模型可分为物质模型和思想模型两大类。所有人工制造用作模型或直接利用天然物作为样本的物质系统，都是物质模型。例如，化工生产设备模型、分子和晶体结构彩色球模型等。物质模型可以为学生提供大量的立体形象，从而帮助学生理解物质结构的空间关系。[4]

[1] 王祖浩．类比思维与化学问题解决［J］．化学教学，1996（6）：24-25.

[2] 刘元亮，姚慧华，寇世琪，等．科学认识论与方法论［M］．北京：清华大学出版社，1987：421.

[3] 孙小礼．现代科学的哲学争论［M］．北京：北京大学出版社，2003：196.

[4] 《化学方法论》编委会．化学方法论［M］．杭州：浙江教育出版社，1989：195.

当学生接触到大量的物质模型以后，头脑中便贮存了丰富的表象，以丰富的表象为基础,加上大脑的想象就可以进行思维操作,形象思维能力由此得到发展。例如，有机化学的学习中，学生感到困难的是学习有机物的分子结构，如果在教学中恰当利用球棍模型、比例模型，让学生通过观察认识有机物的立体结构、同分异构现象和写出有机物的结构式、结构简式，有利于帮助学生了解分子的立体结构和原子间的相对位置，从而更充分地认识物质结构与物质性质之间的关系。近年来，由于信息技术的发展，在化学教学中多媒体技术得到广泛应用。利用计算机软件，如用 3D MAX、ChemSketch 等制作分子立体模型和晶体结构模型，用 Flash、Authorware 等模拟化学反应的微观过程或者化工生产流程，这些也属于物质模型的范畴。

思想模型是以思想映象的形式由研究者在思维中形成的，存在于研究者头脑中的，并由研究者进行的思想操作、变革和实验。理想模型是一种思想模型，它是以高度简化和纯化的，即理想化的形态再现原型的某些特征，因此也可称之为理想化方法。它突出地再现、反映原型的主要矛盾或主要特征，而完全忽略了它的其他矛盾和特征。在化学中建立和应用理想模型具有十分重要的意义。它可以使研究工作大为简化，从而比较容易地发现事物（原型）的近似规律。例如，理想气体模型完全忽略了气体分子的体积和分子间的作用力,突出反映气体分子的热运动这一性质。气体摩尔体积、阿伏伽德罗定律等，都是只适用于理想气体。理想晶体是指在三维空间按点阵式的周期性无限伸展的晶体，它突出反映了晶体内部的有规则的空间点阵式结构，而完全忽略了实际晶体体积的有限性，晶体内粒子的运动以及各种晶体缺陷等复杂性质。此外，电解质溶液理论关于弱电解质的部分电离模型，化学动力学中的活化络合物模型等也都属于理想模型。

按照思想模型与原型相似的程度和直观性的大小，思想模型可进一步分为四类：形象模型、符号模型、形象符号混合模型、数学模型等。形象模型的特点是以一定的形象或图像反映原型的结构、性质和机制，这种模型好像是原型的简化图画。例如，原子的行星式结构模型，氢原子轨道角度分布图，各种化学键模型，反映晶体结构的粒子空间分布模型等。符号模型的特点是用专门的符号来表示原型的元素及其相互关系。符号的选择不是以相似性为前提，而取决于使用的方便，而且是约定俗成的。例如，以化学符号——分子式、电子式、结构式、化学方程式等表示的各种模型，就是符号模型的典型例子。形象符号混合模型如原子结构示意图、离子结构示意图等。数学模型是针对所研究的具体事物的数量特征或数量相依关系，采用形式化的数学语言，近似地表达出来的一种数学结构。它具体表现为一组数学关系式或一套具体的算法。[1]在化学科学研究中运用数学模型做出重要贡献的例子不胜枚举。首位诺贝尔化学奖得主荷兰化学家范霍夫（J. H. Van' t Hoff，1852—1911）建立了化学平衡的化学反应等温式：$(\Delta Z)_{T,P}=-RT\ln K+RT\ln Q_a$，式中 ΔZ 为吉氏函数改变，Q_a 是任意指定始、终态的活度商。这就是一个数学模型，据此可以确定在指定的始态和终态下，该化学反应的方向。阿伦尼乌斯（S. Arrhenius，1859—1927，瑞典）提出活化分子的假说，并建立数学模型：$k=Ae^{-q/RT^2}$，其中 k 为反应速度常数，A 为频率因子，q 为活化能。这个模型描述并揭示了化学反应速度与温度的关系，使化学动力学理论迈过了一道具有决定意义的门槛。[2]化学研究中运用数学模型要做三步工作：建立化学数学模型、对模型计算求解、对数学解的解释说明等。目前，由于电子计算机技术的发展，电脑可以进行相当复杂的计算，因此数学模型在化学研究中的作用将会越来越重要。

（二）中学化学课程中对学生建立模型技能的要求

模型方法看似高深，其实不然，因为模型有不同的类别以及不同的水平层次。建立模型（简称建模）就是建立对于现实世界的事物、现象、过程或系统的简化描述，或对其部分属性的模仿。中学化学课程属于基础性课程，对相对显得高深的数学模型一般不作要求。根据中学生的心理发展特点，化学课程要求学生理解并能建立简单模型还是可以做到的。具体要求如下：

1. 物质模型。主要包括：分子的球棍模型和比例模型，化工生产设备模型等。在初中化学课程中，一般对分子的空间结构内容不作要求，可以要求学生制作净水装置、简易灭火器等。高中化学课程应该要求学生制作或者组装某些分子结构模型、晶体结构模型等。

2. 符号模型。主要包括分子式、经典结构式、电子式、原子结构示意图、化学方程式等。具体要求见表达技能。

3. 理想模型。中学化学课程中的理想模型主要包括理想气体模型和理想晶体模型等。建立理想模型需要运用抽象思维，对于学生来说有一定的难度，但也并非高不可攀。以下试举一例说明。

化学平衡的内容一直是中学化学教学中的一个难点，原因在于化学平衡概念本身比较抽象且平衡体系中的关系比较复杂。建立理想实验的模型则可使抽象的问题形象化，使很多难点迎刃而解。如下例所示：

在一定条件下，向一固定容积的密闭容器中充入 1 mol NH_3，达到平衡后，测

[1] 胡志强，肖显静. 科学理性方法［M］. 北京：科学出版社，2002：139.
[2] 《化学发展简史》编写组. 化学发展简史［M］. 北京：科学出版社，1980：229.

得 NH_3 的体积分数为 $m\%$。若其他条件不变，在上述容器中充入 2 mol NH_3，达到平衡时 NH_3 的体积分数将__________（填 >、= 或 <）$m\%$。

分析：假设如下一系列体系模型，一定条件下，在一个正中间有隔板的容器中两室各充入 1 mol NH_3，达到平衡时各室中的 NH_3 为 a mol，H_2 为 b mol，N_2 为 c mol，现在把两个容器中的隔板抽掉，则容器中的 NH_3 为 $2a$ mol，H_2 为 $2b$ mol，N_2 为 $2c$ mol，因为压力不变，所以平衡保持。再把气体体积压缩为原来的 1/2，相当于给体系加压，因此，平衡向生成 NH_3 的方向移动，填“>”。

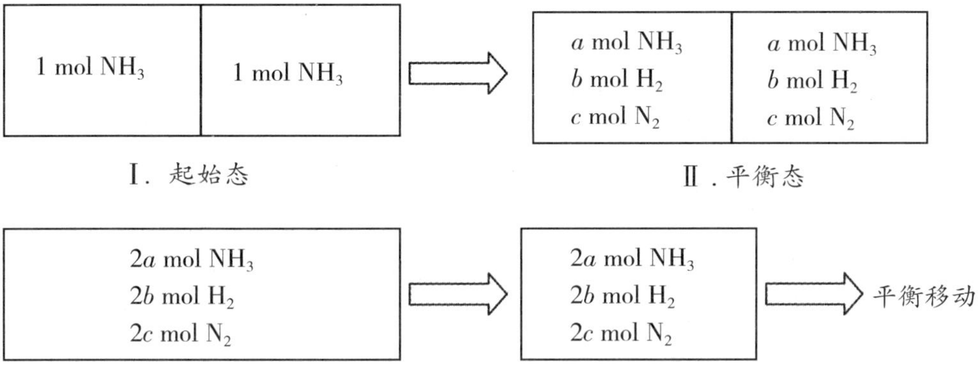

Ⅰ. 起始态　　Ⅱ. 平衡态

Ⅲ. 相当于加压

可以看出，体系Ⅲ相当于对体系Ⅱ进行加压。根据平衡移动原理，NH_3 的体积分数将增大。

化学课程中，对于学生建立模型技能的要求应该符合学生的心理发展水平。不同的阶段应该提出不同的要求。对于初中学生，刚开始学习化学，不能要求他们深入到微观结构去认识理解化学知识，因此分子结构模型不作要求，只能要求他们根据所学的化学知识模仿制作一些宏观的设备装置。而且，初中生的抽象思维能力还正在发展之中，对于理想模型也不宜提出要求。对于高中学生，学习必修模块《化学 1》和《化学 2》时，可以要求他们观察物质模型，学习理解理想模型的基本思想；学习《化学与生活》《化学与技术》课程模块时，要求他们制作模拟生活和生产的某些设备装置；学习《有机化学基础》《物质结构与性质》课程模块时，要求他们能制作或组装有机物的分子结构模型、晶体结构模型；学习《化学反应原理》时，要求他们能够建立理想气体模型，能够建立思想实验模型解决一些简单的化学平衡问题。

第四节　结论与反思阶段的技能

结论与反思阶段的技能主要包括观察与实验所得的数据资料的处理，探究结论的表达，同学之间的交流以及自己的反思等方面。

一、表达

著名哲学家恩斯特·卡西尔把人定义为“符号的动物”，他说：“符号化的思维和符号化的行为是人类生活中最富有代表性的特征，并且人类文化的全部发展都依赖于这些条件，这一点是无可争辩的。”[1]“没有符号系统，人的生活就一定会像柏拉图著名比喻中那洞穴中的囚徒，人的生活就会被限定在他的生理需要和实际利益的范围内，就会找不到通向‘理想世界’的道路——这个理想世界是由宗教、艺术、哲学、科学从各个不同的方面为他开放的。”[2]符号是人类认识世界、描述世界、改造世界的标记物，因而也是人们认识化学运动、描述化学运动、应用化学运动的标记物。

在符号学中，“符号”是一种广义的概念。语言是一种符号集，它是人们交流的工具，也是人们思维的工具。在漫长的化学研究历史过程中，为了思维和交流的需要，化学家共同体逐渐形成了世界统一的化学语言。化学语言的书面形式有文字和符号（这里指狭义的科学符号）两种类型。文字形式的化学语言，主要是各种化学物质、化学状态、化学反应、化学过程、化学操作、化学仪器等概念的名称，即各种化学术语组成的系统。[3]化学符号是化学学科特殊的语言，即化学用语。它具有简明直观、概括力强、表达确切等优点。化学符号按其形式可以分为两类，一类是字母符号或以字母符号为基础的符号，另一类为图式符号和图形符号。从功能上可以把化学符号分为实体符号、状态符号、结构符号、条件符号、效应符号等。实体符号包括元素符号和化学式；状态符号表明物质所处的状态，如 l（液态）、g（气态）、s（固态）；结构符号准确地反映物质内部各组成单位之间的空间关系，主要是分子内原子间的空间关系；条件符号表示化学反应的具体条件，如“△”表示加热等；

[1] 卡西尔．人论［M］．甘阳，译．上海：上海译文出版社，1985：35.
[2] 同［1］52–53.
[3] 王德胜．化学方法论［M］．杭州：浙江教育出版社，2007：73.

效应符号表示与化学变化相伴随的宏观效应，如“↓”表示沉淀等。

化学课程中对学生表达技能的要求，除要达到准确、简明、清晰等一般的语言表达要求之外，还要体现化学学科的特点：

1. 正确地使用化学用语。化学用语包括元素符号、化学式、化学方程式、化学图式等。化学用语与化学事物是“名”与“实”的关系，“名副其实”是学习化学用语的首要要求。另外，化学概念是对化学事物间接的和概括的反映，所以化学用语不仅代表化学事物，还蕴含着特定的化学概念。要正确地使用化学用语，必须建立在对化学概念理解的基础上。化学用语虽以符号来表示，但实践证明只有将化学符号与宏观现象、微观结构紧密联系起来，学生才能真正地掌握化学用语。因此，衡量学生掌握化学用语的水平，不能仅仅看其是否能够识记，而更应看其是否掌握化学符号的意义。

2. 正确地使用化学术语。中学化学课程中的化学术语也有很多，诸如实验操作中的加热、萃取、蒸发、蒸馏、过滤、振荡等。化学术语是化学学科的“行话”，正确地使用化学术语是严谨规范的表现。需要注意的是，有些日常口语虽然通俗易懂，但是不能用来代替化学用语，如将加热说成是“烧一烧”“烤一烤”，将振荡说成是“摇一摇”“晃一晃”等，虽然意思大家都能理解，但是显得很不严谨。

3. 能够完成规范的实验报告、调查报告，能够撰写小论文或者科学小品文。这些需要综合运用化学术语、化学用语及一般语言。要求目的明确、条理清晰，用词准确、表达流畅。

4. 能够运用现代信息技术进行表达，譬如制作网页、演示课件、动画等。（一般学校不作要求，一些有条件的学校可以提出此项要求）

二、交流

建构主义理论认为，每个人都是基于自己已有的经验或者是认知结构建立起对当前事物的理解，由于每个人的知识背景不同，认知结构有异，对事物认识的层面、角度有别，因此观点就会异彩纷呈。而通过相互交流讨论，彼此分享观点，相互借鉴，取长补短，就可能去除偏见，达成共识。集体的智慧具有无穷的力量。事实上，交流和讨论是当今科学研究所必不可少的活动。当今的科学研究，已经很少有个体户式的孤军奋战，绝大多数都是团体合作研究。而且研究成果要得到同行认可也必须进行学术交流，因此交流是科学研究活动中必不可少的一项技能。

以往的化学教学以教师向学生单向的知识传输为主，师生之间交流较少，学生之间的交流就更少。目前，在新课程精神的指引下，合作学习逐渐引起广大教师的关注。而合作学习的核心环节就是交流，因此，培养学生的交流技能也是有效开展合作学习的基础。

交流的方式有多种，有语言交流和非语言交流，语言交流还可以分为书面语言交流和口头语言交流。化学课程对学生口头语言交流技能的要求是：

1. 能清楚地表达自己的观点，正确使用化学用语、化学术语，表达层次清楚，重点突出，符合逻辑。

2. 能为自己的观点进行合理的辩护，辩护要有理论和事实依据。有理不在声高，阐述观点及为自己的观点辩护时应该温文尔雅，不应该大呼小叫。

3. 能认真倾听别人的意见，不轻易打断别人的发言。交流应该民主平等，大家都有机会发表自己的观点，课堂不能成为个别人的一言堂或被少数人垄断。

4. 当别人的意见和自己的一致时，应点头赞许；当别人的意见与自己的不同时，应积极思考。如果发现是自己错了，应该虚心接受，不可强词夺理；如果发现是别人错了，应该有礼貌地指出，不可咄咄逼人，得理不饶人。

5. 交流如果能达成共识当然很好，如果存在分歧，应该保留自己的观点。因为很多问题的解决途径不是唯一的，也许两种观点都是合理的，也许两种观点都有片面性。

三、数据处理

一般认为，只有当一门科学达到了定量研究的阶段，才真正称得上是科学。17世纪以后，人们开始从量上研究各种化学反应。波义耳首先引入定量的化学实验，使化学开始与计量相联系。此后，各种数学方法在化学研究中得到运用，极大地促进了化学科学的发展。

中学化学课程已经设置了一些定量实验，但是从目前的情况来看，定量实验数量还不是很多。定量实验必然涉及数据处理的技能。中学化学阶段对学生数据处理技能要求的原则是基础性和基本性。由于目前在中学化学教学中学生实际做的定量实验很少，大多数学生根本就没有机会做实验，更不用说做定量实验了。所以，在化学教学实践中，学生所做的数据处理基本上都是人为编造的化学计算题。值得注意的是，有不少计算题纯属胡编乱造，根本有违化学的基本原理，还存在着大量的脱离实际的繁难计算，化学学科有演变为数学游戏的不良倾向，因此，不少学生视化学计算为畏途。

例如，有这么一道题：将一体积为 80 mL 的试管装满 NO_2，倒插入水中，过一段时间再缓慢通入 25 mL O_2，求试管中剩余气体的体积。这道题是想考学生什么？是考 NO_2 与水反应生成 HNO_3 和 NO，以及 NO 与 O_2 反应生成 NO_2 的化学反应方程式吗？非也。这道题考的是一种解题技巧，根据硝酸分解反应的逆反应，

推出 NO_2 和 O_2 的体积比为 4∶1 时刚好完全反应，然后进行计算。这是一道典型的“伪化学”题。首先，它忽略了 NO_2 和 N_2O_4 存在着动态平衡；其次，实验室里是否有 80 mL 规格的试管，这值得怀疑；再次，如果按照题中的描述进行操作，究竟要达到什么目的？有关硝酸的教学内容本来并不难，可是加上了类似这样的计算，学生学习的难度大大增加了。可悲的是，像这样的情况绝对不是个案，任意翻看一本化学习题集（现在多冠以“学案”等时髦名称），类似的例子俯拾即是。曾几何时，“臭名昭著”的硫化氢气体“引无数英雄竞折腰”，其“魅力”何在？无非就是硫化氢有完全燃烧和不完全燃烧两种情况，于是，硫化氢就被与氧气按照各种比例混合在密闭容器中熊熊燃烧起来，结果学生被“烤”（考）得焦头烂额。

化学课程对学生数据处理技能的要求，必须体现基本的化学计算技能和实用的数据处理技能，要坚决反对那些故弄玄虚的、所谓的巧解和妙招，坚决反对那些异想天开、完全脱离实际、旨在将学生引入“陷阱”的难题怪圈。

化学课程对学生数据处理技能的要求是：

①能根据化学式计算元素的质量分数。

②能进行有关化学方程式的计算。

③能进行有关溶液的质量分数、溶解度的计算。

④能进行有关物质的量、气体摩尔体积、物质的量浓度的计算。

⑤能根据有关数据绘制图表，或者根据图表进行计算。

⑥能进行简单的数据统计和误差分析。

⑦能运用计算机进行数据处理。（一般学校不作要求，一些有条件的学校可以提出此项要求）

以下是一位学生做“镀锌铁皮锌镀层厚度的测定”实验的数据记录与数据处理结果。

<table>
<tr><th>数据记录</th><th colspan="4">数据处理</th></tr>
<tr><td>A: 长6.0 cm，宽3.3 cm</td><td rowspan="3">镀锌铁皮</td><td rowspan="3">锌镀层厚度（单侧）/cm</td><td rowspan="3">锌镀层平均厚度（单侧）/cm</td><td rowspan="3">相对平均偏差/%</td></tr>
<tr><td>B: 长4.8 cm，宽4.3 cm</td></tr>
<tr><td>C: 长4.9 cm，宽3.8 cm</td></tr>
<tr><td>A. m_1（A）= 2.532 g</td><td rowspan="2">A</td><td rowspan="2">3.54×10^{-4}</td><td rowspan="6">3.77×10^{-4}</td><td rowspan="6">4.01</td></tr>
<tr><td>B. m_1（B）= 2.460 g</td></tr>
<tr><td>C. m_1（C）= 2.332 g</td><td rowspan="2">B</td><td rowspan="2">3.90×10^{-4}</td></tr>
<tr><td>A. m_2（A）= 2.423 g</td></tr>
<tr><td>B. m_2（B）= 2.345 g</td><td rowspan="2">C</td><td rowspan="2">3.87×10^{-4}</td></tr>
<tr><td>C. m_2（C）= 2.229 g</td></tr>
</table>

数据来自学生自己的测量与记录，数据处理是为了解决真实的问题，结论具有现实的意义。当然，在化学教学中如果一切数据都来自学生的实验也是不可能的。但是，教师一定要注意选择贴近真实的计算题。

四、反思

所谓反思，就是学习者以自己的学习活动为思考对象，主动自觉地对自己的行为、决策以及由此产生的结果进行的审视和调控，是学习者提高自我觉知水平，促进学习能力发展并使自己的学习活动顺利进行的途径。反思技能属于元认知的范畴，即对自己"认知的认知"，是一个人对于他自己的思维或学习活动的认知和控制。美国学者波斯纳认为，没有反思的经验是狭隘的经验，至多只能形成肤浅的知识。学生在学习过程中，通过反思，从多层次、多角度对问题及解决问题的思维过程进行全面的考察、分析和思考，可以深化对问题的理解，优化思维品质，揭示问题本质，探索一般规律，沟通知识间的相互联系。总之，学生在学习过程中只有不断地进行反思，才能巩固、深化所学的知识与技能，从而提高能力与素质。

能否对学习过程进行自发的反思是判断学习者是否学会学习的一个重要标志。化学课程对学生反思的要求是：

1. 在学习活动中自觉进行自我监控和即时反馈，灵活利用知识、方法、思路、策略等解决问题。通过自我认识、自我分析、自我监控、自我评价，从而获得自我体验。仔细考察学习活动中的想法、做法、背景等各个方面，根据个人的智慧重构自己的理解。

2. 学习活动完成之后，对自己的想法、做法和结果等进行全面审视。特别是对学习过程中出现的问题进行自我解剖、自我批判，找出问题症结之所在。

3. 及时、全面地总结学习活动的经验和教训，包括知识理解、技能运用以及人际关系等方面，在此基础上制订进一步学习的计划。

本章小结

化学课程中科学过程技能的各项要素应当在化学中全面实施。但是，在全面实施的前提下还要突出重点，要辩证地处理一般技能与重点技能的关系。本章根据化学学科的特点，厘定了化学课程中的重点技能，并予以具体说明。为了叙述方便，本章将化学课程中的重点技能分为四个阶段。

问题与计划阶段涉及的科学过程技能主要包括：界定问题、假设、设计实验方案等。化学课程要培养学生提出问题的技能，首先要让学生敢于提问，然后是善于提问。善于提问，就是能够敏锐地识别问题、清楚地定义问题并且能够清晰地表征问题。提出假设的要求是:提出的假设要有一定的根据，提出的假设要能够被检验。设计实验方案的具体要求是：明确实验的目的，了解实验原理，确定实验需要使用的仪器、药品等,设计实验的具体操作步骤,设计记录表格,预计实验活动的进程等。

搜集证据包括查阅文献资料、调查、访谈、观察、实验等。化学课程对学生观察的要求是：目的明确，耐心细致，全面周到，观思结合，做好记录。对于控制变量的要求是：能全面分析影响化学反应的各种因素，即进行变量分析，然后根据实验目的选择条件、控制变量。实验操作主要包括使用仪器的技能、使用药品的技能、仪器的装配与连接的技能等。

做出解释阶段的技能主要属于思维技能，旨在探明现象背后的本质，寻找事件的因果关系，发现事物发展的规律，它主要包括理性思维和逻辑思维。对分类的要求是：在理解分类原则的基础上掌握基本的分类方法，重点掌握本质分类方法。对归纳的要求是:认识归纳的重要作用和它的局限性，在已有事实的基础上进行归纳。对演绎的要求是掌握演绎推理的步骤，正确地理解大前提、小前提和结论。关于分析，重点要求学生学习思维分析的技能，能够进行定性分析、定量分析和功能分析。关于类比，要求学生能恰当地运用以解决问题，与此同时要了解类比有可能产生的问题，防止不当的类比。关于模型，要求学生理解并能建立简单模型，具体包括物质模型、符号模型和理想模型。

结论与反思阶段的技能主要包括观察与实验所得的数据资料的处理，探究结论的表达，同学之间的交流以及自己的反思等方面。化学课程中对学生表达技能的要求，除要达到准确、简明、清晰等一般的语言表达要求之外，还要体现化学学科的特点：正确地使用化学用语和化学术语，能够完成规范的实验报告、调查报告，撰写小论文或者科学小品文。一些有条件的学校可以要求学生运用现代信息技术进行表达。交流技能要求学生能清楚地表达自己的观点，能为自己的观点进行合理的辩护，能认真倾听别人的意见，能正确地处理观点冲突的局面。对学生数据处理技能的要求，应体现基本的化学计算技能和实用的数据处理技能，避免脱离实际的偏题、难题和怪题。对反思的要求是：在学习活动中自觉进行自我监控和即时反馈；学习活动完成之后，对自己的想法、做法和结果等进行全面审视；及时、全面地总结学习活动的经验和教训。

第六章 化学教科书中科学过程技能内容的设计

化学教科书是根据化学课程标准编制的师生在化学教学活动中使用的最重要的教材。科学过程技能的内容要在化学教科书中得到充分的体现，就必须突显学生的科学探究学习活动，将化学知识、科学过程技能与情感态度价值观的教育内容进行有机融合。

第一节 科学过程技能的动态化呈现

随着新课程改革的逐步推进，人们对教科书的观念也在悄然发生变化。教科书已经不再被视为唯一的教材；教师对教材的使用也不再只是“教教材”，而是“用教材去教”。这些观念无疑具有历史的进步性，值得大力提倡。但是，我们也不能矫枉过正而走向另一个极端，不能无视教科书是最重要的教材、最重要的课程资源这一基本事实。虽然目前因特网使得广大教师获取课程资源更加便捷，大量的书报杂志等出版物可以作为丰富的课程资源，但是在教师的办公桌上通常必不可少的是三种书:教科书、教学参考书（教师用书）和与教科书配套的习题（往往冠以“学案”等时髦名称）。至于说课程标准，绝大多数教师知道有这么一回事，但很少有人认认真真地读过，更不必说以课程标准为参照去备课了。面对这种情况，我们不必去指责广大教师的“无所作为”，事实上，教师对教科书的信奉和依赖不仅是历史造成的习惯，而且有着深刻的现实原因，在无形的却很沉重的枷锁之下他们岂敢“恣意妄为”？因此，我们必须本着实事求是的态度，承认这样一个基本事实：教科书是根据课程标准编写的最重要的教学材料，它在很大程度上会影响到教师教的方式和学生学的方式。

教科书编制的理念与编制者所信奉的知识观和课程观有密切的关系。以往的教科书编制主要关注作为结论性的、静态的知识结构，这是静态的知识观和课程观的体现。而新的知识观和课程观不仅关注知识结论，而且关注知识的发生过程，体现知识发生过程的教科书必然要体现出动态的特征。科学过程技能属于过程性的、动态的知识，在教科书中必须以动态的方式表现出来，这对于纸质教科书的编制提出了很高的要求。纸质教科书从物质形态上来看是静态的，如何化静为动，使科学过程技能的学习内容跃然纸上，是目前教科书编制工作中十分棘手但又必须解决的难题。

科学过程技能的内容在化学教科书中的表征可以有显性和隐性两种方式。所谓显性表征方式,就是教科书中关于科学过程技能的内容和要求比较清晰,使用者（教师和学生）能够轻而易举地觉察到科学过程技能训练的内容。所谓隐性表征，就是教科书只提供一些文字材料或者图表，教师需要引导学生运用有关的科学过程技能去分析、推理或解释。本文主要探讨科学过程技能的显性表征方式。

一、静态的化学教科书剖析

我国传统的化学教科书有学科知识中心的倾向，教科书的编制重视知识的逻辑性、系统性，重点放在化学知识的选择和组织上。化学知识在教科书中以“静止的、封闭的、冷藏库式的方式”（杜威）存在。由于教材的僵化和支配，学生在课程知识的学习过程中宛如一只只用针钉住了的蝴蝶，无奈地拍打着获得了些许知识但瘦弱无力的翅膀，背诵和记忆成为其基本的学习活动方式，教材夺走了他们思想的空间、看问题的眼光和批判的勇气，探索的自由、生命的感悟和儿童本有的灵性无法在学习中展现。[1]

（一）一个典型案例

我们不妨浏览一下20世纪80年代的高中《化学》（甲种本）中有关“化学反应速度”的一个片段。

1. 化学反应速度

各种化学反应的进行有快有慢，那么怎样来衡量化学反应速度的大小呢？通常对于某些反应可以通过观察反应物的消失速度和生成物的出现速度做出对这个反应速度的定性判断。我们可以怎样定量地并且较准确地表示化学反应的速度呢？化学反应的速度是用单位时间（如每秒、每分或每小时等）内反应物或生成物的量（摩尔）的变化来表示，通常是用单位时间内反应物浓度的减小或生成物浓度的增大来表示。浓度的单位一般为摩尔/升，反应速度的单位就是摩尔/（升·分）或摩尔/（升·秒）等。

2. 影响反应速度的条件

不同的化学反应，具有不同的反应速度。这说明参加反应物质的性质是决定化学反应速度的主要因素。但是外界条件对化学反应速度也有一定的影响，就是同一个化学反应，如浓度、压强、温度、催化剂等外界条件不同时，反应速度也不同。

（1）浓度对化学反应速度的影响

我们在初中学习氧的性质时，曾看到硫在空气中缓慢燃烧并产生微弱的淡蓝色火焰，在纯氧中迅速燃烧并发出明亮的淡紫色火焰。这说明硫在纯氧中跟氧化合的反应比在空气中的反应进行得更快、更剧烈。这是因为纯氧中氧分子的浓度比空气中氧分子的浓度大的缘故。从下面的实验可以看出，在溶液中进行的反应也是这样的情况。

[1] 郭晓明. 从“圣经”到“材料”：论教师教材观的转变［J］. 高等师范教育研究，2001（6）：17.

〔实验 3-1〕(不同浓度、相同体积的硫代硫酸钠溶液与相同浓度、相同体积的硫酸反应)。

实验结果表明：首先出现浑浊现象的是第一支试管，接着才是第二支试管。通过许多实验证明，当其他条件不变时，增加反应物的浓度，可以增大反应的速度……[1]

(二)案例分析

以上内容取自高中《化学》第二册第三章的第一节(省略号所省略的是一些具体例子)，窥一斑而见全豹，整本教科书的呈现方式大抵如此。这是当时非常权威、非常流行(当时全国大多数学校都用甲种本)、使用时间很长(大约十年)的一套教科书。我们从中不难发现，教科书中的知识都是以权威的、不容置疑的、定论的形式出现的。至于“过程与方法”，在教科书中难觅踪影，“情感态度与价值观”也只能到教科书之外去寻找。这样的教科书呈现方式是和当时人们的化学教学观念相契合的。可以想象，用这样的教科书去教，学生只需要静静地听教师的讲解，甚至都用不着记笔记，因为所有的知识结论在教科书中都明明白白地写着。学生的学习完全被动，就连教科书中原本就不多的化学实验，也是教师演示，学生旁观。甚至连旁观都无关紧要，因为教科书中在实验之前就已声明“也是这样的情况”，在实验之后又强调“实验结果表明：……”，实验的现象和结论清清楚楚、明明白白，实验的作用只是验证或强调一下既定的结论而已，充其量是给学生留下直观的印象。这也就难怪有的教师连演示实验都懒得去做了，“讲实验、画实验”，让学生“背实验”也就不足为奇了。不注重过程，也就谈不上技能，学生在学习过程中的智力活动基本上停留在记忆的水平上，最理想的教学效果无非是让学生“在理解的基础上记忆”，缺乏科学过程的教学，学生能理解什么？就算学生学到了系统的化学学科知识，能否用于解决实际问题则要打上大大的问号。

上述甲种本是传统化学教科书的典型代表。用这样的教科书去教，大多数教师只会把目光聚集于知识结论，而很少去关注过程与方法，科学过程技能的培养更是无从谈起。当然，不排除有极少数的专家型教师可以超越教科书的羁绊，能够创造性地使用教科书，巧妙地设计出体现科学探究过程的教学方案。可惜，专家型教师毕竟只是凤毛麟角。我们也不能要求大多数教师都能达到专家型教师的境界。

我们剖析传统的化学教科书的缺陷，不是厚今薄古，也不是一味地去反对传统，而是要做深刻反思：时代发展了，对教育的要求变化了，化学教科书的编写要体现

[1] 人民教育出版社化学室. 化学·甲种本·第二册[M]. 北京：人民教育出版社，1984：60-62.

什么样的理念？在编写技术上要有哪些新的突破？

二、动态的化学教科书分析

（一）教科书的功能定位

什么是教科书？教科书的基本功能是什么？什么才是优秀的教科书？这些问题也许是见仁见智。美国大百科全书对教科书的定义是：从严格的意义上讲，教科书是为了学习的目的通过编制加工并通常用简化方法介绍主要知识的书。[1]这个定义比较简约。此定义虽然不如我国学者的定义细致全面，而且“介绍主要知识的书”并不能涵盖教科书的内容和功能。值得注意的是，它突出了“为了学习的目的”，可谓一语中的。

我们可以通过美国的教科书的评价标准进一步认识教科书的功能。美国“2061计划”确定的对教科书的评价标准是：（1）教科书是否提供了可理解的教学目标，包括单元目标、课时目标和合理的教学活动顺序。（2）教科书是否从学生的认知角度去组织内容，包括是否注意到学生的前概念和技能，是否提醒教师注意学生的前概念，是否帮助教师确认学生的前概念，是否陈述科普常识与学术概念的区别。（3）教科书安排的内容是否能够使学生积极参与教学活动，包括是否提供大量的事实材料，是否提供生动的实验。（4）教科书中所出现的概念是否有一个渐进的理解过程，是否将这些科学概念运用到具体事例中，包括科学术语的引入是否在一定的背景下，是否正确和有效地表述概念，是否能够表明所学概念的有用性，是否提供给学生应用所学概念去解释现象的机会。（5）教科书是否激励学生去观察相关现象并用学过的知识去思考，包括是否激励学生表述自己的想法，是否指导学生解释和说明理由，是否鼓励学生思考他们已经学过的内容。（6）教科书是否有评价内容，包括教学内容评价和目标是否一致，测试是否建立在理解的基础上，是否将评价结果应用在教学指导中。[2]从这些评价标准可见，美国的教科书评价是将学生的学习过程置于最重要的地位，关注学生的学习心理，这对于我们认识教科书的功能大有裨益。

我国教育部颁布的《基础教育课程改革纲要（试行）》对教材的改革提出了要求：“教材改革应有利于引导学生利用已有的知识与经验，主动探索知识的发生与发展，同时也应有利于教师创造性地进行教学。教材内容的选择应符合课程标准的要求，体现学生身心发展特点，反映社会、政治、经济、科技的发展需求；教材内容的组

［1］ 曾天山. 教材论［M］. 南昌：江西教育出版社，1997：8-9.
［2］ 王磊. 化学比较教育［M］. 南宁：广西教育出版社，2006：206-207.

织应多样、生动，有利于学生探究，并提出观察、实验、操作、调查、讨论的建议。”[1]这些要求表明，教材的编制要着眼于学生的发展。教材不但应是教学内容的重要载体，也应该是教师、学生、教学内容和环境之间互动的工具，培养学生能力和提高学生科学素养的工具，还应该是对学生进行思想品德教育，促进学生形成健康的情感态度和正确的价值观的工具。[2]以上所论述的对象虽然是教材，但是因为教科书是最重要的教材，所以对教科书同样适用。

（二）化学教科书动态化表征范例

化学教科书应该体现什么样的设计理念？一言以蔽之：以学生的学习为中心。从编制技术的角度来说，就是要追求有利于学生学习的、动态化的表现方式。

我们再来分析一个案例，仍然是“化学反应速率”的有关内容，领略一下新时代的教科书是如何化静为动的。（注：当时写此文选取的是第一版教科书，后来此教科书经多次修订再版，“问题解决”栏目的内容有所变化。编者可能是考虑到此“问题解决”的难度偏高，涉及定量测定、绘图、因素分析等科学过程技能。作者考虑到此案例具有典型性，故未作替换。）

化学反应速率[3]

〔观察与思考〕观察下列实验，比较化学反应现象有何差异。

取两个小烧杯，各加入 25 mL 蒸馏水、乙醇。取两小块绿豆般大小的金属钠，用滤纸吸干表面的煤油，分别投入盛有蒸馏水、乙醇的两个小烧杯中，观察、比较和记录发生的现象。

表 2-1　钠与水、乙醇的反应（略）

〔活动与探究〕完成下列实验，分析影响过氧化氢分解反应速率的因素。

〔实验 1〕取两支试管，各加入 5 mL 4% 的过氧化氢溶液，再滴入几滴洗涤剂，将其中一支试管用水浴加热，观察并比较两支试管中发生的变化。

〔实验 2〕取两支试管，各加入 5 mL 4% 的过氧化氢溶液，再滴入几滴洗涤剂，用角匙往其中一支试管中加入少量二氧化锰粉末，观察发生的变化。

〔实验 3〕取三支试管，各加入 5 mL 2%、4%、6% 的过氧化氢溶液，分别加入几滴 0.2 $mol \cdot L^{-1}$ 的氯化铜溶液，观察气泡生成的快慢。

结论……

---

［1］中华人民共和国教育部．基础教育课程改革纲要（试行）［Z］．2001.

［2］赵宗芳，吴俊明．新课程化学教科书呈现方式刍议［J］．课程·教材·教法，2005（7）：70–74.

［3］王祖浩．化学2：必修［M］．南京：江苏教育出版社，2004：28–29.

〔问题解决〕如图 2–2（图略）所示，向试管中加入 5 mL 6% 的过氧化氢、3 ~ 5 滴氯化铜溶液，在室温下测定放出的气体体积随时间变化的情况。在图 2–3（图略）直角坐标系中绘制放出氧气的体积随时间变化的曲线。

通过实验，你认为 6% 的过氧化氢在一定温度下的分解速率是怎样随时间的变化而变化的？你能解释出现这种变化的原因吗？

这是江苏教育出版社《化学 2》（必修）中的片段。可以看出，教科书的设计意图，不仅仅为了让学生了解化学反应速率及其影响因素等化学概念和原理知识，而是更加关注学生学习和思考的过程，注重培养学生的科学过程技能。

（三）案例分析

我们具体分析这一内容的设计思想。①让学生通过实验、观察、比较和记录等活动，得出化学反应有快有慢的结论，此时再给出化学反应速率的科学定义。在学生已有经验的基础上，再给出严谨的科学定义，有利于学生知识的建构。②接着，教科书并没有和盘托出究竟有哪些因素影响化学反应速率，而是让学生自己完成三个实验。这三个实验都是采用控制实验条件进行对照实验的方法，学生从三个实验中可以得出温度、催化剂、浓度对化学反应速率影响的结论。一切都是顺其自然，水到渠成。③最后，安排一个“问题解决”的活动。这是一个综合性的探究学习活动，学生要经过猜想、假设、实验验证等活动，实验中还要注意控制变量，观察时要做好记录，实验之后要进行数据处理（作图），最后得出结论并解释结论。像这样的教科书的呈现方式，突显学生的学习活动过程，知识与技能达到完美的统一，令人拍案叫绝。

可以设想，如果教师确实是按照上述教科书的呈现方式开展教学，学生的学习活动必定是生动活泼、丰富多彩的。他们的收获将不限于知道“什么叫化学反应速率，影响化学反应速率的因素有哪些”等结论性的知识，而且学习了（提高了）诸如观察、实验、控制变量、记录、比较、分析、归纳、假设、数据处理、解释结论等多种科学过程技能。同时，学生在学习活动中饶有兴趣，学有所得，其积极的情感体验也会是深刻的。

通过以上分析，我们可以得出化学教科书动态化的设计理念是：激发学生的学习兴趣，调动学生学习的积极性、主动性；通过设计以科学探究为主的多样化的学习活动方式，让学生学会学习；不仅重视知识的结论，而且更加重视知识的发生过程，理解科学探究的过程；重视培养学生的科学过程技能，将科学过程技能与化学知识、情感态度和价值观的教育内容融为一体，旨在全面实现科学素养的培养目标。

第二节　化学实验为主线的教科书系统建构

众所周知，以实验为基础是化学学科的重要特征之一。实验是化学科学和化学工业发展的基础，也是化学研究与学习的重要途径。化学实验对于学生的化学学习来说，怎么强调其重要性都不过分。以往的化学课程也强调化学实验的内容，但是从来没有达到这次化学课程改革对化学实验的重视程度。2003 年颁布的《普通高中化学课程标准（实验）》（以下简称《标准》），对课程结构进行了大刀阔斧的改革。高中化学课程由若干课程模块构成，分为必修和选修两类。其中，必修包括 2 个模块：《化学 1》《化学 2》；选修包括 6 个模块：《化学与生活》《化学与技术》《物质结构与性质》《化学反应原理》《有机化学基础》《实验化学》。特别引人注目的是，化学课程设置了专门的《实验化学》模块，这可以说是史无前例的，以往只是在大学的化学课程中有专门的实验课程安排，在中学课程中是从未有过的。这不仅在我国的中学化学课程发展史上属于首创，而且在国际中学化学课程中也比较罕见。

在高中化学的各个模块中都安排有化学实验的内容，为什么要单独设置《实验化学》模块？《标准》对此进行了阐述："实验化学"是普通高中化学课程的重要组成部分。[1] 设置该课程模块有助于学生更深刻地认识实验在化学科学中的地位，掌握基本的化学实验方法和技能，培养学生的创新精神和实践能力。通过本课程模块的学习，学生应主要在以下几方面得到发展：（1）认识化学实验是学习化学知识、解决生产和生活中的实际问题的重要途径和方法；（2）掌握基本的化学实验方法和技能，了解现代仪器在物质的组成、结构和性质研究中的应用；（3）了解化学实验研究的一般过程，初步形成运用化学实验解决问题的能力；（4）形成实事求是、严谨细致的科学态度，具有批判精神和创新意识；（5）形成绿色化学的观念，强化实验安全意识。

课程的具体物化形式就是教科书。《实验化学》的教科书如何编写？这可能是各个模块的教科书编写中最为困难的工作。一方面是缺乏可供借鉴的经验，另一方面是实验内容的选择和组织具有很大的弹性和灵活性。美国在 20 世纪 60 年代进行的科学教育改革运动中，以西博格（G. T. Seaborg，1912—1999）为主席的化学教

[1] 中华人民共和国教育部．普通高中化学课程标准（实验）[M]．北京：人民教育出版社，2003.

材研究会（Chemical Education Material Study，简称 CHEMS）非常注重化学实验在化学学习中的作用，编写了一本教科书《化学——一门实验科学》。这本教科书以实验为开篇，将实验内容与化学知识内容穿插编排，所以它还不是以化学实验为主线编写的。1965 年后，该组织将教材修订成三套不同风格的教材：《化学探讨方法》《化学——实验和原理》《化学——实验基础》，以供不同需要的学生选择使用。[1]其具体的编写思路也不适合《实验化学》模块。

《实验化学》作为专门的实验课程，其主要目标不在于传授系统的化学学科知识，虽然其中也会包含一些化学知识的学习。它有着独特的培养学生科学过程技能，让学生学习化学学科的思想和方法的功能。该课程的主要目标是培养学生的科学探究能力。更具体地说，是培养学生运用化学实验手段解决化学问题的能力。化学实验技能无疑是该模块中的重点，但是不能局限于此。该模块承载着全面培养学生科学探究能力的重任，具体地说，该课程应该全面培养学生的各项科学过程技能，而且应该培养学生综合运用各项科学过程技能解决化学问题，并在实验探究的过程中培养科学的情感和态度。

一、科学过程技能的训练系统化

《实验化学》教科书内容的选择应该切合化学课程标准的要求，而《标准》中有关“内容标准”的叙写比较简约，“活动与探究建议”虽然提供了一些实验课题，但是数量有限，这就给教科书的编制带来了很大的挑战。然而挑战与机遇历来是孪生兄弟，《标准》的原则性和弹性恰好给教科书的编制者留下了较大的创造空间。首先是实验课题的选择，实验课题除了要采用《标准》中“活动与探究建议”所提供的内容，还可以选择一些内容适宜、难度适中的其他实验。其次是内容的组织，各实验课题虽然是相对独立的，但它们之间也不能毫不相干。《实验化学》中的实验编排应该遵从该课程体系的逻辑关系，各实验间有着内在的相互联系，其中的每一个实验都是该课程系统学习和训练链条中的一环。因此较之其他化学模块中的实验，除具备单个实验应有的功能和作用之外，还应具有课程系统学习、训练上所承载的功能与作用，这种系统上的功能与作用的积累，就构成了《实验化学》课程独到的功能和价值，因而这是一种系统全面的整体功能和价值。

（一）技能水平在必修课程基础上进一步提高

因为《实验化学》模块是建立在两个必修化学模块基础上的，学生已经有了一

[1] 范杰．化学教学论［M］．太原：山西科学技术出版社，2000：30.

定的实验基础，所以实验内容不能简单地重复已经学习过的内容，对学生各项技能水平的要求应在必修课程的基础上有一定程度的提高。另外，《实验化学》与其他的5个选修模块是并列的关系，所以在编写时要全面考虑多种情况。首先，有关实验课题的知识和技能基础要以必修模块为参照，而不能依托于其他5个选修模块中的任何一个，这样才能为所有学生提供选修此模块的机会；其次，有的实验课题内容可能与某选修模块中的内容相似，但是有的学生可能已经学习了某选修模块，所以应该尽量避免雷同，以免有些学生对学习内容丧失兴趣。

以物质检验的实验来说，在初中化学、高中化学必修和其他化学选修模块中，学生分别学习或应用了 O_2、H_2、CO_2 的检验，Fe^{3+}、SO_4^{2-}、Cl^-、CO_3^{2-} 的鉴别等实验，但没有综合应用的实验，使学生停留在了单项实验技能的学习上，更多的是动作技能的练习，在心智技能特别是抽象思维方面，这些学习和练习基本上是同一层次的。而《实验化学》（以人教版教科书为例）则首先利用初中和高中必修化学中学过的检验、鉴别方法及一些物质的特征性质和反应，通过引导性的探究归纳出“物质定性检测的一般思路和方法”，进而应用这一思路和方法，设计一定范围内的、学科性的无机离子和有机化合物检验的练习实验，在此基础上再进一步让学生综合运用所学思路、方法和技能去解决实际问题——“植物体中某些元素的检验”。这样一步步通过一系列循序渐进的学习性、训练性和应用性实验，引导学生从单个习得的检验方法中，概括出一般的检验思路、方法，再把这一般的思路、方法运用到更复杂的实验任务中。在这一系列实验里，学生于反复多次运用各种单项实验操作中，巩固、提高了动作技能；同时，又于一个个难度渐增的综合性实验任务中，通过独立思考将所学知识灵活运用于实际问题的解决中，提高心智技能，获得一般的实验设计的思路和方法训练。

再如，有关化学反应速率的实验，苏教版《化学2》中设计了两个实验：一是“观察与思考”，比较镁条和铁片在相同浓度盐酸中反应放出氢气的快慢；二是“活动与探究”，做三个比较实验，分别探究温度、催化剂、浓度对过氧化氢分解反应速率的影响。[1]

苏教版《化学反应原理》中，“观察与思考”给出了过氧化氢在室温下分解时浓度的变化数据，要求学生做出过氧化氢分解反应的“浓度—时间”曲线，并且计算任意一个10分钟间隔中平均每分钟过氧化氢的物质的量浓度的改变值，计算所得数据与同学交流，据此引出化学反应速率的定量表示方法。接着在“活动与探究”

[1] 王祖浩．化学2：必修［M］．南京：江苏教育出版社，2007：30.

中测定盐酸与碳酸钙反应生成 CO_2 气体的体积，每隔 30 秒观测注射器中的气体体积，记录数据，绘制 CO_2 “气体体积—反应时间”曲线图。“浓度对化学反应速率的影响”的内容，设计了一个比较实验，通过套在锥形瓶上气球膨胀的快慢判断碳酸氢钠与不同浓度的盐酸反应的速率。“温度对化学反应速率的影响”内容，通过“活动与探究”比较不同温度下高锰酸钾溶液与草酸反应的速率快慢。“催化剂对化学反应速率的影响”内容，通过“活动与探究”比较 $FeCl_3$、MnO_2 和动物肝脏三种不同催化剂对过氧化氢分解反应的催化效果。[1]

苏教版《实验化学》在专题 4“课题 1．硫代硫酸钠与酸反应速率的影响因素”中，首先是“知识预备”，介绍了化学反应速率的概念及其表示方法，化学反应速率的测定，硫代硫酸钠与酸的反应；然后是实验方案设计，运用比较实验探究浓度、温度对此化学反应速率的影响，并且要求学生试着改变实验所采用的浓度、温度条件，探究出最佳的实验条件；最后通过数据处理得出结论。在拓展课题“蓝瓶子实验”中，因为溶液碱性的强弱、葡萄糖的加入量、溶液的温度等因素对溶液颜色变化快慢都有影响，教科书中给出了“提示和建议”，让学生通过实验探究“蓝瓶子”颜色变化快慢的因素。“课题 2．催化剂对过氧化氢分解反应速率的影响”，首先是“知识预备”，介绍了催化剂的作用，催化剂与反应活化能以及过氧化氢分解的影响因素；接着是实验方案设计，定量比较 MnO_2、CuO 等催化剂对过氧化氢分解反应的催化效果。拓展课题“过氧化氢酶的催化作用”，则以动物肝脏、动物血、土豆等含有过氧化氢酶的物质作为催化剂，探究在不同条件下过氧化氢酶对过氧化氢分解的催化效果。[2]

由上可见，虽然三个不同模块的教科书都涉及化学反应速率的实验，并且都有过氧化氢分解反应的实验，但是在各个模块中的具体目的和要求是不同的。必修模块《化学 2》只要求学生根据反应放出气泡的快慢定性认识影响过氧化氢分解的因素，涉及的科学过程技能主要是定性的观察与比较；选修模块《化学反应原理》要求学生测量过氧化氢分解的体积，并且要进行数据处理计算出反应速率。通过“活动与探究”比较 $FeCl_3$、MnO_2 和动物肝脏三种不同催化剂对过氧化氢分解反应的催化效果，涉及的科学过程技能有测量、数据记录与处理、比较、得出结论等。而在选修模块《实验化学》中，通过定量实验比较 MnO_2、CuO 等催化剂对过氧化氢分解反应的催化效果。拓展课题“过氧化氢酶的催化作用”，则以动物肝脏、动物血、

[1] 王祖浩．化学反应原理［M］．南京：江苏教育出版社，2006：30-36.
[2] 王祖浩．实验化学［M］．南京：江苏教育出版社，2006：44-51.

土豆等含有过氧化氢酶的物质作为催化剂，探究在不同条件下过氧化氢酶对过氧化氢分解的催化效果。与《化学 2》相比,《实验化学》要求设计实验方案进行定量研究，强调实验条件的控制，要求通过数据处理得出结论，所涉及的科学过程技能项目较多，而且要求更高。与《化学反应原理》相比,《实验化学》中的内容更加丰富，对实验方案设计、实验条件控制等方面的要求更高。所以，即使学过《化学反应原理》模块的学生再学习这一课题也不是简单的重复,不会感觉到像在“炒冷饭”,一定会在各项技能方面得到进一步的训练并得到提高。当然，如果学生学习了《化学反应原理》模块再学《实验化学》，肯定会比没有学习《化学反应原理》的学生来得轻松。

（二）单元或专题涵盖基本的化学学科过程技能

毫无疑问,《实验化学》应该体现基本的化学实验方法和技能。技能形成的基本途径是练习，高效的练习是有目的、有计划的系统练习，特别是心智技能的培养需要有梯度的练习。相对于其他知识类课程模块（包括必修模块），在学习实验方法和技能上,《实验化学》有较系统的方法、技能训练。在知识类课程模块中，实验主要是相关知识学习的一种形式，无论是联系社会生活、生产的综合性知识类课程，还是学科性知识类课程，都有其特定的知识体系，实验的安排要服从知识体系的需要。在这些分散安排在知识体系中的实验里，学生在学知识的同时会学到一些实验技能，但这些技能学习的安排是零散的，缺乏内在联系，很难有系统性的提高。《实验化学》则为学生系统地学习化学实验的方法和技能提供了契机。

例如，苏教版《实验化学》教科书的体系结构分为 7 个专题，分别是：

专题 1. 物质的分离与提纯

专题 2. 物质性质的探究

专题 3. 物质的检验与鉴别

专题 4. 化学反应条件的控制

专题 5. 电化学问题研究

专题 6. 物质的定量分析

专题 7. 物质的制备与合成

这 7 个专题的设置涵盖了基本的化学实验方法，且专题之间具有内在的逻辑联系。

首先，化学家研究具体的物质时，要求“纯化”研究对象，唯有如此才能确定物质的组成和性质。但是，无论是自然界存在的物质，还是人工制备的物质，大多数情况下都是混合物，所以，将混合物分离和提纯是化学家首先必须要做的事情。

专题 1“物质的分离与提纯”选取 3 个实验课题以及 4 个拓展课题，涉及灼烧、溶解、过滤、结晶、重结晶、蒸馏、升华、萃取、纸层析法等基本实验技能，体现了比较典型的分离和提纯物质的方法。

专题 2“物质性质的探究”选择 2 个实验课题和 2 个拓展课题，要求学生学会设计实验方案，注意观察和记录实验现象，认真分析和归纳实验现象，从而做出合理的解释、判断，认识物质的结构和性质的关系。学生通过此专题的学习，可以了解研究物质性质的基本过程和技能。

专题 3“物质的检验与鉴别”要求学生对物质检验的操作流程有初步的认识，并通过实验熟悉检验和鉴定的方法。学生通过此专题的学习，初步掌握以下的检验步骤：（1）了解物质及其组成成分的特性；（2）依据物质的特性和实验条件确定实验方案；（3）制订实验步骤和具体操作方法；（4）选择、准备实验仪器（装置）和试剂;（5）进行实验，记录实验现象;（6）分析现象，推理、判断，得出结论。[1]

专题 4“化学反应条件的控制”安排了 3 个实验课题和 5 个拓展课题，要求学生探究外界条件对化学反应速率、化学平衡的影响，认识控制反应条件的重要性，尝试寻找反应的最佳条件，初步学会处理和分析实验数据的方法。

专题 5“电化学问题的研究”旨在让学生通过实验探究化学能与电能的相互转化，认识原电池的工作原理，并制作 Zn–Cu 原电池，氢氧燃料电池和水果电池等。通过电解饱和食盐水，铁钉表面镀锌等课题的实验探究，进一步理解电解和电镀的原理。涉及的基本技能主要有：实验方案设计、电路的连接、观察、记录、归纳推理等。

专题 6“物质的定量分析”，首先要求学生掌握定量分析的一般过程：取样→试样的溶解→干扰组分的分离→测定方法的选择及数据的测定→数据的分析处理及结果的表示。其次是要求学生学习使用一些测量仪器，如移液管、滴定管、电子天平、传感器等，学习数据记录与处理的方法。

专题 7“物质的制备与合成”要求学生综合运用知识与技能解决问题。物质的制备与合成要依据原料与产品的组成、性质，选择合适的反应路线，并根据反应的原理，选择恰当的实验条件。本专题涉及的技能主要有：实验方案设计、观察、记录、数据处理，实验操作（综合运用称量、溶解、过滤、水浴加热、结晶等基

[1] 王祖浩. 实验化学 [M]. 南京：江苏教育出版社，2006：42.

本操作）。

上述7个专题，从实验技能的要求来看，是从简单到复杂，从定性到定量，从运用比较单一的技能到综合运用技能。对各项科学过程技能的要求也是如此。

二、实验课题的探究性

探究式学习是本次课程改革大力倡导的学习方式，初中化学课程将探究作为课程改革的突破口，高中化学课程要求在初中课程的基础上，从“理解”“体验”“初步形成科学探究能力”，向“进一步理解科学探究的意义，学习科学探究的方法，提高科学探究的能力”的目标迈进。而实验探究是最重要的科学探究方式，也是最能体现化学学科特点的学习方式。因此，在高中各个化学模块课程中都很注意运用实验探究。与其他模块相比，《实验化学》课程本身的特点决定了其在探究实验的数量上和探究的自主程度上，以及循序渐进的逻辑系统性上都能有明显提升，可以说是新课改探究教学理念的最佳实践版。人教版教科书《实验化学》中选编的实验探究课题如表6-1所示。

表6-1 “人教版”教科书《实验化学》中探究实验统计[1]

	第一单元	第二单元	第三单元	第四单元	小计
实验总数	3	6	6	5	20
探究实验总数	1	2	4	5	12
完全自主探究	—	1	3	4	8
部分引导探究	1	1	1	1	4
探究实验比例	33.3%	33.3%	66.7%	100%	60%
自主探究比例	0	16.7%	50%	80%	40%

从上表中反映出的《实验化学》中探究实验、引导探究、自主探究的数量、比例及其在教科书中的分布情况，不仅可以看出《实验化学》中的探究实验在数量和探究自主程度上的特点，还可以看出其在探究教学顺序上的计划性、系统性，如由一至四单元自主探究比例是逐渐升高的。实际上在这些探究所涉及的技能和知识的复杂性，基本上也是逐渐提高的，如第一单元探究影响亚甲基蓝振荡反应因素的“蓝

[1] 冷燕平．“实验化学”课程的地位、价值与制约因素[J]．课程·教材·教法，2007（7）：45–49.

瓶子实验”是完全引导式探究；第二单元“乙酸乙酯的制备及反应条件的探究”是部分引导下的探究；第三单元的几个不同检测实验是完全自主探究，但所涉及的知识是已学的或事先提示的；第四单元的“物质性质的研究”“身边化学问题的探究”“综合实验设计”，则属于完全开放的自主探究，探究过程完全自主，所涉及的知识有已知的也有未知的，让学生在动手实验之前先通过心智活动，将有关问题解决的已学知识、技能搜索出来，找出自己解决这些问题所欠缺的知识，并根据之前学习、训练过的思路，先行查找资料，进行知识补足，进而于实验中操作与心智技能并用，探索新知。

譬如，《实验化学》中“含氯消毒液性质、作用的探究”就是一个典型的研究性实验。该教科书首先要求学生仔细阅读市售含氯消毒液外包装上的说明，了解该产品的组成、作用、使用方法、注意事项和生产厂家等，询问家人或亲朋好友是否使用过这类消毒液及使用的目的和经验。了解关于含氯消毒液的一些经验知识和背景知识，就为下一步的研究做好一定的准备。接下来是研究问题的确定，该教科书要求学生在初步了解产品的基础上，提出可以进一步了解的问题。此外，该教科书提供了一些参考选题：

（1）了解了主要成分，探究它有哪些主要性质或有效成分的含量。

（2）了解了它的作用，验证一下消毒效果。

（3）了解了某一品牌消毒液的性能，其他品牌的如何？

（4）该产品对棉织品有漂白作用，它能否用于有色化纤织物的消毒？

（5）产品有保质期，那么过期后是否完全没有消毒作用了？

（6）产品保存要求避光，不避光将会怎样？

（7）用于去油污的洗涤液多呈碱性，用于消毒、灭菌的消毒液的酸碱性如何？

（8）消毒液的作用在不同条件下（温度、时间或水质等）的效果是否一样？[1]

该课题采取小组合作研究的方式，根据可能条件确定要研究的问题。教科书规定至少完成消毒液的灭菌作用和化学性质方面的各一项研究，在此基础上，根据情况可自选或自定另外的实验研究内容。研究课题确定下来以后，通过查阅资料、小组讨论设计方案。然后是实施实验探究，归纳本次实验探究的消毒液的性能，并查阅相关书籍、资料等，以验证研究成果。上述研究性实验的基本流程如下：

[1] 人民教育出版社课程教材研究所化学课程教材研究开发中心. 化学选修6：实验化学［M］.北京：人民教育出版社，2007：61.

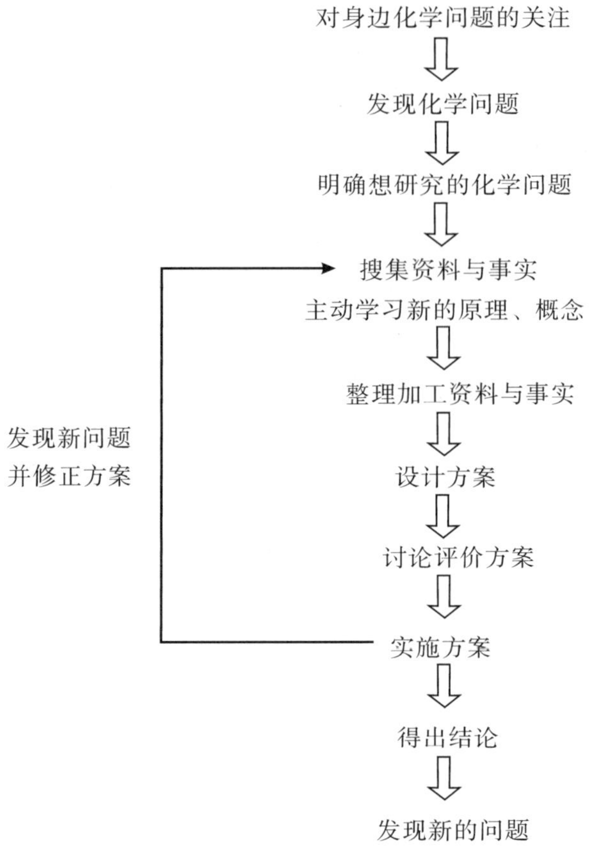

图6–1　研究性实验的基本流程[1]

人教版《实验化学》第四单元“研究性实验”的设计，充分体现了化学学科的实验探究特点。它不仅有利于达到全面培养学生科学过程技能的目的，而且为培养学生的创新精神和实践能力提供了一个很好的平台。该教科书设置创新设计的实验课题，通过引导学生对同类实验的不同设计特点进行分析、比较，使之从中受到创新思维的启发，进而指导学生进行创新设计实践，鼓励学生综合运用各学科知识和生活经验积累，自主设计各种不同用途的实验或装置，于尝试创新、学习创新、享受创新中，激发学生的创新兴趣，培养创造性思维的萌芽。这正是《实验化学》有别于其他课程模块的独特之处。

[1] 人民教育出版社课程教材研究所化学课程教材研究开发中心．实验化学教师教学用书［M］．北京：人民教育出版社，2007：107.

第三节 主题探究式的整体构思

传统的化学教科书一般以化学知识为主线进行设计，将学生的探究活动穿插其中（如果有探究活动的话）。主题探究式教科书的设计思想则反其道而行之。这种教科书的设计方式，以社会生活中的重大问题为主题或单元，将科学过程技能的学习内容贯穿始终，而化学学科知识则在需要时呈现。

一、主题探究式化学教科书的设计思想

主题探究式教科书的编制，以社会生活中的重大问题为主题或单元，每个主题或单元都以学生的探究学习活动为主线，相关学科知识在探究活动需要运用时呈现（need-to-know）。这种教科书的设计理念是：以培养学生的科学素养为宗旨，让学生学习基本的化学知识和基本的科学探究技能；引导学生理解怎样运用化学知识去解决社会和生活中的问题，并理解解决复杂的社会问题的方法可能产生新问题，以提高决策能力；给学生提供获得、解释科学信息的机会，以及了解科学、技术与社会相互联系的机会。

这种教科书的编制以学生的探究活动为主线，突显了科学过程技能的地位。教科书自始至终贯穿着科学过程技能训练的内容。编写的一般思路如下：

（一）创设真实的问题情景

教科书首先呈现一个有感染力的真实事件或真实问题，主要目的一方面是使学生在一个完整、真实的问题情境中产生问题意识，由此激发学生学习的动机。另一方面，真实的事件或真实问题，不仅可以使学生产生学习的需要，而且可以使他们认识问题解决的背景，认识化学对于个人生活和社会发展的重要意义。

《社会中的化学》（*Chemistry in Community*，缩写为 *ChemCom*）是供美国 10—11 年级（相当于我国的高中）使用的化学教材。该教材影响甚大，在美国有数千个班级使用。自 1988 年问世以来该教材不断再版，目前已经是第五版。该教材的编写就是采取主题探究式的思路。譬如，*ChemCom* 第四版第一单元“水的净化”，以一个真实的事件——瑞菲沃德（Riverwood）发生的死鱼事件为背景引入课题。[1] 教科书中配以图片和两篇新闻报道的复印件。在呈现上述背景材料之后，教科书

[1] HEIKKINEN H. Chemistry in the community [M]. 4th ed.Atlanta: Kendall Hunt Publishing Company, 2004: 2-7.

编者根据学生的心理设计了一系列问题：是什么导致了鱼死亡？这是否意味着当地的居民也饮用了有毒的水？我们怎样获得可以供饮用的水？如此，自然地将水的净化问题引出。

这一阶段涉及的科学过程技能主要是产生问题，明确界定问题。

（二）设计解决问题的方案

问题明确了以后，怎样去解决问题？教科书可以提供相关的知识背景和信息资源，要求学生自己设计解决问题的方案。方案中包括怎样获得所需的信息，怎样开展调查，怎样进行实验等。

ChemCom 第四版第二单元“保护化学资源”中设置课题“你决定：修复自由女神小姐”，[1] 以自由女神像损坏的事实为背景引入课题，接着教科书分析可能有三个主要原因：①在铜和铁的接触点上铁支架的腐蚀；②神像内的潮气，它加快了铁的腐蚀；③空气污染使得铜外表失去了具有保护作用的铜绿衣。此外，多年来在神像内部涂上的各种各样的油漆和焦油也给修复神像带来了问题，因为在这些油漆和焦油被除去之前无法评估腐蚀造成的损坏程度有多大，这样也就不能进行修复。教科书提出问题：你将怎样解决这些修复中的问题？要求学生设计方案：①应用常识和你的化学知识，对上面三个问题中的每一个问题提出一种或几种解决方法；②如果部分替换材料是你所建议使用的，请考虑材料的物理性质和化学性质，它们的成本以及保护神像的设计和外观的需要等因素。在全班交流你的解决方案，并把它们与修复委员会选中的实际解决方案相比较。

这一阶段涉及的科学过程技能主要包括实验方案或者调查方案的设计。

（三）进行实验探究或者调查活动

方案制订以后，学生进行实验探究或者调查活动。化学教科书的编制要考虑到化学学科的特点以及课堂教学的实际，学生的活动应该以实验探究为主，调查活动为辅。应该对实验中的关键技能提出明确的要求，有时为了直观形象可配以图示或图解。为了培养学生实验记录的技能，教科书可以提供记录表格的样例。

譬如，*ChemCom* 第四版第一单元“水的净化”中，详细列出了水的净化实验操作步骤，对一些关键的操作技能采取语言和图示的方式进行指导。呈现方式如下：

准备工作

1. 准备好记录本，按照书中的样例画好表格。

[1] HEIKKINEN H. Chemistry in the community [M]. 4th ed.Atlanta: Kendall Hunt Publishing Company, 2004: 116-117.

2. 用 100 mL 烧杯，从教师那里取满满一烧杯水，用量筒准确测量体积。

3. 观察样品的颜色、透明度、气味、油污以及固体物质等，记录。

油层分离

4. 按照图示固定泥三角。

……

砂滤

11. 用剪刀剪成纸筒（图示），筒的底部戳许多小孔。

12. 在筒的底部放置预先用水浸泡过的碎石和沙子。

13. 将样品水缓慢地从上面倒入，下面流出的水用烧杯接住。

14. 将用过的碎石和沙子倒在教师指定的地方，不可倒入下水道。

15. 观察过滤过的水样，测量其体积，以备下面实验使用。

木炭吸附与过滤

16. 按图所示折叠滤纸。

17. 滤纸放入漏斗中，用水湿润，贴牢。

18. 将漏斗放在泥三角上，调整漏斗高度。

19. 将一药匙木炭放入 125—250 mL 的长颈瓶中。

20. 水样加入长颈瓶中，剧烈摇晃几秒钟。然后缓慢地将水加进漏斗。

……

24. 离开实验室之前，请将手彻底洗干净。[1]

由于很多实验操作学生都是第一次做，所以该教科书中对于操作步骤有详细的说明。这一阶段涉及的科学过程技能主要包括实验操作、观察、记录等。

（四）实验数据处理和结果讨论

如果是定量实验，需要处理实验数据，包括计算、表格化、线图化等。对于采取何种方式处理数据，教科书要做明确说明。不管是定量实验还是定性实验，都要进行实验结果讨论，因此，教科书不必将结论和盘托出。

仍以 *ChemCom* 中水的净化为例，在学生做完实验之后，要求学生计算：

1. 你净化后得到的水占一开始取的水体积的百分比是多少？

2. 在你净化的过程中失去了多少水？

3. 在水净化过程中失去的水占样品的百分比是多少？

[1] HEIKKINEN H. Chemistry in the community [M]. 4th ed.Atlanta: Kendall Hunt Publishing Company, 2004: 7-10.

接着，要求学生对所得数据进行分析。

这一阶段涉及的科学过程技能主要是数据处理。

（五）反思、交流、评价

教科书可以设计适当的栏目引导学生反思、交流、评价。让学生反思：本实验的关键步骤是什么？实验的结果说明了什么？可以用其他的方法做这个实验吗？……

ChemCom 中在学生做完水的净化实验之后，安排以下问题供学生讨论：

1. 你的净化水样品是纯水吗？你是怎么知道的？

2. 怎样将你的水样与其他实验小组的水样的质量进行比较？也就是说，怎样判断哪个小组的实验是成功的？

3. 如果你继续做实验，怎样改进净化水的流程以提高净化水的产率？

4. a. 估计一下你用于净化水的总时间。

 b. 依你的观点，时间的投入会导致足够多的纯净水的产出吗？

 c. 在日常生活中，人们常说“时间就是金钱”。

  i. 如果你用两倍的时间用于净化水，额外付出的时间会提高净化水的质量吗？

  ii. 如果你用十倍的时间会怎样？

 说明你的理由。

5. 城市水厂不用蒸馏的方法净化水，为什么？

这一阶段涉及的科学过程技能包括反思、交流、评价、表达等。

二、主题探究式化学教科书的启示

（一）有利于培养学生的科学过程技能

我国传统的化学教科书是以化学知识为主线编制的，以探究活动为主线的编制方式十分罕见。*ChemCom* 选取化学与社会生活中的重大结合点为题材，以社会问题为中心，以学生的科学探究活动为线索，在探究活动中呈现知识，重视学生的实践和体验。学生在探究活动中学习科学过程技能，并在学习知识与技能的同时，体会到其运用方法和价值，在参与实践活动中逐步树立社会责任感。这种教科书的编制方式，有利于培养学生的科学过程技能，有利于将化学学科知识与社会生活密切联系，值得我们借鉴。

（二）高中化学某些选修课程可以尝试

ChemCom 原本是给不打算继续学习化学的学生使用的教科书，所以教科书中化学学科知识的系统性不强。我国的中学生中将来学习化学专业的只是少数人，将

来学习理工科的学生也不是多数，另外还有相当一部分学生将直接就业。针对那些以后不准备继续学习化学的学生，我们没有必要强求他们在化学学科知识方面继续深入学习。我们也可以尝试运用主题探究式的编制方式。目前，我国高中化学新课程由必修课程模块和选修课程模块组成。不准备继续学习化学的学生，在学习完必修化学模块的基础上，只要再学习一个选修模块即可。他们最有可能选修的是《化学与生活》模块，其次是《化学与技术》模块，这两个模块完全可以以与社会生活密切联系的化学问题为主题,在每个主题中都可以运用探究活动为主线的方式编制。另外,《实验化学》模块旨在突出学生的科学探究活动，教科书也可以尝试以这种方式编制。

（三）注意适当借鉴，不可盲目照搬

按照主题探究式编制化学教科书，既有它的突出优点，也可能产生一些问题，对此我们必须要有清醒的认识。问题之一就是无法兼顾化学知识的逻辑性和系统性。使用这样的教科书，有可能造成学生的化学基础知识不扎实。我们知道，知识和技能都是能力的重要组成部分，只关注科学过程技能的训练而忽视基础知识的系统学习，发展能力尤其是学科能力的目标有可能成为“海市蜃楼”。问题之二是现实条件的制约。从实验条件来说，尽管这几年情况稍有改观，但是一般学校还是远远满足不了基本上每节课都有学生探究活动的教学需求。从师资条件来说，要有效地指导学生的探究活动，教师本身必须具备高水平的探究能力，而这样的教师目前为数不多。而且，我国的学生人数多，班级规模大，即使具备实验条件，教师的素质也能够胜任，恐怕也难以承担同时指导好几十人的探究活动的重任。问题之三是现行的高考制度成为中学化学教学的指挥棒，使用以探究活动为主线的教科书，即使学生的探究能力很强，但是却未必能在考试中取得高分。我们无权指责现在的学校和教师急功近利或目光短浅，因为在残酷的竞争形势下，考试成绩的确关乎学校的生存、教师的生存，而生存是第一法则，这就是我国的现实国情。因此，义务教育阶段和高中必修模块的化学教科书，以及《化学反应原理》《物质结构与性质》《有机化学基础》等教科书均不适宜运用主题探究式的编写思路。

第四节　科学过程技能专题的设置

采取主题探究式的教科书编制方式，虽然突显了科学过程技能的内容，但是我们在采用这种编制方式时务必要谨慎。为了突显科学过程技能的内容，我们可以采取另外的变通手段，譬如，采取设置科学过程技能单元或专题的方式就是可行之策。

一、科学过程技能专题设置思路

设置科学过程技能专题的基本思路是：在化学教科书的某一单元（或章、节）中集中安排科学过程技能的内容，包括概念、规则、应用条件、实践训练等。这样设计的目的是，让学生对化学学科的基本研究过程有大概的认识，了解化学研究中重要的、常用的科学过程技能。有些科学过程技能（如观察技能、实验操作技能）可以进行先期的专门训练。

科学过程技能的专题内容，可以引起学生对科学过程技能学习内容的重视，有意识地引导学生学习科学探究所必备的技能，有助于改变学生机械的、被动的学习方式，使学生在后续学习过程中能够运用科学过程技能获得化学事实、概念、原理等知识。

科学过程技能专题设计的基本模式是：

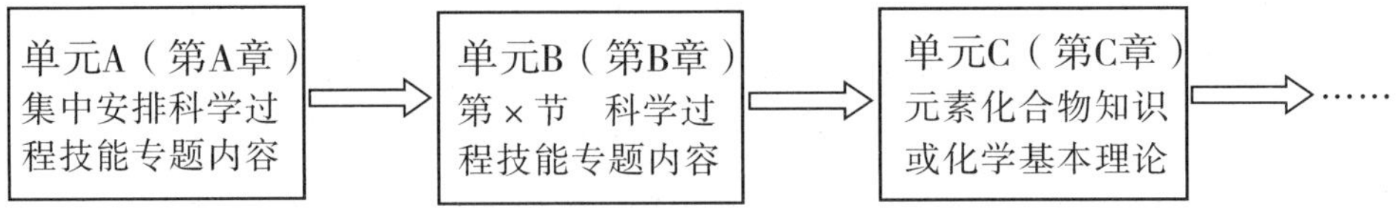

图6-2　科学过程技能的专题设计模式

在上述模式中，A 不一定代表“一”，B 不一定代表“二”，但是在教科书中一般处于比较靠前的位置。这样安排的目的，是为了让学生对科学过程技能首先产生整体感知，对某些重要的科学过程技能先行训练，以便在后续学习过程的不断运用中得到提高。另外，A 和 B 也不一定要在一本或一套教科书中同时出现。

由山东科学技术出版社出版，王磊主编的普通高中课程标准实验教科书（以下简称鲁科版）《化学 1》（必修），比较系统地安排了科学过程技能专题内容。

鲁科版《化学 1》（必修）第一章“认识化学科学”中专门设置第二节“研究物质性质的方法和程序”，比较系统地介绍了化学研究中常用的科学过程技能。教科书开宗明义地指出：“研究物质的性质，常常运用观察（Observe）、实验（Experiment）、分类（Classify）、比较（Compare）等方法。”[1]在第二章第一节“元素与物质的分类”中则专门讨论了分类方法及其应用。

关于观察，教科书中阐述：“观察是一种有计划、有目的地用感官考察研究对象的方法。人们既可以直接用肉眼观察物质的颜色、状态，用鼻子闻物质的气味，也可以借助一些仪器来进行观察，从而提高观察的灵敏度。在观察过程中，不仅要用感官去搜集信息……”接着，教科书通过“观察金属钠的物理性质及钠与水反应的现象”训练学生的观察技能。具体内容如下：

观察目的：

1. 认识金属钠的状态、颜色、硬度和密度的相对大小、熔点的相对高低。

2. 认识金属钠与水的反应。

观察内容：

1. 观察盛放在试剂瓶中的金属钠。用镊子将金属钠从试剂瓶中取出，用滤纸将其表面的煤油吸干，在玻璃片上用小刀切下一小块钠（黄豆粒大小），观察钠块的切面。（注意：金属钠有强烈的腐蚀性，千万不要用手直接接触它。）

2. 向培养皿中加适量水，滴入 1 ~ 2 滴酚酞溶液，将切好的钠投入水中，观察现象。

观察记录：

金属钠的物理性质

状态	颜色	硬度和密度的相对大小	熔点的相对高低

金属钠与水的反应

现象	分析

思考：

1. 你是如何通过观察来认识金属钠的有关物理性质及它与水的反应的？在观察过程中，你发现了什么问题？

2. 金属钠是怎样保存的？为什么？[2]

[1] 王磊．化学1：必修［M］．济南：山东科学技术出版社，2004：8.
[2] 王磊．化学1：必修［M］．济南：山东科学技术出版社，2004：8–9.

可见，在观察方法中涉及的科学过程技能，不仅有观察的技能，还有记录、分析等基本技能。

关于实验的方法，该教科书上是这样阐述的："在研究物质性质的过程中，可以通过实验来验证对物质性质的预测或探究物质未知的性质。在进行实验时，要注意控制温度、压强、溶液的浓度等条件……"对如何进行化学实验做了详细说明。教科书以"金属钠与氧气反应的实验"作为学习案例，让学生通过此实验明确实验的基本程序。

关于分类和比较，教科书中先给予简要的说明："在研究物质的性质时，运用分类的方法，分门别类地对物质及其变化进行研究，可以总结出各类物质的通性和特性;运用比较的方法，可以找出物质性质间的异同，认识物质性质间的内在联系。"该教科书要求学生"运用所学知识，比较金属钠与金属铁的性质"，以此训练学生分类和比较的基本技能。该教材的第二章第一节对物质分类的方法又予以进一步的探讨。

该教科书还设置了"研究物质性质的基本程序"这一内容，不仅让学生从宏观上了解研究物质性质的基本程序，而且让学生从微观上了解研究物质性质的过程中常用的科学过程技能。该教科书还用图示的方法对此进行了说明。紧接着，教科书以"研究氯气的性质"作为学习案例，让学生尝试使用上述的基本程序和科学过程技能去学习研究氯气的性质。

鲁科版化学教科书的"科学过程技能"专题对科学过程技能的介绍比较系统全面，这有利于学生的整体感知。而且教科书注重让学生通过探究活动学习科学过程技能，体现了技能学习的特点——做中学。

二、科学过程技能专题需注意的问题

（一）要恰当处理全面与重点的关系

科学过程技能专题要力求全面，也就是要包含科学探究活动中从提出问题到解决问题全过程的技能。鲁科版化学教科书中的科学过程技能专题，相对于国内的其他化学教科书来说，包含的科学过程技能的要素最多，也最为系统和全面。专题基本上按照科学探究的过程呈现一些重要的科学过程技能，包括提出问题、观察、记录、实验、分类、比较、假说、模型、实验方案设计、预测与假设、分析、归纳等。当然，所谓的全面也不是事无巨细全部包揽，譬如如何做好记录、如何作图、如何类比等就没有必要专门介绍。而且，有些科学过程技能不一定非得在专题中呈现。

在确保科学过程技能系统、全面的前提下，还要观照化学学科的特点，突出一些具有学科特点的重点技能。化学学科的重点技能是化学用语、化学实验、化学计算以及分类、假设、归纳等，化学计算一般都设有专门章节，因此重点技能应该突显化学实验和分类。由人民教育出版社课程教材研究所化学课程教材研究开发中心编著，宋心琦教授主编的普通高中课程标准实验教科书（以下简称人教版）《化学 1》（必修）中，[1]第一章是“从实验学化学”，包含“化学实验基本方法”“化学计量在实验中的应用”，主要涉及过滤、蒸发、萃取、蒸馏等基本操作技能，突出了化学实验技能。第二章的第一节是“物质的分类”，主要介绍简单分类法及其应用，也具有化学学科的特点。由江苏教育出版社出版，王祖浩教授主编的普通高中课程标准实验教科书（以下简称苏教版）《化学 1》（必修），科学过程技能的内容在专题 1“化学家眼中的物质世界”中得到了集中的体现。该专题的第一单元“丰富多彩的化学物质”安排了“物质的分类及转化”，第二单元“研究物质的实验方法”集中安排了物质的分离和提纯、常见物质的检验、溶液的配制及分析等化学实验基本操作技能。

以上三种化学教科书科学过程技能专题设计各有千秋，鲁科版中的科学过程技能最为系统全面，但是对化学实验技能强调不够；人教版和苏教版中的科学过程技能专题突显了化学学科的特点，尤其是强调了化学实验和分类，但是所涉及的科学过程技能要素不全面。因此，如何恰当处理全面与重点的关系，是化学教科书科学过程技能专题设计需要探讨的问题。

（二）要恰当处理知识与技能的关系

设置科学过程技能专题，并不意味着对技能进行孤立地训练。孤立的技能训练容易导致机械训练的状况，实践证明不可能取得良好的效果。因此，科学过程技能的专题也应该有机地融合相关的化学知识。

鲁科版《化学 1》（必修）将“钠”和“氯气”的内容作为学生学习使用科学过程技能的案例，这样的编排可谓匠心独运，避免了枯燥地讲解科学过程技能的概念，或者机械地进行科学过程技能的训练，也改变了传统的元素化合物知识的呈现方式。该教科书编排了“研究物质性质的基本程序”的内容，让学生综合学习多种科学过程技能，也避免了对科学过程技能进行孤立训练的状况，这为学生进一步学习后续内容打下了良好的基础。苏教版化学教科书将科学过程技能与物

---

［1］ 人民教育出版社课程教材研究所化学课程教材研究开发中心．化学必修1［M］．北京：人民教育出版社，2004：2.

质的溶解性、卤素、碱金属等知识结合起来，兼顾了知识与技能，处理得也较好。相比之下，人教版化学教科书过于关注化学实验操作技能的细节方面，与具体的化学知识结合得不够紧密。

（三）要恰当处理术语的学术性和通俗性的关系

苏教版化学教科书没有给相关的科学过程技能下定义。人教版化学教科书只对萃取、蒸馏等具体的实验操作技能下了定义。鲁科版化学教科书对一些重要的科学过程技能都给出了严密的定义，并且给出了一些科学过程技能的英文单词。关于假说，教科书中阐述："假说（Hypothesis）是以已有事实材料和科学理论为依据，面对未知事实或规律所提出的一种推测性说明。假说提出后须得到实践的证实，才能成为科学理论。道尔顿提出的原子学术起初就是一种假说，后来经过反复验证和修正，才发展成科学理论。"关于模型，教科书中阐述："模型（Model）是以客观事实为依据建立起来的，是对事物及其变化的简化模拟。模型一般可分为物体模型和思维模型两大类。例如，研究有机化合物的结构时经常用到的球棍模型就是一种物体模型，而在研究原子结构的过程中所建立起的各种模型则属于思维模型。"可见鲁科版教科书关于科学过程技能的术语虽然尽量使用了通俗易懂的语言，但是其学术味依然很浓。

科学过程技能定义的学术化，可能有助于学生准确理解科学过程技能的概念。但是，由此也可能产生不良的副作用，就是有的教师会让学生死记硬背这些科学过程技能的概念，而并不去关注学生是否真正能学会运用这些技能。学习科学过程技能的目的不是让学生能说出它"是什么"，而是让学生学会"怎么做"。

如果能用通俗易懂的、妙趣横生的语言讲解科学过程技能，效果可能会更好。在这一方面，Prentice Hall 公司出版的《科学探索者》丛书中的《科学过程技能手册》可供我们参考。由帕迪利亚（M. J. Padilla）主编的《科学探索者·化学反应》（*Science Explorer Chemical Interaction*）和《科学探索者·物质构成》（*Science Explorer Chemical Building Blocks*），[1] 两本书附有相同的《科学过程技能手册》。该书对相关科学过程技能的解释基本上是用比喻、类比的方法，深入浅出，妙趣横生，有利于学生理解。（具体见附录 2）

[1] 帕迪利亚. 科学探索者：化学反应［M］. 盛国定，马国春，译. 杭州：浙江教育出版社，2002：154.

第五节　科学过程技能的栏目表征

培养学生的科学过程技能，采取比较集中的、有系统的专题学习方式是必须的，但是仅停留于此还远远不够。因为科学过程技能的学习不可能一蹴而就，所以不能期望“毕其功于一役”。科学过程技能的训练必须贯穿于化学课程学习的全过程，这就要求化学教科书的编制要将科学过程技能的内容贯穿始终。“主题探究式”的教科书体系将科学过程技能的内容一以贯之，但是却以牺牲学科知识的系统性为代价，是否会造成顾此失彼的后果值得研究。化学教科书编制在立足于化学知识的系统性、逻辑性的基础上，设计一些体现科学过程技能，体现学生学习活动方式的栏目，可以较好地将知识与技能统一起来。

目前，我国的中学化学教科书普遍运用了栏目设计方式。化学教科书中的栏目，根据其功能的不同，可以分为资料型栏目和活动型栏目。资料型栏目提供给学生一些拓展性的化学知识，譬如，“化学前沿”“科学视野”“拓展视野”“身边的化学”“化学与技术”“科学史话”“化学史”“资料在线”等栏目，广泛联系化学学科前沿、化学与社会生活的知识，拓展学生的知识视野。活动型栏目主要按照科学探究的基本过程来设计，体现科学探究的基本环节，以及每一环节中重要的科学过程技能。

一、栏目之间的内在联系

设计活动型栏目的目的就是为了引导学生的学习，因此栏目要体现学习的过程性特征。如果栏目之间没有关联或者关系不大，教科书的体系便如一盘散沙。按照科学探究活动的过程设置栏目，让学生明确学习的过程，可以有效地指导学生的学习活动，可以确保科学过程技能内容的系统学习。

由化学课程标准研制组编写，上海教育出版社出版的义务教育课程标准实验教科书《化学》（九年级上册）、《化学》（九年级下册）（以下简称沪教版）中，[1] 栏目设计较好地体现了科学探究学习的过程，栏目之间的关系如下（图 6–3）：

---

［1］ 中学化学国家课程标准研制组．化学九年级上册［M］．修订本．上海：上海教育出版社，2004：132–136.

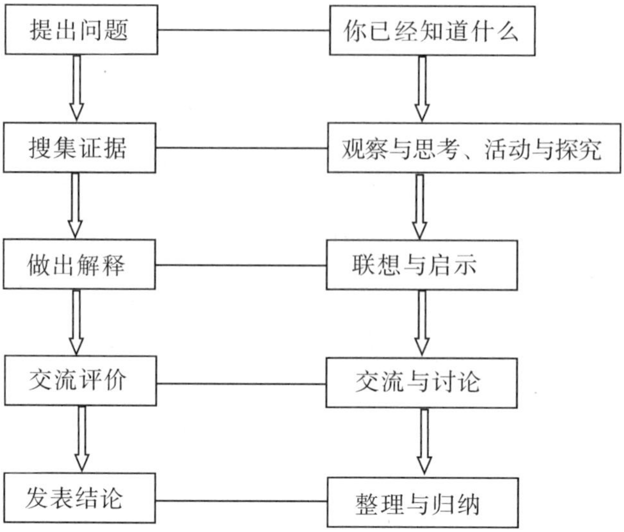

图6-3 沪教版化学教科书活动型栏目的相互关系

以下试以沪教版《化学》（九年级上册）第五章第四节的“石灰石的利用”为例，具体分析各栏目的功能，以及各栏目中蕴含的科学过程技能。

你已经知道什么——你见过石灰石吗？你能识别它吗？找一块石灰石样品，带给同学们看看。

此栏目的设计旨在引起学生对有关石灰石知识的关注。在学生的先拥经验中可能或多或少地有一些石灰石方面的零散知识，此栏目提出的问题就是要让学生在已有知识经验中生发出问题。学生自然会产生疑问：哪些石头属于石灰石？石灰石的主要成分是什么？怎样确定一块石头是不是石灰石？有了一定的问题意识，学生将以浓厚的兴趣投入有关石灰石知识的学习中。

此栏目蕴含的科学过程技能，是让学生意识到问题进而界定问题。

活动与探究——在试管中加入各种石块，再加入一定量的盐酸，观察、记录实验现象。

教师可以通过此栏目，引导和帮助学生开展实验探究活动，使学生掌握检验碳酸盐的方法。实验所用的材料，可以是学生自己带来的石块，也可以是教师提供的药品。怎样进行实验？教科书中提供了简单的实验装置和方法，可以帮助学生顺利地进行实验。学生经过实验、观察、记录，对实验结果进行分析、归纳，将会比较容易地掌握检验石灰石的方法。在学生掌握了检验石灰石的方法后，教师还可以提供其他的碳酸盐药品，让学生预测检验方法，进行实验操作，然后归纳总结检验碳酸盐的方法。这样，知识与技能就得到了进一步的迁移。

此栏目蕴含的科学过程技能包括实验操作、观察、记录、分析、归纳等。

观察与思考——石灰石加热前后发生了哪些变化？

此栏目的设计旨在引导学生通过观察与思考去学习石灰石的性质。学生通过观察石灰石加热前后所发生的变化，可以判断出石灰石加热发生的化学变化。石灰石加热后生成了什么新的物质？教科书中提供了现成的实验方案：将反应后的产物投入冷水中，静置后取上层清液分装于两支试管，向其中一支试管中滴加酚酞，向另一支试管中吹气。经过实验操作、观察、记录、思考，学生可以自己得出石灰石加热后生成的产物是什么的结论。

此栏目蕴含的科学过程技能包括观察、比较、分析、归纳等。

交流与讨论——你对石灰石、生石灰、熟石灰的性质和用途有哪些新的认识？

此栏目旨在引导学生将前面所学知识进行反思、归纳、整理。栏目中呈现了一个表格，要求学生总结石灰石、生石灰、熟石灰的主要成分、主要性质和用途。该栏目还暗示，可以让学生用自己的语言表达学习的收获，每位学生可以从不同的角度谈自己的收获。

此栏目蕴含的科学过程技能包括反思、交流、评价、表达等。

二、栏目统整的基本规准

（一）栏目之间的边界要清楚

栏目之间有联系，是指活动过程的联系。每个栏目旨在让学生做什么应该是明确的。如果栏目之间的边界模糊，栏目的目的便不明确，教科书的使用者——教师和学生便会无所适从。

依本人愚见，苏教版中的“交流与讨论”与“问题解决”两个栏目，在不少场合完全可以互换。如《化学 2》第 76 页的“交流与讨论”栏目：“乙酸乙酯是一种常见的有机溶剂，也是重要的有机化工原料。依据乙酸乙酯的分子结构特点，运用已学的有机化学知识，推测怎样从乙烯合成乙酸乙酯，写出在此过程中发生反应的化学方程式。”紧接着在第 77 页安排了一个“问题解决”栏目：“若有甲酸、乙酸、甲醇和乙醇在一定条件下于同一反应体系中发生酯化反应，则理论上能生成几种酯？其中哪些是同分异构体？”这两个问题的类型相似，难度相仿，却隶属于两个不同的栏目，令人费解。所以，到底什么样的内容适合于“交流与讨论”，什么样的内容适合于“问题解决”，还需要进行精细地研究。

人教版中的“实验”“实践活动”“科学探究”这三个栏目之间有许多交叉重叠的地方。我们知道，实验属于实践活动，科学探究也属于实践活动，而科学探究往往又包含着实验，所以这三个栏目从逻辑上讲是类属关系，而不是并列关系。这些问题应当引起注意。

（二）栏目要数量适中、分布均衡

栏目的数量太少起不到有效指导学生学习的作用，但是栏目也不是越多越好，过多的栏目不仅破坏了教科书的流畅性，而且还会干扰学习者的思维。

苏教版化学教科书设有栏目："你知道吗""活动与探究""交流与讨论""观察与思考""问题解决""信息提示""拓展视野""回顾与总结""整理与归纳""化学史话""调查研究""练习与实践"。以上这些栏目除了"问题解决"显得多余，栏目的数量比较适中。但是，苏教版化学教科书有些栏目的分布不均衡。譬如，"整理与归纳"栏目相对偏少，两本教科书中总共才出现 3 次，而"交流与讨论"出现了 32 次。

鲁科版化学教科书中的活动型栏目有："联想·质疑""观察·思考""活动·探究""交流·研讨""迁移·应用""概括·整合"。如果只看活动型栏目，数量也较为适中。但是，该教科书中资料型栏目还有："化学前沿""身边的化学""资料在线""追根寻源""历史回眸""知识点击""知识支持""方法导引""工具栏""化学与技术"等。设计如此丰富多彩的栏目，教科书看起来是生动活泼了。然而，众多的栏目也令人眼花缭乱，破坏了教科书的整体感。实际上，该教科书中的有些栏目虽然名称不同，内容却大同小异。因此，似乎可以考虑对有些栏目"合并同类项"。

（三）栏目应该发挥其应有的功能

每个栏目都有特定的功能，教科书编制时应力求每个栏目的功能都得到充分地体现。

人教版《化学 1》第 48 页中的"科学探究"栏目令人匪夷所思，不知道究竟要让学生探究什么。该栏目如下（对实验现象的解释是教科书中的原文）：

〔**科学探究**〕用坩埚钳夹住一小块铝箔（箔厚为 0.1 mm），在酒精灯上加热至熔化，轻轻晃动。仔细观察，你看到了什么现象？为什么会有这种现象？

我们可以观察到，铝箔熔化，失去了光泽，熔化的铝并不滴落，好像有一层膜兜着。这是为什么呢？原来是铝表面的氧化膜保护了铝。构成薄膜的 Al_2O_3 的熔点（2050 ℃）高于 Al 的熔点（660 ℃），包在铝的外面，所以熔化了的液态铝不会滴落下来。

〔**科学探究**〕再取一块铝箔，用砂纸仔细打磨（或在酸中处理后，用水洗净），除去表面的保护膜，再加热至熔化。又有什么现象呢？

熔化的铝仍不滴落。原来，铝很活泼，磨去原来的氧化膜后，在空气中又会很快地生成一层新的氧化膜。[1]

科学探究的本质是一种问题解决的活动，是一个寻找答案的过程。而教科书中的“科学探究”这一栏目完全是编制者自说自话。问题的答案教科书已经清清楚楚、明明白白地和盘托出了，一点悬念都没有留下，这样的科学探究还有什么意义？这样的科学探究无非就是让学生观察，即使让学生亲自动手去做实验，也不过就是验证一下教科书中的结论而已。所以，要想使“科学探究”栏目真正发挥它的功能，最佳的做法是只给出问题，不告诉答案。有的问题如果难度较大，可以有适当的提示。教科书可以适当地留下一些空白，这些空白应该由学生去填写。其实，“留白”也是一种艺术，一幅美妙的画卷并非在它的每一寸纸上都涂抹下笔墨。

（四）栏目名称要有亲和力

栏目名称要名副其实，与活动内容贴近是最基本的要求，否则便文不对题。栏目名称不宜太大，“实践活动”“问题解决”“科学探究”这样的名称过于笼统，有点文不对题，不能起到指导学生学习运用科学过程技能的作用。另外，栏目名称要具有亲和力，“你知道吗”栏目就给人以亲切感。而诸如“活动与探究”等栏目名称显得有点不温不火，缺乏感召力。教科书使用的主体是学生，因此教科书应该想方设法拉近与学生的距离。国外化学教科书中的有些栏目值得我们借鉴。如*ChemCom*中的栏目“You decide”（你来决定）、“Your turn”（轮到你了），仿佛是教科书与学生的对话，也体现了教科书编制者对学生的尊重。

[1] 人民教育出版社课程教材研究所化学课程教材研究开发中心. 化学必修1［M］. 北京：人民教育出版社，2004：48.

第六节　科学过程技能的链接方式

科学过程技能内容的设计还可以采取许多灵活多样的形式。在教科书中，根据学生的学习需要，适时链接有关科学过程技能的内容，在学生的学习有可能遇到困难的地方及时提供支持。链接的方式主要有镶嵌和穿插两种。

一、镶嵌式链接的基本思路

镶嵌式链接的基本思路是：在介绍有关化学知识的时候链接与此相关的科学过程技能的内容，或者在学生探究学习过程中需要运用某些比较生疏的技能时，教科书中对这些技能及时呈现，提示规则或者操作要点，起到向导、教练或者是“脚手架”的作用。这种设计方式，类似于“超文本链接”，也就是说，如果将链接的内容去掉，丝毫不影响文本的连贯性。但是由于纸质的教科书无法像电子教科书那样做到真正的超链接，因此必须在文本的适当地方镶嵌相关内容。在什么地方镶嵌？简单地说就是：需要时呈现。

（一）镶嵌要适逢其时

科学过程技能镶嵌的最佳时机就是学生在学习时需要运用某种科学过程技能，而此时他们对该技能又不熟悉，处于一筹莫展、无所适从的境地，迫切需要帮助。恰在此处，教科书中及时出现该技能的操作要领，提供及时的、明晰的指导，如雪中送炭。当然，如果学生对某项技能已经比较熟练，镶嵌的内容就如画蛇添足，是典型的“马后炮”。

沪教版九年级上册化学教科书在第一章第二节“化学研究些什么”（第 10 页）中，设计了一个“活动与探究”的栏目，要求学生仔细观察蜡烛在点燃过程中的种种现象。教科书设计此内容的目的在于，在学生刚刚步入化学的殿堂时，让他们明确观察对于化学学习的重要意义，初步学会基本的观察技能。对于刚开始学习化学的学生来说，往往会把观察当成是看看热闹，一般只注意到局部的、新奇的现象，他们对于怎样观察化学现象还茫然不知。教科书中不失时机地插入一个方框，提示学生什么是科学观察，观察时要注意些什么。镶嵌的内容如下：

观察是学习化学的重要方法。要了解物质发生的变化，必须从观察入手，在观察中思考，对物质的变化条件、现象和结果进行科学的分析和归纳。

我们可以用自己的感官，还可以借助仪器通过实验，观察物质及其变化的条件、现象和结果。

在化学实验中要特别注意观察和记录实验现象。观察的内容包括：物质原来的颜色、状态；变化过程中产生的现象（例如物质的状态与颜色的变化、发光、发热、形成烟或雾和放出气体等）；变化后生成物质的颜色、状态等。[1]

第三章第一节“用微粒的观点看物质”（九年级上册第 58 页），为了说明微粒之间有空隙以及不同状态物质微粒间空隙大小不同的道理，教科书设计了用注射器分别压缩空气和水的实验。这个实验运用了比较的方法，此处教科书对比较给予说明。

比较是经常使用的一种科学方法，它既要研究事物之间的相同点，又要分析事物之间的不同点。在化学研究中，常常要根据实验结果的异同寻求科学的结论。[2]

第四章第二节“定量认识化学变化”（九年级上册，第 97 页）中，在探究质量守恒定律时插入了“定量研究”的内容。

定量研究方法是科学研究的重要方法之一。化学家们用定量的方法对化学变化进行研究，发现了许多化学变化的重要规律。[3]

此外，该教科书还对一些具体的实验操作技能以镶嵌的方式进行提示。譬如，高锰酸钾分解制氧气实验的注意事项（九年级上册，第 37 页），气体的收集方法（九年级上册，第 44 页），过滤操作的要求（九年级上册，第 50 页），溶液使用的注意事项（九年级下册，第 203 页）等。

沪教版中几处镶嵌的科学过程技能内容都是适逢其时，只是在上册的第 97 页镶嵌的定量研究似乎有点滞后。笔者认为，此内容在第 95 页镶嵌比较恰当，因为此处已经出现了定量研究的提法。

（二）镶嵌要顺其自然

镶嵌的科学过程技能要与相关的化学知识有着密切的联系，或者与学生的学习活动密切相关，顺其自然而不牵强附会。镶嵌得自然，犹如画龙点睛，如果镶嵌得

[1] 中学化学国家课程标准研制组．化学九年级上册［M］．修订本．上海：上海教育出版社，2004：11.
[2] 同［1］61.
[3] 同［1］97.

不自然，则成画蛇添足。

由美国化学会组织编写的供大学文科生使用的化学教科书（*Chemistry in Context: Applying Chemistry to Society*），[1]主要是围绕与社会生活密切联系的化学知识展开。在介绍化学知识时也适当地镶嵌了科学过程技能的内容。譬如，在“我们呼吸的空气”单元，镶嵌了物质分类的内容。

为了描述空气的质量，我们要用到一些化学物质的知识，所以我们需要了解化学物质的分类。化学家将物质分为混合物和纯净物，纯净物又分为单质和化合物。我们生活中遇到的大多数物质都是混合物，如空气、燃料、食物、饮料等。这些混合物可以通过实验手段分离成单一的物质，这些单一的物质具有固定的组成和性质，我们称之为纯净物。在纯净物中有一类物质是由一种元素组成的，这就是单质。化学物质的分类如下图所示（图 6–4）：

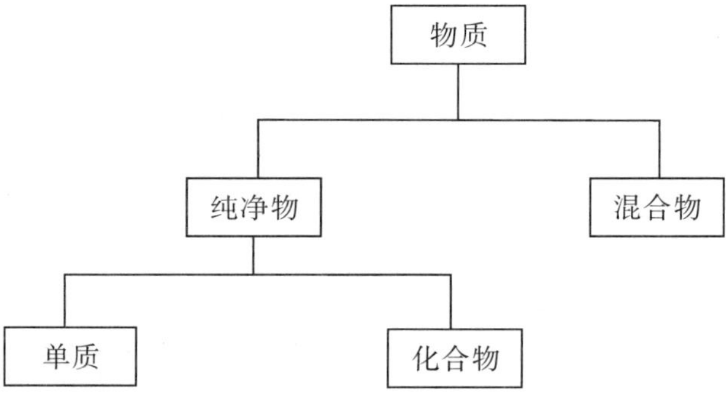

图6–4　物质的分类

空气是人们最常见的混合物，在介绍空气的知识时镶嵌了物质分类的知识，可以让学生对空气的成分有更清楚的认识，同时也顺其自然地学习了物质分类的基本技能。实际上，上述分类是一种最简单的分类，在我国的初中化学中就已经有这方面的内容了。我们不清楚美国大学文科生的化学水平究竟如何，如果学生对物质分类的知识已经掌握，则镶嵌的内容就显得多余了。

（三）镶嵌要特点鲜明

科学过程技能的一般要素可以在有关的专题中呈现。而镶嵌的科学过程技能应该突出化学学科研究的特点，要针对化学学科比较具体的技能。

[1] STANISKI C L. Chemistry in context: Applying chemistry to society [M]. 4th ed. New York: McGraw–Hill, 2003.

鲁科版化学教科书《化学 1》第一章第三节“物质的量浓度”内容(第 23 页)中，镶嵌了“容量瓶的使用”，这属于具体的实验操作技能。第四章第一节“硅、无机非金属材料”(第 104 页)中镶嵌了研究非金属单质一般性质的程序。同样,在“铝、金属材料”中镶嵌了研究金属单质一般性质的程序。在这些“研究程序”中重点介绍了归纳和比较的技能。

《化学 2》第一章第二节“元素周期律”内容（第 12 页）中，镶嵌了实验数据的处理方法，重点介绍了直方图、折线图等图表化的技能。第二章第二节“化学反应的快慢”内容（第 40 页）中，镶嵌了对照实验和实验条件控制的技能，具体内容如下。

> 一个实验的结果会受多种因素的影响。为了使实验结论更加具有说服力，你可以采取对照实验的方法。为了使结论更加全面，希望你能从不同角度改变实验条件，探究各种因素对化学反应速率的影响。[1]

该教科书更多的是从化学学科研究的角度镶嵌了极具学科特点的技能。譬如，在“单质、氧化物、酸、碱和盐之间的相互关系”的内容中，镶嵌了如下内容。

> 研究单质、氧化物、酸、碱和盐之间的相互关系，首先要选定一类物质，预测它们可能与哪些类别的物质发生反应；然后选出各类物质的代表物，探究它们之间能否发生反应。[2]

在“实验室里研究不同价态硫元素间的转化”内容中，镶嵌了如下内容。

> 探究不同价态硫元素间的相互转化，实际上是探究含有不同价态硫元素的物质间的相互转化。
>
> 第一，要选择含有不同价态硫元素的物质，如硫黄、二氧化硫（或亚硫酸钠）和硫酸。
>
> 第二，是获取这些物质。实验室里备有硫黄、亚硫酸钠和浓硫酸试剂，常用亚硫酸钠与较浓的硫酸反应制备少量二氧化硫。
>
> 第三，实现不同价态硫元素间的相互转化，依据的主要是氧化还原反应规律，需要寻找合适的氧化剂或还原剂。[3]

从上面的方框可以看出，鲁科版化学教科书中镶嵌的科学过程技能，极具化学学科特色，与化学学科知识联系比较密切。另外，沪教版镶嵌的科学过程技能也比较具体，尤其突出了实验操作技能，体现了化学学科的特点。

---

[1] 王磊. 化学2：必修 [M]. 济南：山东科学技术出版社，2004：40.
[2] 王磊. 化学1：必修 [M]. 济南：山东科学技术出版社，2004：32.
[3] 同 [2] 84.

（四）镶嵌要系统周密

镶嵌不是胡乱的点缀。一套教科书要镶嵌哪些科学过程技能，在何处镶嵌必须要有全局意识，需要通盘考虑，周密安排。

沪教版化学教科书对科学过程技能的镶嵌进行了很好的尝试，但是还需要进一步完善。整套教科书只镶嵌了观察、实验、比较、定量研究这几项科学过程技能，并且这些内容都集中出现在九年级上册。因此，可以考虑在教科书的九年级下册适当镶嵌一些重要的科学过程技能。譬如，可以考虑在“影响物质溶解性的因素”内容中镶嵌“控制变量”；在“钢铁的锈蚀及其防护”（九年级上册，第 126 页）中镶嵌“实验方案设计”或者“实验条件控制”；在“金属活动性顺序”（九年级下册，第 196 页）中,可以镶嵌“归纳与演绎”;在“酸雨的形成”（九年级下册,第 244 页）中，可以镶嵌“假说”，等等。

另外，整套教科书中镶嵌的科学过程技能要从简单到复杂，适合学生的认知发展水平。

二、知识与技能的穿插编排

科学过程技能穿插式设计的基本思路是，将化学学科知识与科学过程技能穿插编排，使两者交替呈现。我们也可以将这种编排方式视为“大块”的链接。这样设计是为了给学生以专门学习科学过程技能的机会。知识与技能的穿插编排需要注意以下问题：

（一）知识与技能联系密切

科学过程技能不宜离开相关的知识而孤立训练，因此，将知识与技能穿插编排必须考虑两者的紧密联系，这样不仅可以达到培养技能的目的，而且对学科知识的复习、巩固、拓展和深化起到重要的作用。

由帕迪利亚主编、Prentice Hall 公司出版的两本化学教科书——《科学探索者·化学反应》和《科学探索者·物质构成》，其中科学过程技能内容的编写思路完全相同。书中的“增进技能”和“探索活动”可以看作是小穿插，也可以看作是如上所述的镶嵌式。每章穿插的“技能实验室”和“生活实验室”则是专门的科学过程技能训练的内容。稍有不同的是，“技能实验室”主要是综合运用科学过程技能解决有关化学学科的问题，“生活实验室”主要是运用科学过程技能解决一些与日常生活密切相关的问题。现以《科学探索者·物质构成》为例说明，该书的章节内容如下：

第一章　了解物质

第一节　物质概述

第二节　物质的测量

◆〔技能实验室〕数据分析：认识密度

第三节　物质的构成

第四节　与地球科学的综合：地球上的元素

◆〔生活实验室〕操作技能：分离铜

第二章　物质的变化

第一节　固体、液体和气体

第二节　气体的性质

第三节　与数学的综合：用图表描述气体的性质

◆〔技能实验室〕总结：认识气体

第四节　物理变化和化学变化

◆〔技能实验室〕测量：冰的熔化

第三章　元素和元素周期表

第一节　元素的排列

第二节　金属元素

◆〔生活实验室〕科学生涯：测试 1、2、3

第三节　非金属元素和准金属（半导体）元素

◆〔技能实验室〕分类：假想的元素周期表

第四节　与空间科学的综合：化学元素的起源

第四章　碳化学

第一节　化学键、单质碳的类型

◆〔技能实验室〕制作模型：有多少种不同排列的分子

第二节　碳化合物

第三节　与生命科学的综合：含碳的生命物质

◆〔生活实验室〕科学消费：饮料中维生素含量的测定[1]

第一章“了解物质”首先介绍物质的分类，然后介绍研究物质的物理性质的实验技能，紧接着安排“技能实验室”，主要训练学生测量、记录和数据处理的技能。第四节“与地球科学的综合：地球上的元素”主要介绍了物质的分离方法。书中以“沙里淘金”为例介绍了物理分离方法，以“电解铜”为例介绍了电化学分离方法。紧接着安排了“生活实验室”——分离铜，学生在学习观察、比较和实验操作等技

[1] 帕迪利亚. 科学探索者：物质构成［M］. 盛国定，马国春，译. 杭州：浙江教育出版社，2002.

能的同时，巩固、加深了对电解原理的认识。

第二章“物质的变化”，第一节概述了固体、液体和气体的基本特性，第二节重点介绍气体的性质，第三节重点介绍用图表描述气体的性质，在此之后安排了“技能实验室”——认识气体。学生在学习测量、记录、数据的图表化等技能的同时，也巩固和加深了气体体积与压力的关系，气体体积与温度的关系等气体性质的知识。

第三章“元素和元素周期表”，在前三节分别介绍了元素周期表、金属元素和非金属元素的知识，接着安排了“技能实验室”——假想的元素周期表。该内容的设计生动有趣，设想科学家通过无线电波与某遥远行星上的生命取得了联系，该行星是由许多与地球上完全相同的元素构成的，但该行星上的居民给这些元素取了不同的符号和名称。科学家们知道了该行星上 30 种元素的化学和物理性质，这些元素属于周期表中的第 1、2、13、14、15、16、17、18 族，请学生将这些元素分别放入空白周期表中的合适位置。该主题不仅训练学生分类、推理和想象等基本技能，而且对元素周期表的基本知识、30 种元素在周期表中的位置以及它们的基本性质等知识都起到了很好的复习巩固作用。

第四章第三节“与生命科学的综合：含碳的生命物质”中，简明扼要地介绍了淀粉、维生素、纤维素、蛋白质等的知识，接着安排了“生活实验室”——饮料中维生素含量的测定。该内容是书中安排的最后一个实验，涉及测量、假设、实验设计、数据处理和归纳总结等多项技能，对学生的要求较高。同时，这个实验涉及的一些化学知识是对前面所学知识的深化。譬如，碘遇到淀粉呈现蓝色，维生素 C 具有还原性，碘具有氧化性，维生素 C 遇到淀粉会发生氧化还原反应等知识，在前面没有介绍，学生在训练、提高技能的同时也拓展、深化了有关的知识。

穿插式设计特别要注意化学学科知识与科学过程技能的有机联系。如果是“各唱各的歌，各弹各的调”，两者“井水不犯河水”，整个教科书的系统结构就不和谐。而知识与技能不能有机地结合起来，学生就难以形成良好的认知结构，最终就会影响学生能力的发展。

（二）科学过程技能训练系统有序

穿插式设计是以化学学科知识（或者综合知识）为一条线，以科学过程技能为另一条线，将这两条线的内容交叉排列成为一体。既然将科学过程技能为一条线，那么在设计时就可以按照科学探究的过程全盘考虑各项技能。对学生的科学过程技能进行系统训练，遵循循序渐进的原则。

《科学探索者 · 化学反应》中的科学过程技能的设计就体现了技能训练的系统性。书中的“探索活动（课前的思考与探索）”涉及提出问题、假设、猜想、预测、想象、实验操作等多项技能。该书的“增进技能（探索技能训练）”部分涉及计算、分类、解释数据、设计实验、绘图、控制变量、预测等多项技能。此外，该书的“技能实验室（探索技能强化）”部分中，虽然每一个实验所涉及的技能不多，但是每一个实验所涉及的技能的侧重点不同：第一个实验“证据在哪儿”主要涉及观察和记录的技能，第二个实验“比较原子的大小”主要涉及制作模型和比较的技能，第三个实验“揭示化学键的本质”主要涉及测量、实验条件控制、数据记录等技能，第四个实验“探索影响物质溶解度的因素”涉及实验方案设计、控制变量、分析和综合等技能，第五个实验“这就是半衰期”涉及制作模型、类比、数据的图表化、分析和评价等技能。将这五个实验作为一个整体来看，可以发现它们涵盖了科学探究的主要过程技能。

正因为这样设计的科学过程技能的系统性强，所以在设计时可以按照循序渐进的方式编排各项技能。总的原则是：先易后难、先简后繁、先具体后抽象。譬如，先安排观察、记录、比较等相对容易学习和掌握的技能，后安排控制变量、建立模型、类比、实验方案设计等相对难掌握的技能；先安排的实验涉及一两个技能，后安排的实验逐渐增多至涉及四五项技能；先安排观察、记录、简单的实验操作等以外显动作为主的技能，再安排比较、类比、分析、归纳、建立模型、实验方案设计等以思维活动为主的技能。

值得注意的是，知识与技能的穿插编排体现了对两者同等的重视。如果将技能的内容仅仅作为验证或者巩固知识而存在，这样不利于学生技能水平的提高。以往有些化学教科书，在每一章内容结束之后安排一个实验，似乎也是将知识与技能进行穿插式编排，但是实验内容只是对学生所学知识的复习巩固。实践已经表明，这样的编排方式达不到有效培养学生科学过程技能的目的。

本章小结

科学过程技能的内容要在化学教科书中得到充分的体现，就必须突显学生的科学探究学习活动，将化学知识、科学过程技能与情感态度价值观的教育内容进行有机融合。科学过程技能属于过程性的、动态的知识，在教科书中必须以动态的方式表现出来。

以化学实验为主线的教科书编制方式，突出了化学学科以实验为基础的特点。这种编制方式为切实培养学生的科学探究能力创造了有利的条件。一方面，可以系统地培养学生的各项科学过程技能；另一方面，在一些研究性实验课题中学生有机会综合运用各项科学过程技能解决化学问题。该编制方式在高中化学选修教材《实验化学》中得到充分的体现。

主题探究式教科书的编制方式，以社会生活中的重大问题为主题或单元，每个主题或单元都以学生的探究学习活动为主线，相关学科知识在探究活动需要运用时呈现。这种教科书的设计理念是：以培养学生的科学素养为宗旨，让学生学习基本的化学知识和基本的科学探究技能；引导学生理解怎样运用化学知识去解决社会和生活中的问题，并理解解决复杂的社会问题的方法可能产生新问题，以提高决策能力；给学生提供获得、解释科学信息的机会，以及了解科学、技术与社会相互联系的机会。这种教科书编制的一般思路是：创设真实的问题情景，设计解决问题的方案，进行实验探究或者调查活动，实验数据处理和结果讨论，反思，交流，评价。这种编制方式以《社会中的化学》（*ChemCom*）为典型代表。

设置科学过程技能专题的基本思路是：在化学教科书的某一单元（或章、节）中集中安排科学过程技能的内容，包括概念、规则、应用条件等。这样设计的目的是让学生对化学学科的基本研究过程有概括的认识，了解化学研究中重要的、常用的科学过程技能，为后续的化学学习打下必要的科学过程技能基础。这种设置方式在三家出版社出版的高中化学必修教材中都有体现。

科学过程技能的栏目表征方式是在立足于化学知识的系统性、逻辑性的基础上，设计一些体现科学过程技能，体现学生学习活动方式的栏目，较好地将知识与技能统一起来。按照科学探究活动的过程设置栏目，让学生明确学习的过程，可以有效地指导学生的学习活动，也可以确保科学过程技能内容的系统学习。沪教版初中教科书《化学》(九年级上册)、《化学》(九年级下册)，苏教版高中教科书《化学 1》《化学 2》等都设置了活动型栏目。

科学过程技能的链接方式基本思路是：在介绍有关化学知识的时候链接与此相关的科学过程技能的内容，或者在学生探究学习过程中需要运用某些陌生的技能，此时教科书将这些技能及时呈现，提示规则或者操作要点，起到向导的作用或者是“脚手架”的作用。这种设计方式，在沪教版初中教科书《化学》(九年级上册)中有所体现。

科学过程技能穿插式设计的基本思路是，将化学学科知识与科学过程技能穿插编排，使两者交替呈现。我们也可以将这种编排方式视为“大块”的链接。这样设计的目的，是为了给学生以专门学习科学过程技能的机会。知识与技能的穿插编排需要注意的问题是：知识与技能联系密切，科学过程技能训练系统有序。这种编排方式的典型代表是由帕迪利亚主编的两本化学教科书《科学探索者·化学反应》和《科学探索者·物质构成》。

第七章　科学过程技能教学的行动研究

科学过程技能作为一种特殊的技能，它的学习心理机制与一般的技能学习既有共同的地方，也表现出一定的特殊性。科学过程技能作为智慧技能的重要成分，在解决不同的科学问题时具有通用性，但是任何一个具体问题的解决都与相关的知识密不可分。因此，在化学教学中唯有将化学知识与科学过程技能进行有机融合才是可行之策。如何将知识与技能进行有机融合？这不仅是一个重要的理论问题，更是一个迫切需要解决的实践问题。

第一节 行动研究的基本构想

知识与技能都是能力的重要成分。只重视知识教学而轻视技能培养，不利于学生智慧技能（能力）的发展。反之，如果试图将科学过程技能游离于知识而单独进行形式化的训练，则难免重蹈官能主义的覆辙。将知识与技能生硬地分离，采取偏执一端的做法都失之偏颇。因此，研究科学过程技能如何培养的问题，也就是研究在教学中如何将知识与技能有机融合的问题，再加上考虑到情感目标，问题实质上就是如何将“三维目标”有机整合。在化学课堂教学中，“三维目标”整合的关键是化学知识与科学过程技能的有效耦合。

一、知识与技能耦合的教学设想

培养学生科学过程技能的教学，并不需要创造新的教学模式。我们应该本着古为今用、洋为中用的态度，吸取古今中外培养技能方面的成功经验，博采众长，为我所用。

（一）充分汲取探究教学思想的精髓

科学探究学习是学生模仿科学家的科学研究过程而进行的学习，是一种复杂的学习活动。科学探究学习过程涉及科学过程技能的各项要素，诸如：“观察现象；提出问题；查阅书刊及其他信息资源以便了解已有的知识；设计调查和研究方案；根据实验证据来核查已有的结论；运用各种手段来搜集、分析和解释数据；得出答案、进行解释并做出预测；把结果告之于人。探究需要明确假设、运用批判性思维和逻辑思维、考虑各种可能的解释。”[1] 由此可见，在科学探究学习过程中，学生自然而然地要运用到各种科学过程技能。科学过程技能在运用中可以逐步熟练，不断提高，因此可以说，科学探究学习是提高科学过程技能的理想方式。

自从杜威提出“做中学”的思想以来，尤其是从20世纪50年代末的那场科学教育改革浪潮以来，人们对科学探究教学的关注持续不断。探究教学不只是一种教学方法或教学模式，而是一种教学思想。马赫穆托夫提出的问题教学，布鲁纳提出

[1] 〔美〕国家研究理事会科学、数学及技术教育中心，《国家科学教育标准》科学探究附属读物编委会．科学探究与国家科学教育标准：教与学的指南［M］．罗星凯，等，译．北京：科学普及出版社，2004：14.

的发现学习，以及近年来兴起的情境教学、抛锚式教学等均可归为探究教学一类。探究教学的主要特点是:重视问题情境的创设，引导学生在情境中产生并识别问题;强调学生的自主探究活动，活动的形式多种多样;鼓励学生对学习的结果进行讨论和交流，检验和评价;等等。

新世纪启动的化学课程改革充分汲取了探究教学思想的精髓,《义务教育化学课程标准》(2011版)明确提出以科学探究为改革的突破口。但是，科学探究教学的思想要化为具体的行动，也就是说要在日常教学中得到具体的落实，我们必须面对很多具体的困难。

(二)采取有指导的局部探究教学方式

目前，国外的探究式教学不仅在理论上有所发展，而且在实践中有所创新。譬如“项目学习”“认知学徒制”“网络探究”等,已经有了成功的实践。但是“橘生淮南则为橘，生于淮北则为枳”，简单的拿来主义必然会造成“水土不服”。近几年来，在科学探究的热潮中有些地方出现了“叶公好龙”式的假探究，与探究教学的理念貌合神离，就足以说明这一点。国外的探究教学模式我们为什么不能仿效呢?

其一，我国有着重视知识的传统。尤其是重视书本知识，不重视个人的实践性知识。现在，由于科学技术给社会发展带来了巨大的影响，从内心小瞧科学技术的人很少了，但是对科学技术真正理解的人却不是很多。持有传统的静态科学观的人是相当普遍的，不少人深信科学就是确定无疑的系统知识，因此学习科学就是学习科学知识。而学习科学知识的最高效方法就是读书、记忆。曾几何时，我国的化学课堂是这样的景象:“教师在台上照书讲解，学生在座上默坐静听，教师于讲演时提问题令学生思索答复者已甚少，做实验以助学生了解者，更难一见。至于有学生实验作业之学校真是绝无仅有。”[1]这段文字描述的是几十年前的化学课堂状况,遗憾的是，这种状况目前并没有绝迹。我们必须承认，我国传统的化学教学中有值得继承的优点，但是这种只重视知识不重视知识产生过程的教学观念当然是落后的。我们要正视的问题是，作为一种历史积淀的文化习惯，不管其优也罢劣也罢，短时间内恐怕不可能轻易被改变。

其二，现行的考试制度决定了教师必须进行扎扎实实的知识教学。众所周知，我国的各级各类考试基本上都是采用纸笔测试的方式,虽然有些考试有面试的形式，但是前提必须是通过笔试的筛选。在纸笔测试中，因为知识最容易检测，技能较难检测，态度更难检测，所以各级各类考试主要规定知识点的具体要求。纸上谈兵的

[1]《中国化学五十年》编辑委员会. 中国化学五十年[M]. 北京：科学出版社，1995：329.

方式不可能评价出学生科学探究能力的真实水平，所以说只靠纸笔测试的方式来选拔人才是不合理的。不少人看到了一考定终身的不合理性,而提出许多改革考试(尤其是高考)的措施，也有人提出仿效国外某些大学录取的方法，比如推荐和面试等，从理论上说确实很好,但是在实践中寸步难行。缘何如此？这里牵涉很多社会问题，诸如社会诚信问题、社会公平问题、社会正义问题，最终关系到社会和谐问题。谁都知道现在的高考制度存在弊端，但是谁都无法否认这存在一定弊端的高考制度却是当下中国最能体现公平精神的考试制度。高考改革犹如捅马蜂窝，稍有不慎，后果不堪设想。虽然说存在的不一定合理，但是若无视存在则一定不合理。用纯粹理想化的教育愿景，通过演绎推理而得出应然的理论，再去生搬硬套教育的现实，恐怕在实践中难免碰壁。可以预计,现行的高考制度可能会在有限的范围内小改小革，但是其整体框架将在相当长的时间内延续。

其三，客观条件的制约。我国人口众多，而教学资源十分有限，教师素质也有待提高。人口众多，学生人数巨大，造成学校规模庞大，班级规模较大。有些中学一个年级居然有 60 多个平行班，中学能达万人规模。一般中学的班级学生人数鲜有少于 50 人的，城市中学一般是 50~60 人，农村中学有的多达七八十人。相比之下，一些发达国家如美国的中学，班级学生人数一般是 20 多人，很少有超过 30 人的。试想一下，面对 60~80 名学生，如果要实施科学探究教学，分身乏术的教师如何进行指导？另外，化学学科的特点决定了化学探究教学往往要让学生做实验，而大多数学校的实验室面积不足，实验仪器和药品匮乏，专职实验员人手不够，等等。小班化教学是保证探究教学的前提条件，目前很少有学校能达到这一点，这是考虑到教育成本的问题。这些都是客观存在的、无法回避的问题。

高中化学新课程的亮点之一是设置了选修课程模块《实验化学》，应该说这一课程模块是实施探究教学的最佳平台，但是现实情况大相径庭。据本人了解，开设此课程模块的学校寥寥无几。有些省市干脆规定高考不考《实验化学》模块，在这些地方《实验化学》更是无人问津。顺便提及，为了改变学生的学习方式，新课程专门设置了“研究性学习”，但是，从目前实施的情况来看也是不容乐观的。不少学校都有两套课程表，一套是专门应付上级检查的，表中确实是按照文件要求安排规定的各种课程，包括研究性学习；另一套是真实使用的，譬如说，每天的课外活动时间都被安排为第九节课，周六一天和周日的上午都安排授课。专门设置的“研究性学习”尚难开展，要在学科教学中实施探究教学，情况可想而知。

综上所述，简单照搬国外的探究教学模式，试图放手让学生自主探究，除极少数有条件的学校可以尝试外，目前绝大多数学校各方面条件都不具备。通过以上分析，国外的科学探究教学模式在我国无法实施。结论似乎令人沮丧，无计可施，但是，这并不意味着探究教学没有丝毫用武之地。实际上，科学探究教学并没有固定的模式，在课堂教学中可以汲取探究教学思想的精华，采取更加灵活多样的教学方式。从目前的情况来看，比较现实可行的做法是：首先，不要去追求所谓的完全探究，应该先尝试局部探究；其次，不要去勉强学生自主探究，应该是实行学生在教师指导下进行的探究。

（三）汲取启发式教学思想的精华

启发式是一种教学思想，而不是一种具体的教学模式或方法。启发式教学思想源远流长，可以追溯到我国古代儒家的教学思想和实践，它是植根于中国土地上的一枝教育思想奇葩。孔子早就提出了“不愤不启，不悱不发”的教学思想。《学记》有云：“故君子之教，喻也：道而弗牵，强而弗抑，开而弗达。道而弗牵则和，强而弗抑则易，开而弗达则思。和、易、思，可谓善喻也。”[1]启发式教学思想的包摄性很广，一些学者认为，启发式教学实质上是关于解决问题的方法和学习技巧的教学模式，其中包括学习和记忆知识的方法。前溯苏格拉底的“产婆术”、柏拉图的“回忆法”、亚里士多德的“联想法”，后至查尔斯·贾德的“转换法”、布鲁纳的“发现法”、施瓦布的“探究法”、马赫穆托夫的“问题教学法”等，都被西方学者纳入启发式教学模式的范畴之中。[2]因此，也有人认为启发式教学源自古希腊苏格拉底的“产婆术”。我们暂且不去争论谁是启发式教学的真正“鼻祖”,但可以肯定的是，在当时的历史条件下他们是“英雄所见略同”，我们不妨将启发式教学看成是东西方两位先哲思想的相映生辉。启发式教学是相对于注入式教学而言的，因此将探究式教学纳入其中也顺理成章。启发式教学的适用面极广，无论是知识学习，还是技能培养，甚至情感陶冶都可运用之。

我国的优秀教师深得启发式教学的精髓，在教学实践中取得了良好的教学效果。早在1957年前后，北京市化学教师刘景昆就创造了“启发学生思维，培养学生独立工作能力”的先进化学教学经验。福州八中的化学特级教师王云生（化学课程标准研制组核心成员）多年来进行启发式教学的实践与改革，他认为，“启发式教学的思想，对促进学生生动、主动、活泼地发展是非常有利的。启发式教学要求教师在教学中遵循一条原则：所选用的教学方法、手段应能启发、引导学生，使之想学、喜欢学、善于学、学有所得、学而不知足”。他还提出了启发式教学的

---

[1] 商继宗．教学方法：现代化的研究［M］．上海：华东师范大学出版社，2001：188–189.
[2] 中央教育科学研究所比较教育研究室．简明国际教育百科全书・教学（下）［M］．北京：教育科学出版社，1990：130–142.

主要特征在于:“①注重激发学生的求知欲望,力求使学生在学习时进入‘愤’‘悱’状态。②注重培养学生持久、稳定的学习兴趣,使之成为学习的‘好之者’‘乐之者’。③重视‘学’‘思’结合,认为‘学而不思则罔,思而不学则殆’。④注意培养学生发现问题、分析问题、解决问题的能力。在教学中注意引导学生从‘未知有疑’转而‘渐渐有疑’‘节节是疑’,经过学习、思考达到‘疑渐渐释’以至‘都无所疑’的境界。⑤重视学习中的知识迁移作用,力求使学生能‘举一隅’‘反三隅’。⑥重视教学评价对学生的鼓励、促进作用,促使学生‘进学不已’,自强不息。”[1] 难能可贵的是,王云生提出了“要不失时机地结合化学知识的传授对学生进行自然科学研究方法、学习方法的教育”的观点。在教学实践中,王云生不失时机地教会学生掌握科学观察的方法、实验的方法、科学抽象的方法、类比的方法、归纳演绎的方法、分析综合的方法、假设论证的方法、模型方法等,取得了很好的教学效果。

优秀的教师都是善于启发的,但是启发式教学没有固定的流程,启发什么、何时启发、怎样启发蕴含着巨大的教学技巧,不同的教师也因此形成不同的教学风格。启发式教学的主要特点是:教师通过创设问题情境,让学生产生问题,以激发学生去思考。当一个问题解决后,教师又提出新的问题,让学生再进行思考。这样,教师不断地向学生提出问题,让学生从无疑处生疑,一波未平,一波又起,不断打破学生的认知平衡状态,引导学生沿着知识的阶梯拾级而上,教学过程不断地推向高潮,最终达到训练思维、掌握知识的目的。

需要注意的是,启发式教学中教师经常会提出一些启发性的问题引起学生思考,但是,启发不等于提问,提问不等于启发。目前,在一些课堂中出现的“满堂问”现象,是对启发式教学庸俗化、简单化的理解,并没有领会启发式教学的真谛。试想,教师提出一个问题后,学生在1秒钟之内便做出了异口同声的响亮回答,这样的回答问题是经过头脑思考的吗?画虎不成反类犬,“满堂问”实质上无异于“满堂灌”。有些时候,教师进行启发式讲解而并没有提问的行为,同样能起到启智益思的作用,这当然也属于启发式教学。

综上所述,要全面落实培养学生科学素养的目标,必须在课堂教学中将知识、技能、情意目标融为一体,有效的实施途径是汲取探究式教学和启发式教学的精华,将知识、技能及情感等教学任务有机融合,浑然一体。

[1] 王云生. 让学生主动地学习,健康地发展[M]//刘知新. 中国著名特级教师教学思想录:中学化学卷. 南京:江苏教育出版社,1996:63-64.

二、知识与技能耦合的教学设计

前文述及，探究式教学是培养学生科学过程技能的最佳途径，但是，由于各种条件的制约，目前在我国的化学课堂上很难实施。即使具备了实施探究教学的条件，探究教学在中学化学课堂上也很难成为主导的教学方式。我们必须看到，任何一种教学方式都不可能是尽善尽美的，探究教学当然概莫能外，其最大缺陷是不利于学生高效地、系统地掌握知识，所以，即使在探究教学盛行的美国中学课堂里探究教学也不是唯一的教学方式，甚至不是主导的教学方式。毕竟，科学知识也是科学素养的重要组成部分，是必须完成的教学任务。没有系统扎实的科学知识基础，要提高科学探究能力也就成了一句空话。过去我们过分重视科学知识而忽视了科学过程技能确实失之偏颇，但是如果因为重视科学过程技能而忽视了科学知识，则是以偏纠偏。科学知识、科学过程技能以及情感态度和价值观都是科学素养的基础成分，我们不应该厚此薄彼或者顾此失彼，而应该合理兼顾，鱼和熊掌兼得。

启发式教学对于知识、技能、情感的教学同样有效，而且它可以兼容探究式教学。鉴于上述考虑，我们提出符合我国国情的既重视知识又强调技能和情感的教学设计思路，这就是知识与技能耦合的教学。基本原则是：以教师为主导，以学生为主体，以教材为依据，以知识为主线，以活动为重点，以效率为准绳。教学设计的基本流程如下图所示。

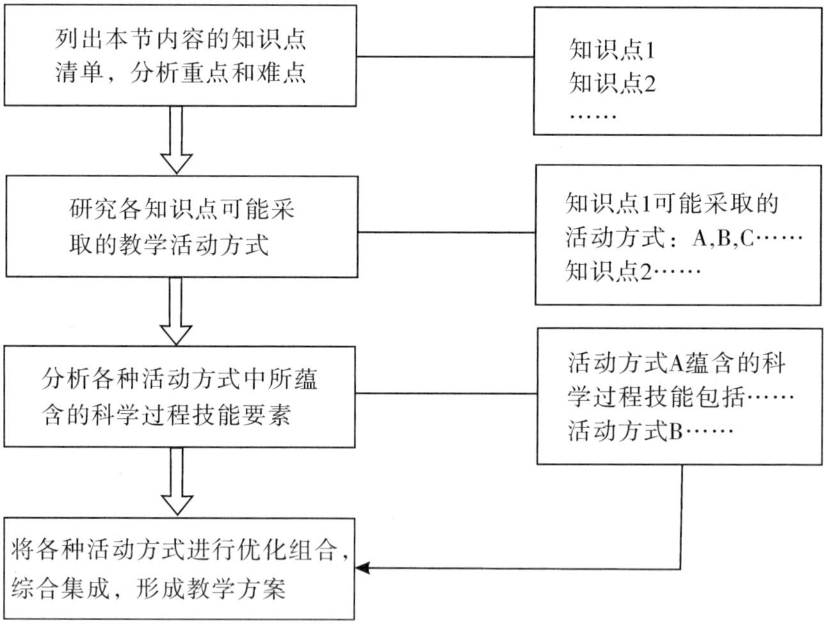

图7–1 知识与技能耦合的教学设计

第一步，分析教材，将一节课教学内容的知识点尽数罗列，避免任何重要知识点的疏漏，然后分析重点和难点。这样做符合广大教师的日常教学习惯，条分缕析，疏而不漏，将各知识点落实到位是广大教师习以为常的做法，除教学新手外，稍有经验的教师都能得心应手。

譬如，九年级化学“奇妙的二氧化碳”第一课时的教学内容包括：(1) 自然界中的二氧化碳；(2) 二氧化碳的奇妙变化。[1] 知识点罗列如下：

- 大气中二氧化碳产生和消耗的途径
- 二氧化碳与温室效应
- 二氧化碳的三态变化
- 二氧化碳与水的反应
- 化合反应与分解反应的概念

第二步，分析各知识点可能采取的教学活动方式。教学活动方式是指教学过程中师生的互动方式。教学活动方式包括教师如何教、学生如何学，是一个活动的两个方面，而不是指两种活动。教师简单地讲解、生硬地灌输，学生被动地听讲、机械地记忆，这种“传授—接受”的教学活动方式最为简单、直接，但是对于培养学生的技能进而发展学生的能力最为低效甚至无效。高明的教师总会设身处地地站在学生的立场去考虑：如何学习才最有效？因此，设计教学活动方式重点是考虑学生的学习活动方式，正所谓“教的法子要根据学的法子”(陶行知)。

对于具体的一个知识点来说，究竟应该怎么去学习？模拟科学史上科学家发现知识的过程去重新发现，这是一种思路。但是这种思路的适用范围很有限。如果所有知识都用发现法去学习，既无可能，更无必要。教师讲，学生听的方式在通常情况下不是一种好的选择，教师的主导作用不是体现在如何“讲”上，而是体现在如何“导”上。既然是导学，就要遵循学生的学习心理规律，正视学生已有的知识经验，充分调动学生的学习积极性，力求让学生动用多种感官——眼、耳、手、鼻，尤其是脑，投入学习活动中。一个知识点的学习方式不是唯一的，可能采取多种学习方式。譬如，学生学习“甲烷的分子结构”，可以采取看书上的图，观看三维动画，看甲烷分子模型，自己拆装模型等方式，当然，聆听教师的讲解，自己在头脑中想象也是一种方式。正因为一个知识点可能采取多种教学活动方式，所以在这一阶段可以运用发散思维，充分发挥想象力和创造性。在此基础上再考虑实施的现实可行

[1] 中学化学国家课程标准研制组. 化学九年级上册 [M]. 修订本. 上海：上海教育出版社，2004：39-43.

性。可行性分析包括：学生是否具有必要的知识和技能基础，学校是否可以提供有关的教学资源，教师是否具备相关的教学技能等。

譬如，“二氧化碳的状态变化”可以采取以下的教学活动方式：

- 教师语言讲解，学生倾听
- 运用挂图，由教师讲解，或者由学生讲解
- 播放录像，学生观看
- 教师实物演示，学生观察
- 将制好的干冰分发给学生，让学生实验、观察、记录、总结

第三步，分析各种活动中蕴含的科学过程技能要素。有意义的活动应该包含技能训练的因素，而不是贪图表面的热闹，所以活动中所蕴含的科学过程技能要素不宜过于单调，当然也不是多多益善。譬如，在上述“二氧化碳的状态变化”教学活动中，从上到下所蕴含的科学过程技能要素逐渐增多，特别是最后一种活动方式蕴含着实验操作、观察、记录、归纳、交流等多种技能，应当是一种比较理想的选择，有条件的学校值得去尝试。

第四步，将各种活动方式进行优化组合，综合集成，形成教学方案。以上三步基本上是分析的过程，最后一步是综合的过程，也是形成教学方案的关键步骤。这是因为，一个知识点可能有多种活动方式，一个活动也可能包含若干个知识点，而且各种活动可能蕴含着共同的科学过程技能要素，所以必须系统考虑活动可能产生的效果。设计活动时除了要考虑必要性和可能性这两个最重要的因素，还要考虑活动的连贯性，以及活动的效率和效果等。教学活动的安排顺序不一定要按照教科书上知识的呈现顺序。譬如，元素化合物知识就不一定按照“物理性质—化学性质—制法—用途”的顺序，可以根据具体情况灵活安排。对于教学活动的设计需要注意防止两个极端，一是活动过于单调，比如每个活动都是让学生观察、记录，会引起学生的厌倦；二是活动花样繁杂，如同万花筒一般，让人目不暇接，这样也会适得其反，分散学生的注意力，反而影响教学的效果。

这种教学设计是以启发式教学为基体，融合了探究式教学的精华，所以并不排斥教师的启发式讲解。事实上，有些比较抽象的概念和原理内容，仅靠学生自主活动探究可能并不能深刻地理解，甚至会产生错误的理解，所以，有时教师的讲解很有必要。在教学实践中，我们遇到过一些优秀教师，他们鞭辟入里的讲解让人听了以后茅塞顿开，豁然开朗，如饮甘泉，如坐春风，不由地发出“听君一席话，胜读十年书”的感叹。这充分说明教师的讲解不等于生硬的灌输，精彩的讲解也可以给学生以启发。启发式教学的精髓恰恰体现在这里。知识与技能耦合的教学，既有教

师的启发讲解，也有学生的探究活动，学生的学习方式是接受和探究的有机结合，是目前课堂教学的可行之策。

三、行动研究的计划

（一）选择研究的合作者

我国的教育研究者热衷于理论研究而疏远于实践研究是一个普遍的现象。教育研究成了形而上学，教育学家（教育哲学家）多，而教育家少。不少教育专业研究人员整天沉湎于理论研究的象牙塔，在书斋里苦思冥想、闭门造车，试图构建宏大的教育理论，他们自我陶醉于“应然的教育”的理想国，而对当下的“实然的教育”实践问题无动于衷，或者说是无能为力。于是这样的现象出现了：教育学研究成果层出不穷，连篇累牍的学术论文发表了，卷帙浩繁的长篇巨著出版了，但是抽象高深的种种理论并不能解决实际的问题，对教学实践的指导乏力。因此，在不少教育实践者的心目中，教育理论的主要功用便是用来高谈阔论，用来撰写论文。教育实践者认为教育理论华而不实，而教育理论研究者则认为实践者的素质不高，于是理论归理论，实践归实践，教育理论与教育实践始终是“两张皮”。加之，有的教育理论者自命不凡，在一定程度上影响了教育理论者的声誉，进而影响了教育理论的声誉。笔者在此没有诋毁教育理论之意，理论自有理论的价值，而且理论本身必然是抽象的，理论研究者可能并没有为实践开出“处方”的责任。

当今我国教育的很多实际问题需要研究，教育研究可能更需要研究“问题”，而不是“主义”。深入“田野”进行实践研究应当是教育研究的一个方向，但是这种研究所遇到的困难远比在书斋中的研究要大得多。即使有的教育研究者想做一些实践研究，往往也是一厢情愿的事情。寻找研究的合作者就比较困难，并非每所学校、每位教师都愿意与教育研究者合作。趋利避害是人的本能。因为合作的结果往往是教师成为被研究的对象，而被研究以后又不能给自己带来实实在在的好处，倒是研究者的论文专著纷纷“出笼”，收获巨丰。如果只是一方受益、一方无损的“利己不损人”倒也罢了，问题是有的“教育研究实验”扰乱了正常的教学秩序，影响了学生的考试成绩，这就让学校领导和教师对教育实验产生了本能的排斥。当然，有的学校出于报课题、创名牌的需要而找一些名教授装装门面则另当别论。出于上述考虑，本人在选择合作者的时候非常谨慎，首先向有关学校和老师声明不搞实验研究，只是调查新课程实施中的具体问题，与教师们一道研究解决新课程实施中的问题。

新课程实施已经有好几个年头了，目前教师们迫切需要的已经不再是理念的更新（尽管很多人的理念并没有真正地更新）。即便是更新理念也不能采取简单灌输的方法，在以往的各种培训中，专家们的大道理说了不少，结果教师们听起来激动，而激动之余仍然是不动。新课程实施不可能一帆风顺，既有历史遗留的老问题，也有新课程带来的新问题，教师们必然会遇到各种各样的问题，他们迫切需要专家引领解决新课程实施中遇到的各种具体问题。因此，从教师的心理需求来说，他们其实很愿意与教育研究者开展卓有成效的合作研究。不过，这种合作应该是互利互惠的合作。从理论上说，教育行动研究的主体是教师，研究者只能起到指导的作用。所以我想寻找的合作者是那些锐意进取、富有朝气、迫切希望进行课堂教学改革的化学教师。经过一番考察，本人选取江苏省 H 市的一所中学进行行动研究。

（二）观察与访谈

进入研究现场，必须对化学课堂教学的基本现状有所了解。需要多听一些未经精心打造的“家常课”，了解真实的课堂。我们以前听过不少公开课，总的感觉是作秀的成分太多。因此，公开课不能反映教学的现状。通过观察教师的日常教学，才能真正发现新课程实施中的问题。另外，与教师、学生进行交流，倾听他们的心声，了解教师们的真实想法和学生的学习状况，这些都是开展下一步研究的基础。观察的方法拟采取自然观察与参与式观察相结合，访谈则主要是半结构性访谈。

（三）研究教学方案

适时介入教研组的集体备课活动，认真倾听教师们的备课思路。针对备课中遇到的困难，与教师们共同讨论。预计教师们可能对“过程与方法”目标如何落实，教学情境如何创设，教学活动如何设计等问题感到困惑，本人计划将问题逐步聚焦于或引导到教学活动的设计方面。用教师们能够理解的通俗易懂的语言向他们说明过程与方法目标如何落实到课堂教学中，什么样的教学活动才是有效的，怎样将知识与技能统一于教学活动之中。在向教师们说明教学思路时，必须注意适当的方式，避免使用晦涩的学术语言，而且绝对不能用居高临下的口吻，必须以谦虚的态度，真诚地、平等地与教师们协商、讨论。

（四）实施教学方案

教师是实施教学方案的主体。本人作为研究者，所要做的工作主要就是课堂观察，并及时记录自己的所见所闻、所思所想。观察的重点是教学活动方式及其效果，尤其是学生的学习行为表现，看他们是否积极地投入学习活动之中，学习的效果怎样、效率如何。

（五）反思与评价

首先，倾听执教者本人对课堂教学的自我分析、自我反思。执教者可能出于谦虚谨慎，会说出一些课堂教学中的不尽如人意之处。研究者应该引导执教者，以预设的教学方案作为参照，让其评价这节课成功的地方在哪里，不足之处是什么？如果存在不足，是教学方案设计的问题，还是自己实施的问题？如果是教学方案设计的问题，如何改进？如果是课堂实施的问题，如何解决？如果再上一次同样内容的课，将会怎样处理这些问题？然后，倾听其他教师的评价，集体讨论进一步行动的计划。

行动研究要经过若干次的“计划、实施、观察、反思”螺旋上升的过程，为期一个学期，其中在中学的时间至少为三个月。

第二节 观察与访谈

没有实践的理论是空洞的理论，没有理论的实践是盲目的实践（列宁）。从理论上说，为了培养学生的科学过程技能，设计知识与技能耦合的教学思路，将启发式教学与探究式教学有机融合，是有教育理论依据的。但是，这样的设想是否具有可操作性？能否被一线教师理解、认同，并实施？其效果如何？这些都必须经过教学实践的检验。

一、进入研究现场

2006年9月，新学期伊始，我便与K中学化学教研组的教师取得联系。之所以选取这所中学，一是因为它是H市的重点中学，江苏省的“四星级”学校（江苏省将学校分等级，最高为“五星级”），教师素质、学生水平以及教学条件在该市是一流的，从事教学研究的基础较好；二是因为K中学有两位年轻的化学教师曾经是我的学生，其中一位还担任教研组长。另外，K中学是初中，2005年开始进行新课程实验，所用的化学教科书恰好是由我的导师王祖浩教授主编、上海教育出版社出版的课程标准实验教科书。面对新课程、新教材，教师们肯定会遇到一些新问题，他们也迫切需要专家引领和同伴互助，这对于我开展教学研究是个有利的契机。

我到了K中学先找到了教研组组长Z老师。因为有一段师生之缘，Z老师对我非常热情。我没有直接说明来意，考虑到并非所有教师都对教学研究感兴趣，甚至有的教师可能还会有抵触情绪，怕搞教学研究影响正常的教学秩序，影响学生的学习成绩，所以，我采取迂回策略，准备伺机而动。于是编造了一个善意的借口，声称因为现在K中学使用的化学教科书恰好是我的导师主编的，到中学来主要是为了了解教科书使用的情况，并非常想倾听教师们对教科书的意见和建议，尤其非常欢迎不同的声音，以利于教科书的进一步修订。然后向他们提出参与他们的教研活动、进行课堂观察等方面的请求，他欣然接受了。

二、课堂观察

（一）Y 老师的课："学习化学需要进行科学探究"

我听的第一节课是 Y 老师上的第一章第三节。这节课之前的内容是"学习化学需要进行化学实验"，这一节课是本节的第二课时"学习化学需要进行科学探究"。科学探究是新课程竭力倡导的教学方式，也是新课程五个一级主题之一，沪教版化学教科书专门编排了科学探究的内容，这也是一个创新之举。正因为新，所以没有现成的经验可以借鉴。这节课到底该怎么上？这正是我非常想了解的。

上课伊始，Y 老师首先复习上一节课的内容。主要采取问答的方法，简要地复习了常用仪器的洗涤、药品取用、加热等基本操作的内容，然后指出化学实验基本操作是顺利进行科学探究的保证，接着引入了本节课的课题。

Y 老师展示了一根镁带，问学生是否见过这种物质，学生都说没有见过。Y 老师说："那么我们就来研究这种物质，怎么研究呢？可以先研究它的物理性质，然后研究它的化学性质。"

接着引导学生回忆物质的物理性质主要包括哪些方面，学生七嘴八舌地说出，教师归纳：颜色、状态、密度、熔点、沸点、硬度……然后要求学生从这几个方面逐项观察、记录。化学性质的教学主要是教师演示，先后做了镁带燃烧、镁带与食醋的反应等实验，学生观察并描述现象。教师写出每一种物质的化学式，并要求学生掌握。

然后指出，可以用研究镁的方法和程序研究其他的金属，接着出示了一根铜丝，要求学生说出研究方法和程序，并指定学生到讲台上去做有关实验。

最后布置作业，让学生回家去研究铁的性质。

听课感想：这节课总体感觉还是有点老套。首先，课的引入用的是复习提问的方法，是否可以变化一下形式？科学探究的魅力在于能激发学生的好奇心和求知欲。可以考虑一开始就发给每两个学生一根镁条，不告诉学生它是什么，要了解它的性质就要靠学生自己去探究。这样可以一下子把学生探究的积极性调动起来。其次，物理性质的探究完全可以让学生自己去摆弄，观察、打磨、弯折等操作既简单，又无安全隐患。化学性质有的可以让学生去做，如镁与酸的反应，操作也很简单。再次，科学探究不仅是看和做，还要有"想"的成分。本节课学生的活动主要是观察和记录，只有个别学生有动手实验的机会，绝大多数学生没有机会进行实验操作。而且，没有足够的时间让学生猜想、假设，因此科学探究的魅力也就打了折扣。最后，如果说学生对镁这种金属不熟悉，还会产生好奇，那么对铜、铁则比较熟悉，他们还会有兴趣去探究吗？

（二）C老师的课：“由多种物质组成的空气”

我听的第二节课是C老师上的第二章第一节“由多种物质组成的空气”。

C老师的课引入很特别，她说：“我们来一个比赛，大家深吸一口气，然后捏紧鼻子，屏住呼吸，看谁坚持的时间最长。预备——开始！”

大约40秒，很多学生坚持不住了，最长的坚持了50多秒，脸憋得通红。然后教师引入课题：“我们每时每刻都生活在空气的海洋里，离开空气我们就无法生存。大家对空气了解多少？”

学生们回答说，知道空气中含有氮气、氧气、二氧化碳、稀有气体等多种成分。

教师接着问：“大家都知道空气中含有氧气，那么空气中氧气的含量是多少呢？”

有的学生可能是看了书，回答说是21%，教师没有理会，而是接着说：“让我们通过实验来探究。”然后按照第27页的图2–1做了演示实验。

然后用投影打出思考题：（1）红磷在集气瓶中燃烧，消耗了什么气体？（2）红磷在集气瓶中未能全部燃烧，说明了什么？（3）集气瓶中剩余的气体是氮气吗？（4）打开止水夹后，为什么集气瓶中能吸入约占集气瓶容积1/5的水？（这几个思考题完全忠实于教科书。）

然后组织学生讨论，学生回答，教师总结，投影打出空气成分的饼状图。

接下来讲解：“在通常情况下，空气中各种成分的比值保持相对稳定。像空气这样的物质是混合物。”然后给出混合物、纯净物的定义。

最后，放映视频“空气成分的发现”，演示“捕捉”空气的实验，布置作业。

听课感想：在这节课，教师设计了一些有趣的活动，又有视频，又有演示实验，知识性内容不难，学生学起来轻松，课堂气氛比较活跃。教师的教学比较忠实于教科书，这没有错，但是课堂的应变能力不强。比如，有学生回答空气中的氧气占21%，教师应立即追问：“用什么方法可以证明呢？”再如，学生对有些问题已经知道答案了，就没有讨论的必要。学生在这节课中的活动主要是观察，有的讨论活动流于形式。为什么要做实验？怎样去设计实验？实验中可能会有什么问题？这些问题如果让学生去猜想、假设、设计方案会更好。

（三）W老师的课：“氧气的获得”

W老师是刚参加工作的年轻女教师。看得出来，她上课时略紧张。上课铃声刚停，她就向学生提出问题：“氧气的用途有哪些？氧气是怎样获得的呢？”因为氧气的用途是上一节课刚学过的内容，学生能够很快地进行回答，而氧气的获得正是这一节课要学习的内容，学生不能顺利回答，教师顺水推舟地说："我们这一节课就是要学习氧气的获得方法。根据氧气需要量的多少，可将氧气的制法分为工业制法和实验室制法。如果氧气的需要量较大，一般采用工业制法。"

接着介绍，工业上是用空气为原料制取氧气的。用投影打出氧气和氮气的物理性质比较表，强调在工业上是利用液氧和液氮的沸点不同来获得氧气的，即分离液态空气法，这是利用氧气和氮气物理性质方面的差别。播放视频"空气的工业制法"。

接着提问："如果我们要在实验室里制取少量氧气该怎么办呢？"让学生就此展开讨论。教师总结："在实验室常用加热高锰酸钾的方法制取氧气。"投影打出反应的发生装置、收集装置，各种仪器的名称，仪器的连接，实验注意事项等。然后教师做演示实验，边演示边讲解操作要点，譬如药品怎么取、试管怎么固定等。在加热之前又提出两个问题："怎样检验这个装置是否漏气？怎样检验制得的气体就是氧气？"教师做演示实验时，坐在四排以后的学生看不清楚，有的从座位上站起来，有的干脆跑到讲台旁边观看，课堂稍微显得有点混乱。

演示结束以后，教师做了小结："制取氧气实验操作要注意的是……为了便于记忆,我们可以用七个字概括——'茶庄定点收利息'。"接着逐字解释谐音的寓意："检查气密性、装药品、固定仪器装置、点燃酒精灯、收集气体、导管离开水、熄灭酒精灯。"

最后，投影打出几道练习题让学生进行课堂练习，布置作业。

听课感想：这节课W老师做了比较充分的准备，尤其是课件做得比较精致。空气的工业制法内容通过分析氧气和氮气物理性质的差异让学生了解生产原理，并且播放视频让学生观看，使学生对生产过程有了直观的认识，学习兴趣被调动起来了。氧气的实验室制法内容，一开始让学生讨论怎么制取的问题，因为学生缺乏这方面的知识基础，所以都很茫然，讨论活动不是很有效。制取氧气的实验装置内容，教师用投影打出各种仪器的名称，动画模拟仪器的安装连接，提示实验操作的注意事项，对于接触化学实验时间不长的学生来说还是有必要的。演示实验操作和讲解做得也比较到位。比较欠缺的是，W老师对课堂的调控方面缺乏经验，譬如，提出问题让学生讨论，学生感到无所适从时教师没有给予适当的启发。对于实验操作，教师强调了每一步应该如何做，而没有解释或者让学生思考为什么要这样做。可以说，通过这一节课，学生对实验室制取氧气知道了怎么做，但不太清楚为什么要这样做，没有学习（更谈不上学会）自己动手做。

三、课后交流

（一）与Y老师交流

Y老师处而立之年，有七年教龄了，在K中学化学组是资格次老的教师，资格最老的是一位50多岁的女教师。Y老师曾经在华东师范大学教育科学学院读过研究生课程班，又参加过几次新课程培训，对新课程的理念持认同态度。因为Y老师的教龄相对来说长一些，教学经验比较丰富，教学基本功较好，所以多次代表学校参加市级的教学比赛，获得过很好的名次。

课后他似乎略带一种遗憾或者说是一种不安的心情对我说："由于时间没有控制好，生怕这节课内容少而剩下垃圾时间，所以课的前段时间有点拖沓，最后没有来得及总结科学探究的基本程序。"他很谦虚地要我对他上的课指出不足，并且请我提出改进意见。

我当然清楚，我的身份是研究者，更希望成为他们的合作者而不是指导者，即使是指导的话也必须用非常含蓄的方式，况且现在的时机还未成熟。但是如果不置可否，一言不发，似乎也不妥。因为不做任何评价给人的感觉就是否定，所以我想尽量拣这节课的优点说一说。当然说优点也不能不着边际地胡吹一通，而要恰如其分，过分的恭维反而会让人怀疑你的真诚。

我对他说："这节课上得很好，以镁的研究为范例让学生知道科学探究的基本环节，体现了教材编写的基本意图。教学过程环环相扣，自然、流畅。"接着说了一些"引导得法，极大地调动了学生的学习积极性""有条不紊，整节课显得行云流水""总结及时到位""教学基本技能过硬"等评价性话语。

当然，任何一节课都不可能是完美无缺的，没有最好，只有更好。就这一节课而言，总体感觉是教师提出的问题较多，而学生的探究不足，最大的缺憾是学生没有亲自动手去做，或者说只有一两位学生有动手做的机会，绝大多数学生没有亲身体验科学探究的过程。教师抛出一个又一个的问题要学生回答，似有"满堂问"的嫌疑。整节课上虽然学生的表现比较活跃，但是没有一个学生主动提出问题。事实上，学生没有机会亲自动手做，也不可能提出什么问题。教师非常重视各知识点的落实，甚至有加深和超前的嫌疑。譬如，镁带燃烧和镁与盐酸的反应，教师不仅写出了文字表达式，而且在文字表达式下方还给出了化学式，将下一节课的内容提前了，这在一定程度上冲淡了本节课的主题，而且加重了学生的学习负担。学生所学习的科学过程技能主要是观察。即便是观察，也只有前面几排的学生能比较清楚地观察到实验现象，坐在后排的学生根本看不清楚。这些问题我心知肚明，却不得不三缄其口。每个人都喜欢听到溢美之词，我虽然不是老于世故，但还是有点自知之明的。如果一开始就俨然以所谓专家的身份指手画脚、说三道四，好为人师，就算你说的句句在理，恐怕也会令人生厌，以后与教师的交往就失去了平等的基础与和谐的氛围。

于是，在说了一番优点之后我将话锋一转，问他："学校有几个实验室？专职实验员有几人？"我实际上是含蓄地问他为什么不让学生亲自动手做实验的问题。

"两个实验室，专职实验员只有一名。"他回答道。

"每年化学实验的经费有多少？"我接着问道。

"大概两千多元吧。"他回答说。

我继续问道："学生大概多长时间能到实验室做一次实验？"

他说："一般是一章内容安排一次实验，大概是三周左右做一次实验。"

K 中学作为江苏省的一所"四星级"中学，其硬件条件在 H 市算是最好的了。我算了一下，初三有 18 个班级 1000 余名学生，每位学生平均化学实验经费仅有 2 元，确实有点捉襟见肘。化学每周 4.5 课时（其中有一节辅导课是隔一周一次，与物理课轮流），如果完全按照教科书设计的思路，"活动与探究"都让学生去做，实验室根本不够用，实验员也来不及准备。我在课后问了坐在我旁边的一位学生，得知上一节课"学习化学需要进行化学实验"也是采取教师演示讲解，学生观察记录的方式。当时我想，上一节课的教学目标应该是让学生初步学习基本的化学实验技能，这一节课的目标应该是让学生体验科学探究的过程。刚开始，本人为教师未能给学生提供实验的机会感到遗憾，了解到学校实验室的条件以后，我对学生没有亲自动手做实验而是观看教师的演示实验的做法，有着深深的同情和理解。

（二）与 C 老师交流

C 老师是有着三年教龄的年轻女教师，曾经是我的学生。课后她主动找我，要我给她的课提点意见。回想起三年之前，我曾经指导过她的实习工作，她上的一节课被我毫不留情地提了十几条意见，不知道她现在回想起来是否还心有余悸。现在我们的角色都不同了，我当然应该讲究一点"语言艺术"了。

我对她说："经过三年的锻炼，你的进步超出了我的想象。首先，从这节课我看到了你教学技能的长足进步，不管是语言、板书，还是演示实验、多媒体展示，都相当规范到位。其次，这节课对知识点的落实比较到位，对空气的成分及发现等知识讲解透彻。还有，课的引入比较新颖，学生的学习兴趣一下子被调动起来了。作为一位新教师，能把课上到这种程度，难能可贵。"然后我将话锋一转，问她："这节课你感觉比较难上的是什么？"

她不假思索地回答："难的就是如何处理好过程与方法的问题。"

“那么，你认为这节课的过程与方法是什么呢？”我追问道。

“一方面是观察，第一个实验就是要求学生去观察。另一方面是动手操作，第二个实验就是为了达到这个目的。第二个实验本来是想安排学生做的，可是实验室的老师安排不过来。”她解释说。

“你分析得不错。过程与方法其实也不复杂。你在进行演示实验、分析讲解的同时也在培养学生的过程与方法。”我肯定地说。

实际上，这节课的“过程与方法”还可以进一步挖掘。譬如，第一个实验可以先让学生预测，然后再观察、记录、讨论，还可以提出问题让学生思考：“这个实验为什么用红磷来做，如果换成蜡烛结果会怎么样？”关于第二个实验，首先是要培养学生设计实验方案的技能，其次才是培养学生的实验操作技能。教科书上有现成的收集气体的方法，教师照着做对学生没有挑战，可以设计这样一个问题：“冬天，农民会在地窖里贮存红薯、萝卜等，地窖里的气体和空气中的成分一样吗？给你一个瓶子，你怎样把地窖里的气体取一瓶出来以供分析？”我的这些想法暂时没有说出，不是出于保守，而是觉得现在说出来不合时宜。我只是笼统地对她说：“过程与方法的确是难点，可以考虑得更细微一些。”

（三）与 W 老师交流

听完 W 老师的课后，她也很主动、谦虚地请我帮她“指点指点”。我首先肯定了她的教学基本功不错，普通话标准，多媒体使用熟练，演示实验操作规范。这的确不是过誉，因为 K 中学是一所名校，去年招 2 名化学教师竟然有 20 名毕业生前来应聘，其中不乏名牌大学的研究生，W 老师能够十里挑一被选中，说明她的基本素质是过硬的。

接着转到了具体的教学内容的处理上，我说：“氧气的工业制法内容的处理很好，不是通过教师平铺直叙地讲解，而是呈现氧气、氮气物理性质的一些数据，让学生比较、分析氧气和氮气物理性质的差异，提出猜想方案，然后又播放视频让学生直观了解氧气的工业制法，效果很好。”接着我问她这些视频资料是从哪里找来的，她说有的是教材配的光盘里有，有的是从网上搜索下载的。看得出来，年轻人还是比较擅长利用课程资源的。

我接着问她：“氧气的实验室制法你只讲了加热高锰酸钾的方法，过氧化氢分解制取氧气的方法准备怎么处理？”她说：“过氧化氢分解制取氧气是习题中的一个题目，这节课是来不及讲了，准备下一节课做给学生看。”我又问：“教材中有许多‘活动与探究’的内容，你们一般都是怎样处理的？”她显得有些无奈地对我说：“本来我也想‘活动与探究’最好由学生去做，但是化学实验室只有一名实验员，来不及准备。按照教材中的设计，几乎每一节课都有‘活动与探究’，如果都做的话，18 个班一周要到实验室上课共 50 次以上，目前没有办法做到。”我在想，作为在当地条件一流的学校，化学实验的开展尚且困难，广大的农村中学更是可想而知了。

我又问她："你在备课和上课时感到困难最大的是什么？"她说："作为新教师，遇到的困难很多。一方面是对知识内容把握不住深浅，不过这还好办一些，有时候会参考以前的人教版老教材，或者向老教师请教。另一方面，最为困难的是对过程与方法目标一点把握都没有，问其他老师，他们也说不清楚，看参考资料似乎每节课的过程与方法目标都大同小异。"我对她说："过程与方法目标的落实的确是个难题，教材中的知识内容是明显的，过程与方法的内容教材中虽然也有线索，但是很多情况下是隐含的，要靠教师自己去挖掘。"至于如何去挖掘，我没有继续说下去，此时我的思路也还不清晰。

在前两周的时间里，我还听了其他几位教师的课，并且利用课余时间与教师们聊天。从他们的口中得知，他们对新课程的理念比较赞同，但是觉得实施起来有一些困难。尤其是对"过程与方法"难以把握，一节课的知识点大家都心中有数，可是"过程"是什么，"方法"是什么，对此不是特别清楚。还有，教科书中安排的实验很丰富，可是学生能亲自动手做的机会不多。这些情况基本上在我的意料之中，我越来越感到对"过程与方法"进行深入研究的重要性和迫切性。

四、集体评课

化学教研组组长 Z 老师参加工作虽然只有四年，但是进步较快。他在大学读书的时候曾经担任过化学系学生会主席，有一定的组织协调能力。参加工作以来，他一直担任班主任，最近连续两年被评为优秀班主任，加之所教班级化学成绩优秀，所以得到了学校领导的器重，刚刚被任命为化学教研组组长。

毕竟我们曾经是师生关系，所以和他交谈便多了一些轻松，少了一些拘谨。我本来想长期跟踪听一两位老师的课，因为我想了解真实的课堂。Z 老师显得有点顾虑，他和我讨论后达成共识，认为除了那位老教师的课不听，其他五位年轻教师的课还是以轮流听为好。这是考虑到老教师的课已经上了几十年，早已形成固定的套路，不会轻易改变教学思路。这倒不是说老教师的课上得不好，事实上老教师的课驾轻就熟，对各知识点能够拿捏到位，对于刚入教坛的新手来说，听老教师的课可以学到很多的教学技能、技巧。我虽然也需要学习一些技能、技巧，但是当务之急还是要进行教学研究。我选取研究的合作者大多是年轻教师，因为他们的可塑性强，充满活力，谦虚好学，容易接受新事物。之所以轮流听课，一是考虑到被听课的老师会有压力，毕竟有人听课和没人听课时执教老师的心理是不一样的；二是没有被听课的老师说不定还会产生失落感，他们可能会想：是我的教学水平低，我的课不值得听吗？三是有利于Z老师开展工作，将我听课的个人行为与他们的教研组活动统一起来，这样对学校领导也好交代。我想这是一个不错的主意，可以更全面地了解课堂教学情况。况且，研究者实际上观察不到“家常课”，因为当你在观察的时候你已经对执教者产生了扰动。最后我们商定，每周由两名教师上公开课，我和教研组其他教师一起观摩，课后进行集体研讨。

Z老师身先士卒，首先上了“性质活泼的氧气”（第二章第二节）第一课时的内容。上课的具体细节在此不赘述。我对这节课的总体感觉是，化学知识落实到位，可以说是滴水不漏，并且还不遗余力地进行深度挖掘。譬如，过早地给出了燃烧的定义（这是第四章第一节的内容），并且对氧化剂、氧化性、缓慢氧化等概念做了详细的分析讲解。Z老师的教学技能显得比较娴熟，演示实验操作规范、现象明显，制作的课件质量较高，多媒体的运用也比较恰当。感觉有点遗憾的是，学生的学习比较被动，也没有动手实验的机会。

课后，我参加了教研组对这节课的研讨活动。先是Z老师自己做了反思。他说，这节课的重点是放在氧气的性质方面，教学方法比较传统，有些实验如果让学生亲自去做效果可能会更好一些。然后，其他老师谈了对这节课的看法。大家的意见主要是诸如“多媒体的运用使学生获得生动的直观形象”“课堂气氛活跃，调动了学生的学习积极性”“知识点落实到位”等。大家基本上持肯定的意见，而且评价比较笼统。

最后，他们让我发表意见。我想这是我表明自己观点的一个机会，于是我说道：“常言道，士别三日当刮目相看，今天Z老师的课着实让我感到惊喜。短短的三四年时间，Z老师已经从一个教学新手成长为一名教学熟手，相信在不久的将来会成为教学能手，并有向专家型教师发展的潜质。今天这节课的优点大家说了不少，我也非常同意。不过……”我故意稍作停顿，旨在吸引大家的注意。这时，场面显得特别安静，或者说有点尴尬，大家做洗耳恭听状，因为按照常规思路在转折词之后肯定会指出存在的不足之处。

我接着说：“我想从过程与方法的角度来谈一下我的看法。”这时候有教师小声插话：“过程与方法确实是我们最难以把握的。”Z老师像是在附和，又像是自言自语，喃喃地说：“我这节课对过程与方法设计得不好。”我很理解他们的心情，进行自我批评实际上是出于自我保护的本能，避免遭受批评时的尴尬、窘迫。

我继续说："Z 老师这节课在许多地方体现了过程与方法的目标。譬如，本节课的主线是从氧气的物理性质到化学性质，强调了性质决定用途，用途体现性质，这恰恰体现了化学学科的一般研究过程。在具体的方法上，引导学生观察，这就让学生在学习观察的方法；让学生描述观察到的现象，这是在培养学生的表达能力；特别是，木炭在氧气中的燃烧，当学生说看到火焰时，Z 老师没有立即去纠正，而是又做了一遍实验，让学生再观察一次，学生终于看清楚了木炭燃烧没有火焰而只有白光，这不是靠强硬的灌输，而是靠学生自己去发现；做蜡烛在氧气中燃烧的实验时，先提醒学生观察蜡烛在空气中燃烧的现象，然后再观察蜡烛在氧气瓶中燃烧的现象，这是运用了比较的方法；最后，让学生根据几个反应自己去总结氧气的化学性质，让学生得出'氧气是性质活泼的气体'的结论，这实际上是在培养学生归纳的能力;在'氧气的用途'教学中，让学生思考这些用途与氧气的什么性质有关，这又是在培养学生分析的能力。"听到这里，气氛一下子轻松起来，Z 老师显然有点受宠若惊，连忙说："有些做法纯粹是靠经验，我备课时倒没有考虑得很仔细。要是让学生自己做一些实验就更好了，可以培养学生实验的方法。"这正是我引而不发的，由 Z 老师自己说出来正是我的期望所在。但是我却反过来安慰他："由学生做实验当然很好。不过这是由于客观条件的制约才导致学生无法亲自做实验。"

其实我知道，我对 Z 老师课堂教学中"过程与方法"的分析，有过誉之嫌。也许正如 Z 老师自己所说的那样，在教学设计中根本没有考虑到这些"过程与方法"，或者考虑得不像我所说的那样全面，纯属无心插柳之举。但是，我的出发点倒不是阿谀奉承，而是要将他们的注意力聚焦到"过程与方法"上面来。事实证明，用这种表扬、激励的方法，教师们乐于接受。

此后的两周,我又听了 C 老师、W 老师、S 老师的课,每次课后照例进行集体研讨,有的教师在评课的时候已经注意到了对"过程与方法"的评价。我对教师们教学的评价都是肯定的基调，每次都着重分析执教老师的课在过程与方法方面有哪些可取之处,旨在引导他们将自发的行为转变为自觉的行为。在此期间,我始终没有使用"科学过程技能"的术语,而是用教师们耳熟能详的"过程与方法"术语。这一段时间，我的研究工作主要是听课和参加课后研讨，有时候和教师们进行非正式的交流，还没有参与教学设计活动。

第三节 研究教学方案

到了九月下旬，正当我考虑怎样将知识与技能耦合的教学设计思路向教师们"兜售"时，出现了一个契机。市教育局化学教研室定于十月上旬举行一系列教研活动，活动内容包括新教材教案评比、说课比赛和公开课展示。恰巧的是，十月上旬的全市初中化学教学研讨会就在K中学举行，所以市教研室要求K中学展示一节公开课。K中学作为全市初中的"大哥大"，声名在外，当然希望在比赛中拔得头筹，在公开课上一展风采。于是，他们邀请我参加集体备课活动，这正合我意，此机会真是"得来全不费工夫"。

经过教研组讨论，决定五位年轻教师全部参加市教研室组织的一系列活动。其中两位教师参加教案评比，两位教师参加说课比赛，一位教师进行公开课展示。有一点是共同的，就是大家都要精心设计一份教案。老教师L负责全面指导，我被邀请作为顾问。此后的两周，我和教研组的老师一起对每一位教师的教案进行了深入细致的讨论。以下重点介绍两份教案的讨论过程。

一、科学过程技能目标的制订

W老师是刚刚参加工作的新手，她写的教案是第二章第三节的内容——"奇妙的二氧化碳"。我们先从她所写的教学目标开始讨论。W老师对教学目标的表述如下：

知识与技能：

1. 认识二氧化碳的主要物理性质和化学性质；

2. 认识化合反应和分解反应的特点；

3. 学会仪器连接、加热等操作技能，学会实验室制取二氧化碳气体的操作技能；

4. 了解二氧化碳在自然界碳循环中的地位、作用，认识二氧化碳对人类生活和生产的作用。

过程与方法：

1. 学会观察和描述有关二氧化碳的性质实验，并从实验事实归纳二氧化碳的某些性质特点；

2. 学会实验室制取气体的设计思路。

情感态度与价值观：

学习全面认识与评价自然界中的物质，培养辩证唯物主义观点。

显然，W 老师对教学目标的设计是完全按照《课程标准》中三维目标划分的思路进行的。应该说她对教学目标的设计还是比较全面的。她可能是查阅了大量的教学参考资料，充分利用网络资源是年轻教师的一大优势。但是，简单地按照课程标准中的三维目标去设计课时教学目标，不可避免地带来了一些问题。从她所设计的教学目标可以看出，"知识与技能"目标的第三项是技能目标，她对技能的理解就是实验操作技能，而将观察、描述、归纳、实验方案设计等技能又归为"过程与方法"目标的范畴。此矛盾的根源在于，一方面课程标准三维目标的划分本身就存在着逻辑问题，此问题前文已做分析；另一方面，课时教学目标比起课程目标要具体，简单照搬课程目标也存在问题。

他们让我提点意见，我没有推辞，发表看法："W 老师的教学目标设计，应该说是比较全面的，在一定程度上也体现了新课程的理念。但是，我们今天主要不是谈其优点，而是要挑毛病。因为这是参加市里的教案评比，所以我们要高标准、严格要求。我认为，现在大家开诚布公地把存在的问题讲透，这才是对 W 老师真正的关心和帮助，另一方面，也是为了集体的荣誉。"我的这番话，是为下一步的深入剖析做准备，以免 W 老师以及其他老师听后心情不愉快。所有老师都赞同我的意见，认为现在是讲问题的时候，而不是讲优点的时候，优点应该由别人去说。

L 老师说："课程目标到底从哪几个方面去写，我们十分困惑。以前按照知识、能力、思想教育目标写，现在又按照知识与技能、过程与方法、情感态度与价值观去写，不知道能力、技能、过程与方法到底有什么不同？"

Z 老师："是啊，特别难写的就是过程与方法的目标。W 老师写的教学目标，如果把技能的要求放在过程与方法中，或者把过程与方法的要求放在技能中，我看没有什么不同。"

我说："看来问题出在技能目标、过程与方法目标的界限难以划清，我们不妨将三维目标重新设计。比如，可以将教学目标分为知识目标、技能目标和情意目标，这样把技能、过程与方法统一起来，都放在技能目标中，就可以避免矛盾。再说，课时教学目标不必要简单照搬课程目标。"大家对我的看法表示赞同。

接着，我们对知识目标进行了讨论，认为本节课的知识目标为：

（1）了解二氧化碳在自然界中的循环；

（2）了解二氧化碳的三态变化；

（3）掌握二氧化碳与水的反应；

（4）理解化合反应和分解反应的概念。

关于本节课的技能目标，大家意见不一。有的说要培养观察的技能，有的说要培养实验操作技能，有的说要培养分析和归纳的技能。此时，我提示道："大家说的技能目标都很重要，不过，在一节课中最好能把目标定得具体些。否则，像观察、实验操作等技能目标似乎在每一节课中都可以套用，但是实际上每一节课的目标都是不同的。刚才大家定下了知识目标，我们是否可以将每一个知识点打算采取何种教学活动方式先明确一下，然后再分析每一活动中牵涉哪些技能，最后再综合考虑这节课的技能目标。"大家表示同意，于是我们将技能目标的问题暂时搁置，接着讨论本节课教学活动过程的设计。

W 老师设计的教学活动如下：

[创设情景]（故事导入）一人带着一条狗走进一个山洞，走着走着，狗突然倒在地上，原来狗已经死了……导致狗死亡的原因是什么？

[教师讲解]（小结并提出学习任务）是由于山洞的下层充满二氧化碳气体所致。你们还知道其他有关二氧化碳气体产生和消耗的途径吗？把你知道的归纳一下，填写在学案上。

[播放录像]《光合作用》《温室效应》《二氧化碳灭火器》《"干冰"的用途》。

[问题导入]你知道二氧化碳有哪些用途吗？引入二氧化碳的奇妙变化（液态二氧化碳，固态二氧化碳——干冰）。

[创设问题]你知道打开汽水瓶或啤酒瓶时冒出的气体是什么吗？如何验证？通过此实验，你还能得出二氧化碳具有哪些性质？

[演示实验]在一个装满二氧化碳的集气瓶中，注入少量水，迅速塞上单孔橡皮塞（连有导管、橡皮管和弹簧夹）并把导管另一端放入盛水的烧杯，打开弹簧夹。

[问题情景]同学们经常喝饮料，你对瓶子上的说明有哪些发现或有哪些疑问吗？

[提供信息]紫色石蕊试液遇到酸性物质会变红，可用来检验二氧化碳与水反应是否会生成碳酸。

[布置任务]自己设计实验方案，探究二氧化碳与水反应是否会生成碳酸。

[分析讲解]化合反应、分解反应定义及其特点。

[学生练习]用投影打出一组习题。

W 老师的教学活动设计体现了"以我为主"的风格，过多地考虑怎样去教，而较少地考虑学生怎样去学，这是初入杏坛的年轻教师的典型特点。不过，教学活动的设计还是比较丰富的，看得出来她查阅了不少资料，借鉴了不少优秀教师的经验。

大家对 W 老师设计的教学活动做了详细分析，认为对于各知识点的落实还是比较到位的。关于教学活动的设计，在集体研究的基础上做了一些细微调整。譬如，对于化合反应、分解反应的概念，原来设计由教师分析讲解，大家觉得没有新意，后来经过讨论改为由学生去发现的方式。然后重点讨论了学生活动的设计，并仔细分析了学生活动中所蕴含的技能。经过讨论，这节课的教学活动及知识与技能耦合的情况见表 7–1：

表7–1 “奇妙的二氧化碳”教学活动设计

知识	教师活动	学生活动	技能
一、自然界中的二氧化碳 1.二氧化碳在自然界中的循环 2.二氧化碳与温室效应	［**创设情景**］一人带着一条狗走进一个山洞……导致狗死亡的原因是什么 ［**教师讲解**］是由于山洞的下层充满……你们还知道其他有关二氧化碳气体产生和消耗的途径吗？把你知道的归纳一下，填写在学案上 ［**播放录像**］《二氧化碳在自然界中的循环》《光合作用》《温室效应》 ［**问题导入**］你知道二氧化碳有哪些用途吗？引入二氧化碳的奇妙变化（液态二氧化碳，固态二氧化碳——干冰）	思考、猜测、解释现象、交流讨论 自由发言、归纳 观看录像 发挥想象，回答问题	假设 交流 归纳 表达 分析 想象
二、二氧化碳的奇妙变化 1.二氧化碳的状态变化 2. 二氧化碳与水的反应 3.化合反应与分解反应	［**创设问题**］你知道打开汽水瓶或啤酒瓶时冒出的气体是什么吗？如何验证？通过此实验，你还能得出二氧化碳具有哪些性质 ［**演示实验**］在一个装满二氧化碳的集气瓶中，注入少量水，迅速塞上单孔橡皮塞（连有导管、橡皮管和弹簧夹）并把导管另一端放入盛水的烧杯，打开弹簧夹 ［**问题情景**］我们经常喝饮料，你对瓶子上的说明有哪些发现或有哪些疑问吗 ［**提供信息**］紫色石蕊试液遇到酸性物质会变红，可用来检验二氧化碳与水反应是否会生成碳酸 ［**布置任务**］设计实验方案，探究二氧化碳与水反应是否会生成碳酸 ［**分析讲解**］化合反应定义、特点，分解反应定义、特点	猜测可能是什么气体，设计验证气体的方案 实验：将汽水瓶中的气体通入澄清石灰水中。观察、思考、得出结论。观察实验现象，解释原因 提出问题，讨论 设计实验方案，进行实验 观察几个化学反应方程式，归纳化合反应、分解反应的特点	假设 设计实验方案 实验操作 观察 记录 提出问题 设计实验方案 实验操作 观察 归纳

表 7–1 中的技能实际上就是科学过程技能，我暂时没有说出其术语。

“这么多的技能在教学目标中都要写上吗？”W 老师问道。

“当然没有必要面面俱到。只要将这节课的重点技能写上即可。”我回答说。经过简短的讨论，大家认为这节课的（科学过程）技能目标是：

（1）尝试设计检验二氧化碳气体的实验方案；

（2）学习以澄清石灰水检验二氧化碳的实验操作；

（3）学会加热试管中的液体；

（4）能分析、归纳化合反应与分解反应的特点。

关于情意目标，我提出：“一是目标不宜太大，通过一节课的学习就要求学生能全面评价自然界中的物质，这是不切实际的；二是没有必要穿靴戴帽，培养辩证唯物主义观点没有错，但是要具体落实，辩证唯物主义博大精深，希望通过一节课就让学生形成辩证唯物主义观点是不可能的。”然后大家又讨论了一番，认为这节课的情意目标为：

（1）通过二氧化碳对人类及动植物生存的利与弊，使学生认识到物质具有两面性；

（2）通过温室效应，让学生感受到人类保护环境的重要意义。

经过讨论，“奇妙的二氧化碳”这节课的教学目标已经明确，教学活动过程的设计也有个大致框架。最后，Z 老师说：“今天通过大家的讨论，特别是在博士的指导之下，形成了一个比较理想的教学设计方案。但是，具体的教案还要靠 W 老师自己去写，要写得详细一点。”L 老师补充道：“这节课的课题是‘奇妙的二氧化碳’，要在‘奇妙’上再多下点功夫。”

二、一个完整的教学方案的形成

C 老师比较活泼大方，普通话不错，字也写得漂亮，大家一致认为由她进行公开课展示比较合适。她略微谦虚了一下就接受了这个任务。机遇与挑战并存。能够抓住机遇，勇于展现自己，这是积极进取的风格。经过大约一周时间的酝酿，她选择的课题是“用微粒的观点看物质”。

教研组活动伊始，C 老师先简要地谈了自己所写的教案思路。C 老师写的教案大致思路是：上课一开始，拿出一瓶香水在教室里喷洒，问学生“你们为什么会闻到香味呢？”以此引出课题；然后安排几个探究实验让学生做（实验主要包括①蔗糖溶解于水，②品红在水里扩散，③用大烧杯罩住分别盛有酚酞和浓氨水的两个小烧杯的实验，④酒精与水相混合）；学生做完实验后，教师提出问题让学生讨论（①

蔗糖为什么不见了？②品红在水里扩散有什么现象？③第三个实验中看到了什么现象？为什么？④酒精和水相混合为什么体积会变小？）；然后得出结论——微观物质都是由我们肉眼看不见的微粒构成的，微粒非常小，微粒是不断运动的，微粒之间有空隙。通过演示实验和多媒体播放课件等方式揭示微粒的主要性质。最后用微粒的观点解释物理变化、化学变化的实质，归纳、总结，布置作业。

然后，C 老师对她设计的教案进行了解释。她说："新课程倡导学生进行探究学习，所以这节课主要按照探究教学的思路进行设计的。先是创设问题情境，让学生产生疑问；然后安排学生的探究实验；接着是讨论、解释；然后在教师的引导下学生得出微粒的概念；最后是应用，用微粒的观点解释一系列现象。"几位老师对她的教案提出了一些意见，主要是围绕一些细节方面的问题。他们的发言都比较简短，大概是想多让出点时间给我谈谈看法。

我直截了当地表明了我的观点："C 老师运用探究教学的模式来设计这节课，理念比较新。如果只是准备拿出去参加评比的教案，我认为写得不错。但是，这是准备自己上课用的教案，就必须考虑到可操作性的问题。"我认为，新课程倡导学生进行探究学习，理念新颖，但是我们可能要正确地、全面地、辩证地理解新课程的理念。以前的化学教学中，学生的学习方式过于单调，基本上以接受学习为主，所以新课程倡导在教学中增加探究的成分。但是，课堂教学改革是一场静悄悄的革命，而不是轰轰烈烈的运动。我们切不可矫枉过正，来个 180 度大转弯。事实上，如果学生全部采取探究学习的方式，其弊端也同样不小。正确的做法应该是寻求接受学习与探究学习的有机融合。具体到一节课，或者一个知识点，是否一定要采取探究学习的方式？采取什么样的探究学习方式？要看具体情况，不能一概而论。

于是我接着说："C 老师的教案设计非常注重情境和活动的设计，这是抓住了教学设计的关键。我们不妨详细地讨论每一个情境和活动的设计是否恰当。尤其是活动，它到底要达到什么目的？什么样的活动才是有价值的？比如蔗糖溶解于水的实验是不是非做不可？学生在日常生活中可能都观察过蔗糖溶解于水的现象。"我将问题引向具体，为了防止一言堂，我请其他老师发表自己的看法。

Y 老师："这节课的引入，我认为喷香水似乎没有必要。学生的日常经验很丰富，不喷香水学生也会知道气味的扩散。这里，可以举出生活中常见的例子，譬如说，离学校不远处有一条臭水沟，一到夏天……"

还没有等到 Y 老师说完，W 老师立即打断："这太恶心，影响情绪，还不如举学校附近饭店的例子，路过饭店门口时可以闻到诱人的香味。"

"这也有点俗，再说了，如果课是安排在上午最后一节，学生本来就有点饿了，你来这么一个第二信号的刺激，学生还能安心学习？还不如按照以往教材中的，举个闻到花香的例子。”S老师说。

“我看就以王安石的诗《梅花》引入，教材习题3中就有这首诗，它意境优美，可以给学生以文学熏陶，进行人文教育，同时也解决了习题。”L老师到底经验丰富，善于紧扣教材。她的话音未落，立即得到大家的赞同。我本来想提出以桂花来引入的，因为待到开课时（10月初）正是丹桂飘香的时候。校园内种植了不少桂花树，届时定会香气四溢，用不着刻意去创设情境，情境其实就在身边。考虑到L老师的想法也不错，我便也点头赞许。

以花香来引入课题，目的是说明存在着我们用肉眼根本看不见的微粒。但是，还没有与宏观的、肉眼可见的物质形成联系。一般人没有见过从花中提取的香料是什么样子的。于是，接下来讨论的问题是：如何让学生理解宏观物质可以分割成肉眼看不见的微粒。一位老师提出让学生撕一张纸，然后让学生思考：怎么样能把纸分割得很小？我其实不太赞成此设想，认为这个活动没有太大意义，学生既学不到知识，也学不到技能，于是委婉地说：“恐怕这样整个教室都会撒满碎纸屑。”

这时另一位老师说：“我看不必让每个学生都去撕，就找一两个学生上讲台上去撕，教师准备一个塑料袋，将碎纸屑装进塑料袋里。”她显然是误解了我的意思，但是我觉得这样倒也未尝不可，便没有提出反对意见，只是强调了一点：“教材中的实验实际上就很好。将高锰酸钾研细，然后将小颗粒放到水中，再稀释后观察，既直观又形象。”L老师也马上肯定道：“不管你设计什么实验还是活动，教材中的实验一定要做。”我虽然不太赞成完全按照教科书进行教学的做法，但是也反对把教科书撇在一边的做法，于是补充道：“教材是我们教学的主要依据，这是毫无疑问的。我们可以在教材的基础上做适当的改造，可以增加一些细节。”

关于第一个主题——“物质是由微粒构成的”讨论暂且告一段落，接着就讨论第二个主题——“微粒是不断运动的”。对于这一知识点，直接按照教科书设计的实验去做，这是大家一致的意见。这时候，我也采取了“启发式”的教学方法提示大家：“这个实验设计得很好，不过，我们能不能再深入挖掘一下，看看这个实验当中可以通过哪些过程与方法培养学生的能力？”此言一出，立刻引起了热烈的讨论。

C老师：“可以让学生尽量地提出假设，然后再提出怎样去设计实验、验证假设。”接着，大家对学生可能会提出什么样的假设进行了研究。

Z老师：“让学生分析可能的原因。教师可以明确告诉学生：酚酞中含有什么物质，氨水中含有什么物质。然后提问学生，要想知道什么物质遇到什么物质会变红，应该做哪些实验？”这个方案也得到了大家的认可，觉得它可以培养学生分析问题的能力。

我补充说：“学生有可能提出各种各样的假设，各种各样的验证方案，其中必然有的是正确的，有的是错误的，或者是不完善的。我们是否不论对错，把每种方案都去验证？这时候是否应该及时地引导学生进行反思？”

L 老师表示同意：“是应该及时总结。不然的话，学生看实验就像是看热闹，而且每种方案都去验证时间也不够用。”

W 老师：“学生在学习了微粒是不断运动的知识后，可以让学生举日常生活中的实际例子。”

“如果让学生自己去举例，是不是有点困难？是否会占用较多时间？我看不如预先准备几个问题，用 PPT 展示，既节省时间，又可以发挥多媒体的优势。”刚刚毕业的 S 老师在讨论时一般很少发言，基本上都是附和别人，这时也提出了她的想法。对于她的想法，我认为是多虑的，K 中学的学生是全市同龄人中的佼佼者，我想他们举几个微粒运动的例子应当不会困难吧。但是考虑到 S 老师一般很少发言，况且她提的意见也有一定的道理，所以我便没有反对。然后大家就教师要准备哪些问题又议论开来。

第三个主题是“微粒之间有空隙”。大家先讨论了这个实验怎么做的问题。教材中用的是一端封口的细玻璃管，但是这个实验准备起来工作量太大。然后，有教师提议干脆就用量筒做，以前的人教版教材就是用 50 mL 的量筒做的。我也赞成这个想法，就是担心量筒比较粗，实验现象不明显。L 老师说她以前用量筒做过，还是能够看出来体积变化的，缺点就是浪费酒精。我进一步提示说：“这个实验除了可以培养学生实验操作和观察的方法，我们看看它还能培养学生哪些方法或者技能呢？”

C 老师：“实验之前，先让学生进行预测，教材中就是这样设计的。”

W 老师：“还要让学生做好记录，教材中设计了现成的表格，要求学生填写。”

L 老师：“还有，实验结果的解释，教师不要直接告诉学生答案，而要让学生自己去想。”

我做了补充：“如果学生实在想不出来，教师也可以采取类比的方法，比如，将黄豆与砂子混合，总体积会怎么样？”

关于教材中的实验 2，我们也是按照上述思路进行了讨论。同样要求学生进行预测、实验、观察，教材中没有提供现成的表格，教师可以要求学生自己设计表格。

最后也要求学生对实验结果进行解释。

L老师说："这里要注意，教材中有一个方框，特别强调了比较的科学方法，这个实验中压缩水和压缩空气实际上在运用比较的方法。"我同意L老师的意见，认为在学生实验结束后，教师有必要进行简要的总结。

Z老师："为了说明不同状态的物质微粒间空隙大小不同，我看可以做个三维动画，比如10 mL的水变成1000 mL的水蒸气，由于微粒间空隙变大而导致体积变大。"C老师表示自己不会做，Z老师自告奋勇地承担了设计动画的任务。

讨论已经接近尾声，最后要讨论的是如何总结本节课的内容和布置作业的问题。大家认为，传统的做法都是由教师总结，没有新意，不如让学生自己总结反思。关于习题，大家认为除教材中的习题之外，还可以设计一个有创意的习题。

经过讨论，初步完成了"用微粒的观点看物质"这节课的教学活动设计，这节课的教学活动中知识与技能耦合的情况如表7-2所示。

表7-2 "用微粒的观点看物质"知识与技能的耦合

知识	教学活动	技能
一、物质是由微粒构成的 认识到物质都是由极其微小的、肉眼看不见的微粒构成的	提出问题：人为什么会闻到花香？蔗糖溶解后变成了什么？ 演示实验：将高锰酸钾用研钵研碎，再将高锰酸钾小颗粒放入水中，溶解、稀释 学生观察、思考、交流、讨论	发挥想象，进行推理 观察 讨论
二、微粒是不断运动的 认识到构成物质的微粒是在不停地运动的	演示实验：烧杯A中装蒸馏水，并滴加几滴酚酞；烧杯B中装浓氨水；用大烧杯将A、B两个烧杯罩住 学生观察、猜想	观察 提出假设 设计方案、验证假设 反思
三、微粒之间有空隙 认识到构成物质的微粒之间都有一定的空隙，不同物质微粒间的空隙大小不同	学生实验1：水与酒精混合，测量体积变化 学生实验2：压缩水和压缩空气 学生交流、讨论 播放视频：水加热变成水蒸气的过程中微粒间空隙的变化的视频	熟悉使用量筒的实验操作 预测、观察、记录、解释 实验操作、记录、解释 形象思维

研讨结束以后，教研组长 Z 老师要求 C 老师根据大家讨论的意见重新写一份教案。我说："教案的设计只是相当于施工的蓝图，设计得是否可行，还要靠实践的检验。我建议找个班级试教一下，看看存在什么问题，以利于进一步修改。好在这个内容相对独立，前面的内容未学过也不要紧，甚至找从未学过化学的初二年级的班级都可以。" Z 老师解释说，因为学校是采取年级组管理制度，与初二年级协调不方便，不如就找个初三的班级试教。

第四节 实施教学方案

近年来，在新课程实施的过程中，各种公开课、评优课、汇报课、研究课名目繁多，对此现象人们褒贬不一。支持者认为，通过公开课教学，执教老师势必要对新课程教学进行深入研究，这有利于攻克新课程实施中遇到的种种障碍，创造性地使用各种教学模式，同时，观摩的教师可以从公开课中汲取有益的经验；反对者认为，公开课教学多少有点“作秀”的成分，执教老师在正式“上演”之前往往要经过多次“彩排”，就连学生回答问题包括错误回答都是预先安排的，因此，展示的公开课并不是真实的课堂，观摩的老师也学不到什么“真经”。我们认为，应该一分为二地看待公开课。如果少一些急功近利，多一些求真务实，公开课教学的确是广大教师提高教学水平的一个有效途径。因为教师对待公开课教学的投入程度是日常教学所无可比拟的，他们必然会深入钻研，精雕细琢。特别是，教研组老师对待向校外展示的公开课教学的研究能开诚布公地发表意见，直言不讳地指出问题，特别有利于年轻教师的专业发展，这与校内公开课大家虚与委蛇、相互逢迎的情况迥然不同。公开课还是教师专业发展的一种有效方式，它给广大教师提供了相互学习交流的契机。如果每个人都闭关自守，不向其他人学习交流，必然是孤陋寡闻，教学水平很难提高。当然，既然是公开课，就必然不同于平常课，就如同招待客人一样，必然要把饭菜做得丰盛些，还要上点美酒。公开课必然要“粉饰”，它不可避免地会有一些虚假的成分。要想看到真实的课堂，除非悄悄地在教室里安装探头。

教研组的老师一致认为，C 老师应该找一个班级试教一次，大家一起观摩后再提出修改意见。我也觉得这样做很有必要，只要在正式上公开课时不要用已经上过的班级就可以。有的教师对待公开课用同一个班级演练若干次，甚至对哪个学生回答什么问题，怎样回答（包括怎样错误的回答）都做了精心安排，这样的“作秀”行为我们不敢苟同。假的就是假的，造假总会露出马脚。我们认为，在公开课教学中用没有上过的班级才会显得自然，如果用已经上过的班级再去“炒冷饭”，学生的好奇心全失，没有兴趣的时候假装有兴趣其实也很痛苦，学生的反应会不由自主地露出虚假的痕迹，所以重复演练的公开课反而会弄巧成拙。

一、现场观察与思考

九月底，我和教研组的老师一起观摩了 C 老师的试验课，教学过程用摄像机录制。这节课的教学实录及本人的分析评价如下（表 7–3）：

表7–3　“用微粒的观点看物质”教学实录与评析

课堂教学实录	现场观察思考
T：王安石写过一首诗《梅花》，意境很美，哪位同学能够背出来？ S：墙角数枝梅，凌寒独自开。遥知不是雪，为有暗香来。 T：太好了，还带有感情色彩。诗人在远处就能闻到淡淡的梅花香味，这是什么原因呢？你们可以猜想一下。我们先来做一个游戏，比一比看谁把这张纸撕成的纸屑最小。 （请两位学生到讲台前，每人发一张大小相同的纸，让这两位学生撕纸，其他学生观看）	学生对将化学与诗歌联系起来感到很新鲜。课题的引入学生比较感兴趣，问题提出很好，但是学生来不及思考、回答，这里应该给学生以猜想的机会，顺着学生的思路自然生成教学内容
T：（把学生撕的纸屑轻轻地抓起来，撒落在一张报纸上）大家看看这两位同学撕得怎么样？都快赶上碎纸机了。能不能撕得再小一些呢？ S：很困难。	这里匆匆引入游戏显得生硬
T：那我们能否想一想其他办法，把这纸屑再分得小一些呢？ （S1：用剪刀剪；S2：用粉碎机；S3：用水泡……） T：这位同学想到了用水泡，太妙了！大家想一想，泡到最后，纸变成了什么样子？	学生的思维很活跃，用水泡的方法很有创造性
S：很小很小，我们用眼看已经看不到了。 S：纸泡到最后已经不是纸了，只是一个非常非常小的点。 T：很好。任何物质我们都可以想办法把它们分得很小很小。现在我们来把这种物质分一下，它叫作高锰酸钾，大家看一看，它已经是小颗粒了，我们怎样把它分成更小的颗粒？ S：可以用研钵去研磨。	撕纸的游戏占用了两分钟时间，对学生的知识、技能学习没有直接作用，似可省略
T：（演示）很好。请一位同学观察一下，是不是比原来更小？ S：比原来小多了，已经成了细小的粉末。 T：那我们还能不能把它分得更小？ S：按照书上的方法，溶解在水里。	这个观察似乎没有必要，学生凭想象可知研磨成粉末后颗粒会变小
T：这个方法很好，其实刚才有的同学在想办法把纸分得很小的时候就想到了。下面我们来观察。（演示：小烧杯中加入大约半烧杯水，再加入少许高锰酸钾。）大家看一看液体是什么颜色？ S：紫红色。	与前面撕纸的游戏联系起来，总算有了呼应，但是显得牵强
T：（另取一小烧杯，加入一滴管前一烧杯中的高锰酸钾溶液，再加入半烧杯水）大家看一看什么颜色？ S：还是紫红色，比刚才的浅了。	做此实验之前应该说明目的

续表

课堂教学实录	现场观察思考
T：（再取一个小烧杯，加入一滴管第二个烧杯中的高锰酸钾溶液，再加入半烧杯水）我们再来看一看什么颜色。 S：已经是很浅的红色了。 T：通过这个实验，你想到了什么？ S：高锰酸钾可以分成很小很小的微粒，也就是说，高锰酸钾是由很小很小的微粒构成的。 T：是的，我们来看一张图。 （投影：一滴水的质量大约为0.05 g，体积大约是0.05 mL。） T：你们看一滴水小不小？ S：太小了。	高锰酸钾的稀释与微粒的大小有关系吗？似乎只与浓度有关系。颜色变浅只能说明浓度变小了，不能说明微粒变小了。看来，教科书中此实验的设计存在问题，值得进一步推敲，我们在备课时疏忽了
T：一滴水的确很小，不过，构成水的微粒更是小得惊人。就这一滴水里面，含有1.67×10^{21}个微粒，假如一个人一秒钟数一个，要把一滴水中的微粒数完，大概要50万亿年！还没有数完地球早就毁灭了。 （投影：1. 构成物质的微粒非常小） T：我们再来看一个实验。这个实验要用到的实验用品有水、酚酞试液、浓氨水，酚酞试液是酚酞溶解在酒精的水溶液中制成的。 （演示实验：烧杯A中加入半烧杯水，再滴入几滴酚酞试液；烧杯B中加入几毫升浓氨水；两个烧杯靠近，再罩上一个大烧杯。）	用数字来说明微粒很小，效果不错。如果用比喻“一个水分子如果有乒乓球大，那么一个水滴就有地球大”可能更加形象生动
大家都看到了，烧杯A本来是无色的，现在变成了红色。这是怎么回事呢？你们可以大胆猜测。 S1：可能是这种溶液在空气中放一段时间就会变红。 S2：可能是氨水使得烧杯A中的液体变红。	实验现象比较明显 可以让学生描述实验现象
S3：可能和罩在上面的大烧杯有关系，是不是大烧杯底有什么物质落到了烧杯A中？ S4：可能和酒精有关系，我记得刚才老师说酚酞试液中含有酒精。 S5：那和水也可能有关系，我还记得老师说酚酞试液中含有水呢。	学生的猜想比预料的还要多。学生的潜能不可低估

续表

课堂教学实录	现场观察思考
T：几位同学的猜想似乎都有一定的道理，但是谁是谁非，我们要通过实验来验证。刚才有位同学猜想，可能和大烧杯底部有什么物质有关系，猜想得很好。不过这个实验我就不做了，我可以向大家保证大烧杯是干净的。玩魔术的人会在一些道具上做些手脚，而我们化学实验虽然现象很奇妙，但是都是实打实的。 （实验：将其他四位学生的猜想进行验证） T：通过刚才的实验，大家得到什么结论？ S：是氨水使得烧杯 A 中的液体变红。 T：可是烧杯 A 中我并没有加氨水啊，它是从哪里来的？ S：是构成氨水的微粒从烧杯 B 中跑到了烧杯 A 中。	学生提出了问题，出乎教师的预料。教师随机应变做出解释，也可以考虑通过实验验证。可否将大烧杯用水冲洗后再做
T：谜底算是揭开了。可是我们回过头去想一想，刚才几位同学的猜想中，有哪些实验我们没有必要去做？说说你的理由。 S：和空气接触的实验不必做，因为酚酞试液配制时并没有要求隔离空气。 S：和水的实验也不必做，因为酚酞中已经含有水，说明它在水中颜色不会变。 S：和酒精的实验也没有必要做，理由和水一样。 T：是的，说明我们验证猜想的方法有多种，首先要进行分析，然后再进行实验。通过刚才的实验，我们知道了烧杯 B 中浓氨水的微粒跑到了烧杯 A 中，说明了微粒能够…… S：运动。	这个问题设计得好，引导学生反思。让学生认识到大胆猜想还需小心求证，逻辑推理也是一种求证方法。实验之前要仔细考虑方案的合理性
T：（投影：2. 微粒是在不断地运动的）既然微粒是在不断地运动，那为什么 B 中的微粒运动到 A 中，而 A 中的微粒不运动到 B 中呢？如果 A 到 B，那么 B 中的液体也应该变红才是呀。 S：浓氨水容易挥发，而酚酞不容易挥发。 T：有道理。大家还有什么疑问？ S：可是为什么浓氨水容易挥发，而酚酞不容易挥发呢？	这个问题可以让学生去提出，不要总是让学生“学答”，也要让他们“学问”
T：这个问题比较高深，要到学完高中化学以后才能解释。打个通俗的比方，就像有的同学一下课就在教室外到处跑，可是有的同学还在自己的座位上不出去。这和微粒本身的性质有关。下面我们讨论一下，日常生活中有哪些现象可以说明微粒在不停地运动。	比喻不太恰当。可以直接告诉学生物质的挥发性与微粒的性质有关

续表

课堂教学实录	现场观察思考
S1：走在饭店门口闻到饭菜的香味。 S2：厨房里的灯泡变黑了。 S3：煤堆放在墙角，墙变黑了。 S4：把糖放到水里，水变甜了。 S5：洗过的衣服放在太阳底下晒就会变干。	学生的思维被调动起来了，相当活跃
T：同学们说的都很好。刚才××同学说，湿的衣服放在太阳底下晒就会变干，那么如果不放在太阳底下会不会变干呢？ S：会的，就是时间长。 T：那么，这个现象又说明了什么问题呢。 （学生进行短暂的讨论，教师总结）说明随着温度的升高，微粒的运动速度加快。	教师可以联系刚开始上课时提到的花的香味的问题，起到前后呼应的作用
（还有的学生问：衣服放在有风的地方也容易变干，是不是风把微粒吹走了？教师可能没有听到，未加理会。）	
下面我们再请两位同学上台来演示一个趣味实验。这个实验是这样做的：一位同学用一支粉笔蘸上浓盐酸，另一位同学拿一支粉笔蘸上浓氨水，然后将两支粉笔靠近，但是不要接触。 （两位学生上讲台，按照教师的要求进行演示）	学生上讲台演示，气氛比较活跃。但是这个操作没有什么意义，由教师演示、学生观察并解释会提高效率
T：我们再来研究一个问题。 投影：①10 mL水＋10 mL水，混合后的体积是多少？ ②10 mL酒精＋10 mL酒精，混合后的体积是多少？ ③10 mL水＋10 mL酒精，混合后的体积是多少？ S1：都是20 mL。 T：有没有不同意见？ S2：前两个是20 mL没有问题，第三个没有把握。	
T：没有把握不要紧，我们可以猜测一下它有几种可能性。 S3：只有三种可能，大于、等于、小于。	鼓励学生猜想，很有必要
T：下面请同学们亲自验证到底是哪一种情况。注意要量得准确，还要注意量筒应该怎么读数，量好以后把水朝酒精里面倒。 （学生进行实验，汇报结果）	强调了量筒的正确使用以及实验注意事项很有必要，有利于学生正确操作
T：大家实验得到的数据有一些微小的差别，这很正常，是在误差允许的范围之内的。有一点是共同的，就是得到的体积都小于20 mL。为什么水和酒精混合后的总体积会减小呢？ （学生沉默，可能觉得说不清楚）	

续表

课堂教学实录	现场观察思考
比如，有一个烧杯的黄豆，还有一个烧杯的沙子，把它们混合后体积小于两烧杯，大家再想一想。 S：黄豆之间有空隙，沙子钻到空隙中，所以总体积减小。	运用类比，效果不错
T：解释得很好。（投影：构成物质的微粒之间都有一定的空隙）。我们一起来做一个实验，同学们的桌子上有两支注射器，我们把一支吸进10 mL空气，然后用手指把小孔堵紧，用力推压，记录压缩后的体积；另外一支用10 mL水做，方法一样。 （学生实验，两人一组） T：好的，大家实验完成了，我们来请两位同学汇报结果，空气压缩的结果，好，这位女生。 S：我们把10 mL的空气压缩到了4 mL。 T：不错不错。水压缩的结果，找一位男生汇报一下。 S：10 mL的水压缩到9.8 mL。 T：要说这位女生的力气比这位男生的力气大，连我都不会相信。（学生笑）那么这个实验说明了什么问题呢？ S：不同状态的物质，它们微粒之间的空隙不同。	为什么要求方法一样？这里应该强调一下比较的规则
T：很好，说得再具体一些。 S：在液体中微粒之间的距离小，在气体中微粒之间的距离大。	提示学生表述得更加清楚一些。很好
T：是的，从我们刚才的实验就可以得到这个结论。固体物质和液体一样，微粒之间的距离也很小，也不容易压缩。关于物质状态与微粒大小的关系，我们来看一则动画。 （视频：物质状态与微粒距离三维模拟动画）。	运用动画，直观形象
下面大家静下心来想想，本节课你的收获是什么？ （学生回答，教师总结） T：大家的收获不少，下面我们布置作业。	让学生自我总结、反思，比教师总结更有效果
（投影：假如你是一杯水中的一个微粒，你在周围看到了什么？如果给这杯水稍微冷却或加热，又会怎样） 大家可以展开想象，写一篇科学小品文。 现在下课，同学们再见。	这一习题让学生充分发挥想象力，非常开放，可以综合运用本节课的知识

二、课后交流研讨

这节课结束以后，我和教研组老师又展开了讨论。先是C老师做自我反思。她说："这节课的节奏没有控制好，前面有点拖沓，后面时间就有点紧，总共用了49分钟，超时4分钟。另外，比较的方法忘记讲了。"然后，我们每个人都畅谈了自己的听课感想。

Z老师说："课的引入有点不自然，让学生背诗的目的，就是为了引出问题：人为什么会闻到花的香味？而问题提出来以后又没有给学生思考的机会，就匆匆忙忙地让学生撕纸，显得不连贯。"

L老师说："我看撕纸的意义不是很大，让学生在头脑中想象一下就行了。"

我接着说："考虑到教学时间比较紧，我看把撕纸的活动取消算了，这个活动前后花了两分钟时间，而且最后得出的结论无非是仅靠我们的双手把宏观物质分得细小很困难。不如接着花香的问题，问学生：我们能闻到花的香味，但是却看不到香味的物质，这是什么原因？"于是，大家达成共识，认为应该将撕纸的游戏删除。

然后我将问题转向高锰酸钾溶解、稀释的实验。我提出问题："将高锰酸钾溶解了，然后又稀释是想达到什么目的？"C老师不假思索地回答说："是为了说明物质是无限可分的。"我接着说："将高锰酸钾溶解于水后，它在水中已经成了钾离子和高锰酸根离子了，你再加水稀释，无非是使高锰酸钾的浓度变小了，你不能通过稀释把钾离子和高锰酸根离子变成更小的微粒。"听到我的解释，几位老师一愣，L老师说："我们以前一直是按照书上做的，从来没有想过书上会有问题，博士的解释还是有道理的。"我连忙说："很不好意思，我也是在听课的时候突然想到的，以前也没有思考过这个实验问题，如果早发现有问题，我在集体备课时就说了。"教科书也并非无懈可击的，这个生动的实例给他们以一定的震撼。然后大家讨论，既然教科书中的实验设计有问题，我们就不能完全按照教科书去做，那样只会给学生以误导。高锰酸钾的实验，没有必要稀释后再稀释，只要将少许高锰酸钾直接加到盛有半烧杯水的烧杯里就行了。

接着讨论"烧杯A中的溶液变红而烧杯B中的溶液不变红"的教学问题。W老师认为，让学生提出猜想是不错的，问题在于，有的学生提出的猜想根本经不起推敲，比如水和酒精使烧杯B中的溶液变红的猜想，稍微动一下脑筋就能知道是不可能的，因为盛有酚酞的烧杯中本来就含有水和酒精，如果要变红早就变了。也有的老师认为，教师采取欲擒故纵的方法，先是用"笨"方法把所有猜想一一验证，实验做完以后再提醒学生反思"哪些实验是不必要做的"，故意让学生先"吃一堑"，然后再"长一智"，可能会给学生以深刻的印象。两种说法都有道理，前者强调要先思而后行，后者强调行后要反思。我提出建议："既然两种说法都有道理，我看不能轻易否定哪一种方案。"C老师表示茫然："那是不是实验之前先让学生判断，实验之后再让学生反思？"我接着说："是这样的，把两套方案都作为备选方案。因为你不知道下次上课时学生又会提出哪些猜想，也许有的猜想更加离奇。如果有的学生提出的不合理猜想当即就遭到其他同学的反驳，你就因势利导地分析其合理性，如果其他同学没有异议，你也就佯装不知，在实验条件许可的情况下做实验，做完实验以后再引导学生反思。"

关于教学方案，我做了一些粗浅思考。我认为，教学方案是上课前的谋划和设计，精心地设计是必要的。但是课堂教学绝非一个固定的流程，而是一个充满着生命律动的鲜活过程。凡事预则立，不预则废，在备课时考虑到学生有可能做出反应的多种可能性，上课时可以有备无患，见机行事。生成性是课堂教学的基本属性，教师必须根据课堂教学的实际情况，主要是学生的学习情况灵活机动地调整教学方案。所以，教学方案本来就不应该是线性的，而是应该具有分支。但是，再完备的教学方案也不可能预见实际教学中所有的细节。正如德国教育家克拉夫基所言："衡量一个教学计划是否具有教学论质量的标准，不是看实际进行的教学是否能尽可能与计划相一致，而是看这个计划是否能够使教师在教学中采取教学论上可以论证的、灵活的行动，使学生创造性地进行学习，借以为发展他们的自决能力与团结能力做出贡献——即使是有限的贡献。"[1]

最后，大家又对是否应该强调比较的定义和规则的问题展开讨论。有的教师认为，比较是这一节课重要的科学方法内容，应该明确强调一下。有的教师认为，比较是这一节课应该让学生学习的方法，但是关键要看学生是否学会运用比较的方法，而不是看能否说出比较的定义和规则。最后，大家达成共识，认为应该在学生做实验之前强调控制相同条件，至于比较的定义和规则，用一句话强调即可，即使忘了说也不是大问题。

2006年10月初，C老师为全市的初中化学教师展示了公开课，该节课得到了听课老师的高度评价。此后几周，本人又参加了若干次听课、评课活动，教师们对教学活动的设计应该将知识与技能融为一体已经比较认同，而且逐渐转化成为一种自觉的行为。在此不再赘述。

[1] 瞿葆奎，徐勋，施良方．教育学文集：教学（上册）[M]．北京：人民教育出版社，1988：778.

第五节　反思与评价

我在K中学的教学研究活动进行了一个多月后，教师们对知识与技能耦合的教学设计思路逐渐认同。但是，他们对于化学教学中究竟要培养学生哪些技能还是感到困惑。于是，我将自己思考的化学课程中科学过程技能的基本要素向他们做了介绍，并且想征求他们的意见。他们认为，我给出的科学过程技能的要素比较细致，是落实"过程与方法"目标的有效途径，也为教学设计提供了很好的思路。我在K中学的教学研究断断续续持续了一个学期，期末的时候我与化学组的老师们进行了座谈，旨在进一步了解科学过程技能的教学情况。

一、来自教师的声音

在K中学一个学期的教学实践研究过程中，我与化学组的几位教师结下了深厚的友谊。我们互通信息，坦诚交流。在与他们的交谈中，我受益匪浅。以下是几位老师的谈话记录。

C老师："我以前在备课中感到最困难的是教学活动的设计。实际上，一节课中新知识的内容并不是很多。刚开始教书时我总是在考虑如何将一节课的45分钟打发掉，结果想了很多花样，时间是打发了，可是教学效率不高。后来向一些有经验的老师请教，采取精讲多练的方法。一般情况下教师讲解的时间只有20多分钟，剩下的时间都是让学生做练习。我知道教师讲解的时间短学生不一定能很好地理解，所以希望学生通过做大量的练习去消化、巩固。但是我发现，学生做错了的题目下次再做时还是错，说明他们对有些知识没有真正地理解。所以我又想，要在讲课时讲得细一点。那么怎么样讲细呢？我以前的教学活动主要是提问，想以问题激发学生思考，以为只要不断地提出问题就是启发式教学。有时候，上课时讲话只讲前半句，后半句让学生齐声接话，看起来课堂气氛显得活跃，仔细一想，学生并没有进行思考，只是一种简单的回忆应答。现在，在教学活动设计中，我考虑到科学过程技能培养的因素，教学过程变得丰富多彩了。我现在备课时首先把知识点理清楚，然后分析每一个知识点能与什么技能相匹配，或者说，能培养学生什么技能，再分析可以培养学生哪些情感态度和价值观，这样就把三维目标统一起来了。从学生的作业和考试情况看，教学效果还是不错的。"

Y 老师：“我对新课程的理念十分推崇，很赞赏科学探究教学。我参加过新课程的培训，观摩过一些探究课，也看过一些教学光盘，对科学探究教学跃跃欲试。我曾经尝试过一段时间，按照科学探究的基本程序去组织教学，尽量让学生去自主探究，但是实施起来难度很大。首先，学生提不出什么问题，或者提出的问题不着边际，如果等待学生自己提出问题再开展教学活动根本不可能；其次，学生也不会设计实验方案，很多学生在实验探究活动中只是盲目尝试；再次，学生的实验技能没有经过训练，实验操作很不规范；还有，让学生讨论也讨论不出什么所以然，萝卜煮萝卜还是萝卜。这种完全让学生自主探究的教学，我尝试了几次发现并不成功，徒然浪费教学时间，之后再也不用了。完全让学生自主探究的教学，教师难以驾驭，学生固然都很兴奋，但是教室里过于嘈杂，在喧嚣的环境下学生不可能进行深入思考，真正能学到什么东西很难说。后来我又想了一个办法，要求学生服从命令听指挥，在我的指令下，大家步调一致。每一个教学环节我都严格控制时间，比如，学生实验、讨论等活动都规定好时间。这样的教学又显得呆板，学生就像是在做广播操，他们只知道按照教师的要求去做，却不清楚为什么要那样做。我感到很困惑，为什么一放就乱，一抓就死？怎样开展探究教学？这些问题我百思不得其解。是放弃还是坚持？我曾经犹豫过。知识与技能匹配的教学思想打开了我的思路。我认为，它实际上就是在教师指导下学生进行局部探究，这有利于学生在学习知识的过程中提高探究技能。”

W 老师：“我参加过新课程培训，听过不少专家的报告，觉得创设情境和设计活动是新课程教学的特色，于是在这些方面下了不少功夫。我采用多媒体教学手段，在激发学生学习兴趣方面有点效果，但是学生适应了以后也就不觉得新奇了。我又在化学课上增加了不少趣味实验，并且经常让学生上讲台上做，学生学得很开心，课堂气氛相当活跃。我还经常组织学生讨论，进行角色扮演活动，有时候还搞一些化学小游戏。我的课学生还是喜欢的，这使我感到欣慰。但是，我所教班级学生的考试成绩在年级排名却靠后，对此我很苦恼。我不知道问题究竟出在哪里。经过这一段时间的教研组活动，有了专家指导，还有各位老师的启发，我终于悟出点名堂。我原来所设计的教学活动虽然花样比较多，学生也比较喜欢，但是活动中蕴含的技能成分比较少，因此学生学习的实际收获不大。我现在设计的教学活动不是光图热闹，而是增加了不少‘技术含量’，在教学活动中考虑到学生能够获得哪些知识和技能。现在，虽然课堂上比以前平静了一些，但是学生的成绩却提高了，说明他们学到了更多有价值的东西。”

S 老师：“我是刚参加工作的新教师，对教学工作还没有入门。我通过听其他老教师的课以及参加教研组活动学到了很多东西。我总是花很多时间备课，我从网上尽可能收集各种各样的教案，也参考了我们学校老师的教案。我感到最困难的事情就是教学活动的设计。我按照别人设计的活动进行教学，但并没有取得理想的效果，这可能和我没有教学经验有关。通过最近几个月听课、集体备课、评课等活动，我在教材分析方面收获很大。首先要把知识点分析清楚，搞清重点和难点是什么；然后考虑设计什么样的活动来呈现知识，也就是让学生通过什么样的活动去学习知识；最后再分析活动中蕴含什么技能，怎样培养学生的技能等问题。我现在感到备课时有了思路，而不像以前只是照抄照搬别人的东西。因为对教学内容分析得比以前透彻，所以对教学目标更有把握。以前写的教学目标模糊笼统，现在认识到，课堂教学中的三维目标应该具体实在些。”

Z 老师："我以前的想法比较功利，认为成绩是硬道理。我一直认为精讲多练是取得好成绩的灵丹妙药。我在教学活动设计上一般不花很多的时间，认为只要自己把该讲的内容讲细、讲实、讲清楚了，学生能够理解接受就达到教学目的了。我把主要精力放在精选习题方面。我并不赞成题海战术，死泡题海、盲目练习只会浪费学生很多时间。而学生通过做精选的练习，则可以取得事半功倍的效果。我以前对探究教学持观望态度，认为探究教学效率不高。现在，通过研究习题发现，教材中有不少习题已经不是纯粹的化学知识的问题，其中不少习题都与学生的探究能力有关。在去年的中考试题中，不少市的中考试题都有考查学生的科学探究能力。如果在教学中再不加强对学生科学探究能力的培养，恐怕学生的成绩会受到影响。我也曾精选一些探究题让学生练习，不能说没有效果，但是效果不是很理想。学生遇到熟悉的或者相似的题目会做，一旦遇到陌生的题目就不知所措了。于是我想，有没有固本培元之策，让学生真正掌握探究的基本功，以便在考试中能以不变应万变。采取完全探究的方式行不通，有的老师已经尝试过，我连尝试的勇气都没有。有没有其他的途径培养学生的探究能力？现在，通过专家的引领，我在传统教学的基础上增加一些探究的成分。特别是重视了探究方案的设计、提出假设、推理分析、反思评价等方面，这些方面也是最近考试的新动向。实践证明，在知识的教学中融合技能培养，两者相得益彰。最近的化学测验，学生在探究题方面的得分比以前有明显的提高。”

L 老师："知识与技能相融合的教学体现了辩证法思想。首先，在传统的启发式教学的基础上融入了现代探究教学的元素。这是在继承基础上的创新。传统的启发式教学主要是教师创设一种愤悱的情境，让学生产生矛盾困惑的心理状态，通过积极的思考，运用已有的知识经验去解决矛盾、获得新知，主要是在知识传授的同时培养学生的思维能力。而融入探究教学的元素，不仅培养了学生的思维能力，还培养了学生提出问题、设计方案、猜想假设、实验操作、表达交流、反思评价等多种能力。其次，体现了基础性和发展性的辩证关系。双基教学是我们的传统，基础知识、基本技能是学生发展的基础，离开双基谈创新能力培养是好高骛远。知识与技能相融合，是重视双基的教学思想，学生有了扎扎实实的基本功，就为将来的进一步发展奠定了基础。再次，体现了教学有法、教无定法的思想。所谓教学有法，就是以知识为明线，技能为暗线，将知识与技能统一在教学活动中；所谓教无定法，就是某个知识点究竟与什么技能相匹配不是固定僵化的，这要靠教师自己去分析。同样一个知识点的教学，不同的教师可能设计不同的活动方式，不同的活动方式可能蕴含着不同的技能。另外，知识与技能的融合还体现了教师的主导作用与学生的主体作用的统一。教师对活动的设计和组织指导体现了教师的主导作用，学生在活动中则是作为积极探究问题的主体。这种教学方式张弛有度，收放自如，教师容易把握，学生乐于接受。”

以上教师的话语，虽不乏溢美之词，但在一定程度上反映了实际情况。这些教师都曾经困惑过，感到探究教学难以实施，“过程与方法”目标难以把握，因此对如何落实“三维目标”没有成算。他们也深知化学教学中培养学生的能力和素质的重要性，但是一直找不到有力的抓手。他们也想激活学生生命的潜能，发挥学生学习的主体作用，但是教学活动设计的目的性不强，随意性较大。通过一个学期的将化学知识与科学过程技能耦合的教学尝试，他们感到对于教学目标、教学活动、教学情境等方面的设计信心增强，对新课程的理解也更加深刻。

二、学生问卷分析

科学过程技能教学的效果究竟如何，最终要看学生对科学过程技能掌握的情况如何。但是，采取什么方式才能测量学生的科学过程技能水平？测量的信度和效度如何保证？有什么根据能够说明学生的科学过程技能水平确实提高了？如果学生的科学过程技能水平提高了，又有什么根据说明是化学教学的结果？这些问题一直萦绕着我，坦白地说，迄今为止还没有一个清晰的思路。

因为我做的是行动研究，确切地说是参与了教师的行动研究，因此不属于严格的教学实验研究。没有进行前测，没有选取对照班，没有控制变量，也就不可能进行精确的统计测量，而且即使测量了也缺乏解释力。

最为关键的问题是，学生的科学过程技能水平只有在进行科学探究的活动中才能真正地表现出来，这就需要设计一个完整的科学探究活动。设计一个完整的科学探究活动，并且制订一个详细的活动表现评价指标，这些都不是特别困难的事情。困难在于，学生的学习时间非常紧张。据我了解，初三的学生每天晚上的作业做到11点是寻常事，每周要上六天甚至六天半的课，只有一个或者半个休息日还要完成各科老师布置的作业。我实在是不忍心因为我的研究而耽误了学生的休息。而且，活动表现评价不是我一个人所能承担的，还必须邀请所在学校的老师参与，而老师也是难得有休息的时间。我最终还是放弃了活动表现评价的研究，因为我必须考虑研究的伦理问题。

对我来说，科学过程技能评价的研究很重要，缺少了这一部分论文就不完整。于是我采取了最为经济的方式，设计了一份科学过程技能问卷（发给学生的问卷标题是“有趣的化学问题”），于2006年12月对两个普通班级的105名学生进行了测试（该校有一个“实验班”，可以直接升入高中，总体成绩优秀，不具有代表性。现在回想起来有点遗憾，如果将普通班与“实验班”进行对比，结果可能真的“有趣”）。测试问卷见附录3。需要说明的是，问卷设计没有涵盖科学过程技能的全部要素，诸如问题界定、观察、实验操作等技能无法通过问卷进行测试。另外，问卷的信度和效度未经过检验。因此，通过问卷只能概略地、部分地反映出学生科学过程技能水平的情况。

（一）问卷设计意图

问卷共设计了10道题。每道题所需运用的科学过程技能是有所不同的。设计问卷时，首先考虑用学生不熟悉的题型，以免学生用熟悉的解题思路去套用。另外，考虑到知识与技能的联系比较密切，设计的问题尽量避开学生熟悉的知识，其中有些问题涉及的知识是学生没有学过的，但是如果能够恰当地运用相关技能应该可以解决。因为一个问题的解决会涉及多项技能，所以每题所对应的技能不是唯一的。问卷设计的意图如下：

表7–4 科学过程技能问卷设计意图

题号	科学过程技能
1	猜想、假设，设计验证方案
2	根据数据归纳，得出结论，数据处理，图表化
3	微观想象，分子模型
4	归纳推理
5	设计方案
6	分类
7	分析，综合
8	类比推理
9	比较的基础上进行鉴别
10	实验操作规则的理解

（二）问卷结果分析

1. 大多数学生（约 90%）都能提出两种可能的原因，并且能设计相应的验证方案。但是在猜想可能的原因中，比较集中地认为可能是钢瓶漏气、阀门损坏、检流计失灵等，只有极少数学生猜想可能是发生了化学反应生成了固体物质。这可能与学生的知识基础有关，因为初中生还没有学过聚合反应。对于反应物只有一种的化学反应，初中生只学过分解反应，但是用分解反应解释显然不通。此题选取学生不熟悉的化学反应，就是为了测试学生猜想和设计方案的技能。尽管大多数学生都没有"猜中"原因，但是能够提出两种原因并且设计出合理的验证方案，可以认为对这两项技能掌握得较好。

2. 此题的第一问学生全部回答正确，只是少数学生在语言的表述上不够准确。对于第二问，约三分之一的学生如此计算：$(51+41)/2=46$。还有的学生可能发现了 0.012 不是 0.010 和 0.013 的中间值，而列出计算式：$41+(51-41)/3=44.3$。只有不到三分之一的学生能够正确回答，说明学生比较习惯于列式计算。他们在平常的练习中都是用代数法计算，很少用几何法，所以运用作图进行数据处理的技能缺乏训练。

3. 约有一半的学生将 H_2O 画成●●○，约三分之一的学生画成●○●，还有的学生画成三个圆圈紧密相连的正三角形，只有两名学生画成 V 形。这说明初中化学教学关于分子结构方面重视不够，学生对分子结构未能形成正确的表象。分子结构的知识在初中不作要求，但是一些简单分子的结构是否可以要求学生掌握？这一问题值得进一步研究。

4. 此题回答正确率超过 90%，说明学生归纳推理的技能较好。

5. 此题约 80%的学生能想到"排气集水法"，能将所学的"排水集气法"灵活迁移，说明他们对实验方案的设计和恰当运用简单类比的技能掌握较好。

6. 此题回答正确率也很高，说明学生在物质的分类方面接受过扎实的训练。

7. 约三分之一的学生回答错误，认为蜡烛燃烧生成二氧化碳占据了瓶中的体积而使进入瓶中的水减少；还有约三分之一的学生结果和原因相互矛盾；约三分之一学生正确地分析了原因和结果。说明大多数学生的分析和综合的思维技能还未达到较高的水平。

8. 此题回答正确率很低，只有不到 10%的学生能够基本回答正确。大多数学生可能认为此二氧化碳晶体就是干冰，因此列举了类似于干冰的物理性质。这可能与他们的知识经验有关，因为在初中教材中介绍二氧化碳固体时只介绍干冰，所以学生认为固体二氧化碳只有干冰一种。有少数学生将此晶体与石英进行类比，得出了它是透明的、坚硬的等结论，没有学生推测它的熔点。这可能与学生对石英的物理性质不熟悉有关，也与学生关于晶体知识的缺乏有关。但是，这也从一个侧面反映了学生普遍缺乏大胆类比的创造性思维技能。

9. 约 70%的学生能够说出三种鉴别方法，学生的比较主要集中在浓硫酸和稀硫酸的密度、吸水性等方面的差异。这与学生的知识基础有关，因为初中化学对浓硫酸的氧化性没有强调。说明学生只要掌握了有关物质的性质，就能顺利地在比较的基础上进行鉴别。

10. 此题大多数学生都能回答出三种以上可能的错误操作及后果（比较集中的回答是：用嘴吹灭酒精灯，向没有熄灭的酒精灯中添加酒精，用一盏酒精灯去点燃另一盏酒精灯等）。这说明学生对酒精灯的使用规则掌握较好，但是不能代表学生的实际操作技能水平。

通过问卷测试的粗略分析，可以认为学生的科学过程技能的总体水平良好，基本上达到了科学过程技能的目标。但是，数据的图表化处理、分子结构的微观想象、综合、类比等方面的技能有待提高。另外，界定问题、实验操作、交流、评价等技能在问卷中没有反映出来，根据课堂观察，这些方面也需要加强培养力度。

本章小结

知识与技能都是能力的重要成分。化学教学应该寻求将知识与技能融为一体的教学方式，不能顾此失彼。应该本着古为今用、洋为中用的态度，在教学中充分汲取探究教学思想的精髓，因地制宜，采取有指导的局部探究教学方式；汲取启发式教学思想的精华，不断地打破学生的认知平衡状态，将教学过程不断地推向高潮，最终达到训练思维、掌握知识的目的。教学设计的基本原则是：以教师为主导，以学生为主体，以教材为依据，以知识为主线，以活动为重点，以效率为准绳。

通过观察与访谈，了解到一线的化学教师对新课程的理念比较认同，但是对于如何落实“三维目标”颇感困惑，尤其是无法把握“过程与方法”目标。关于科学探究教学，教师们反映实施起来困难很大，原因是多方面的。其一，教师对科学探究的教学方式不熟悉，无法驾驭课堂教学；其二，班级学生人数多，难以有效组织科学探究学习活动；其三，实验室条件有限，不能满足科学探究的教学要求；其四，专职实验员缺乏，单由教师准备科学探究教学的工作量很大；其五，可能也是最重要的原因，考试和评价仍然是传统方法，如果采取科学探究的教学方式，学生不一定能取得好的成绩，吃力不讨好。

在与教师们共同研究教学方案时，讨论了“三维目标”整合的教学设计思路。“三维目标”整合的关键是要设计适当的教学活动，只有在教师的教和学生的学相统一的活动中才能将“三维目标”有机地融合，而这里的关键问题是如何将知识与技能进行有效耦合。首先，沿用传统的备课方式，分析教材，将一节课的知识点条分缕析，做到疏而不漏；然后分析每一知识点可能采取的教学活动方式，主要考虑学生的学习方式；最后，根据主客观条件以及一节课的整体结构对教学活动方式进行统整，以达到系统优化的目的。按照预定的方案实施课堂教学，虽有需要调整的地方，但是总体情况与预想的比较吻合。

通过对问卷测试的粗略分析发现，学生的科学过程技能的总体水平良好，基本上达到了科学过程技能的目标。但是，某些科学过程技能相对比较薄弱，如数据的图表化处理、分子结构的微观想象、综合、类比等方面的技能有待提高。另外，界定问题、实验操作、交流、评价等技能在问卷中没有反映出来，根据课堂观察，这些方面也需要加强培养力度。

经过与教师们数次交流讨论，他们逐渐认识到“过程与方法”必须落实到科学过程技能的层面。有的年轻教师认为，在设计教学方案时考虑到科学过程技能，教学思路比较清晰，教学活动比较有效，教学效果也比较理想。

一个现实而紧迫的问题是，科学过程技能的评价亟待研究。科学过程技能属于程序性知识，也属于缄默知识，学生科学过程技能的掌握程度只有在具体的科学探究活动中才能得到很好的体现。纸笔测试的方式只能部分考查思维技能、计算技能、表达技能等科学过程技能，但是对于提问技能、实验操作技能、合作与交流等科学过程技能却难以考查。运用活动表现评价的方式，可以考查学生的提问技能、实验操作技能、合作与交流技能、口头表达技能等，但是却无法考查学生的思维、想象等内隐的技能。运用学习档案袋评价以及活动成果评价的方式，可以考查学生的思维技能、制订计划技能、查阅资料技能、数据处理技能、书面表达技能、反思与评价技能等，但是无法考查学生的实验操作技能、合作与交流技能等。因此，每一种评价方式都只能考查科学过程技能的某些要素，而不是全部。从理论上来说，只有将各种评价方式综合运用，才能全面评价学生的科学过程技能。问题在于，从评价的可操作性方面来说，目前纸笔测试因最为方便而成为主要的甚至是唯一的评价方式，其他的评价方式并没有得到应有的重视。特别是，现行的中考和高考政策对中学的教学起着指挥棒的作用，中考和高考如何考查学生的科学过程技能是个重大的课题。如何对学生的科学过程技能进行准确的且便捷的评价，这个问题需要进一步研究。

附 录

附录1：AAAS制定的科学过程技能

基本技能

观察

运用五种感官（看、听、摸、闻、尝）探查物体和事件的特点、性质、相异和相似之处以及变化情况。

· 观察需要做记录。

分类

根据物体或事件在性质方面的相似或差异进行分组或排序。

· 需要列出清单或者表格、线图。

测量

用已知的条件（度量单位、时间、学生自定的参照等）通过比较测出未知的数据，量化观察需要运用适当的测量仪器和观测技巧。

· 测量记录必须有条理、有秩序、有测量的单位。图表、图形、表格的绘制可手工做或借助电脑软件。

推断

推断或解释观测现象。

· 一种观测现象可能不止一种推断或解释。

预测

基于当前的认识和理解，以及观察和推论形成的信念而推想预期的结果，它不同于臆测。

· 预测应采取书面或口头说明，以澄清思路，揭示错误概念或者遗漏的信息。

交流

用书面和口头的形式，运用图示、证明、绘制图表等方式与别人交流信息和思想。

· 为了揭示科学的本质，大家必须分享思想。

应用数量关系

应用数字和它们的数量关系做出决定。

· 数量是科学的基础——这要运用数学知识。

综合技能

建立模型

构建心智的、语言的或物质的模型，表征思想、物体或事件以澄清解释或说明关系。

· 构建模型有助于澄清思想。

下操作性定义

下操作性定义明确要做什么和观察什么。

· 运用学生自己的语言进行描述。

· 定义是基于学生的经验，而不是从词汇出发，它不是为了记忆。

搜集资料

系统地搜集、记录观察和测量的资料。

解释数据

运用图、表、线图等对数据进行组织、分析、综合，由此建立推论、预测或假设。

确定和控制变量

操纵一个因子，其他因子控制衡定，探究其对事件结果的影响。

· 多个变量会导致学生思维的混乱。

· 学生需要在实践中识别变量及其影响结果。

建立假说（假设）

基于证据做出的猜测，可以通过实验检验。

实验

自己设计实验方案，按照实验程序取得可靠数据去验证假设。

所有的基本技能和综合技能用于确定问题、搜集资料、提出解决方案和应用。

作为教师应该清楚科学活动并非仅仅是实验活动。

学生理解和运用科学方法要通过调查、研究和自行设计的实验去验证假设。

资料来源：Science Process Skills，The American Association for the Advancement of Science. http://education.shu.edu/pt3grant/zinicola/skills_source.html.

附录2：科学过程技能手册

一、像科学家一样思考

也许你没有意识到，其实你每天都在像科学家一样思考。当你提出一个问题，并去寻找各种可能的答案时，会用到许多科学家们也在使用的技能。下面就来介绍其中的一些技能。

观察 当你用一种或多种感官去搜集有关这个世界的信息时，就是在观察（observing）。聆听狗的叫声，数十二颗绿色的种子，或是闻飘来的气味都是在进行观察。科学家们为了提高他们感官的灵敏度，有时还需要使用一些辅助工具，比如显微镜、望远镜等，使观察更为详尽。

观察必须真实和准确，即必须如实反映所感知的事物。在探索科学时很重要的一点，就是要把观察到的内容仔细地记录在笔记本上，可以通过文字描述或者绘图等多种形式。通过观察得到的信息称为证据，或者说是数据。

推理 当你对观察到的现象做出解释时，就是在进行推理（inferring），或者说做出推论。例如，当听到你家的狗在“汪汪”直叫时，你可能会推想有人正在你家门外。要做出这个推论，你需要把现象——狗叫声——以往的经验知识，即当有陌生人接近时狗往往会叫——结合起来。只有这样，才能得出符合逻辑的结论。

要注意，推论不一定就是事实！它只是对现象的多种可能解释中的一种。比如，你的狗也可能因为想出去散步而直叫。哪怕是根据正确观察和逻辑推理而做出的推论，最后仍然可能会发现它是错的。要证明推论正确，唯一的方法就是再进行进一步的调查。

预测 气象预报会对第二天的天气做出很多的预测——温度将会是几摄氏度，是否会下雨，风力有几级。预报员用观察和关于气象变化的知识来预测天气。这种预测技能实际是根据现有证据和既往经验对将来的事件做出推论。由于预测是推论的一种，所以它也有可能会出错。在上科学课时，你可以通过实验来检验预测的正确性。例如，假定你预测大的纸飞机能比小的飞得更快，那么该怎样来检验你的预测呢？

分类 你能想象在一间排列无序的图书馆里寻找一本书是怎样一种情形？恐怕你一整天时间都得花在找书上了。幸运的是，图书管理员会把相同主题或者同一个作者的书归类到一起。把某些特征相似的物体归类到一起的方法称为分类（classifying）。你可以根据大小、形状、用途和其他一些重要特征来进行分类。科学家也像图书管理员一样，用分类的方法把信息或者事物有序地组织起来。对事物进行分门别类以后，它们相互之间的关系就变得清晰易懂了。

建立模型 你是否曾经用画图的方法来帮助别人理解你所说的意思？这样的图画就是一种模型。模型是用来显示复杂事物或过程的表现手段。如图画、图表、计算机图像等。建立模型（making models）能帮助人们理解他们无法直接观察到的事物。科学家经常用模型来代表非常庞大或者极其微小的事物。比如太阳系中的行星、细胞的细微结构等。这些模型是物理模型——能直观反映真实物体形状的图画或三维结构。另外还有一些抽象模型——能描述事物活动规律的数学方程式或者描述性文字。

交流 当你在打电话、写信或听老师讲课时，都是在进行交流。交流（communicating）就是与其他人交换看法、分享信息的过程。有效交流需要许多技能，包括听说读写以及建立模型的能力。

科学家通过交流来了解彼此的研究成果、信息和想法。他们经常通过科学期刊、电话、书信以及互联网来交流他们的工作。他们还通过参加各种学术会议来交换看法。

二、动手测量（略）

三、科学研究

从某种角度来说，科学家们就像侦探一样，把各种线索拼凑起来弄清事情的来龙去脉。他们搜集线索的途径之一就是开展科学实验。实验能够审慎、有序地检验科学家的想法。虽然并不是所有的实验都遵循相同的步骤和顺序，但其基本模式大多数与下列所描述的相近。

提出问题 实验是从提出一个科学问题开始的，科学问题是指能够通过搜集数据而回答的问题。例如，“纯水和盐水哪一个结冰更快？”这是一个科学问题，因为你可以通过实验搜集信息并给予解答。

构想假说 第二步是构想一个假说。假说是对实验结果的预测。和所有的预测一样，假说是建立在观察和以往的知识经验上的，但与许多预测不同的是，假说必须能够被检验。严格的假说应该采用“如果……，那么……”的句式。例如，“如果把盐加入纯水中，那么这水会需要更长的时间才能结冰”就是一个假说。这样的假说其实就是对你要进行的实验的一个粗略概括。

实验设计 接下来需要设计一个实验来检验你的假说。在计划中应该写明详细的实验步骤，以及在实验中要进行哪些观察和测量。

设计实验时涉及两个很重要的步骤，就是控制变量和给出可操作性定义。

实验步骤：

1. 在三个相同的容器中分别加入 300 mL 冷自来水。

2. 容器 1 中加入 10 g 盐，充分搅拌；容器 2 中加入 20 g 盐，充分搅拌；容器 3 中不加盐。

3. 把三个容器同时放入冰箱。

4. 每隔 15 分钟检查一下容器，并记录你的观察结果。

控制变量 在一个设计良好的实验中，除要观察的变量以外，其余变量都应始终保持相同。变量（variable）是指实验中可以变化的因子。其中人为改变的因子称为调节变量(manipulated variable)。在这个实验中，往水里加盐的量就是调节变量。而其他的因子，比如水的量、起始的温度都应保持不变。

随着调节变量变化而变化的因子称为应变量（responding variable）。应变量是为了得到实验结果而需要观察或测量的指标。这个实验中就是水结冰所需要的时间。

除一个因素以外，其余因素都保持不变的实验叫作对照实验（controlled experiment）。绝大多数对照实验都要设立对照，本实验中的容器 3 就是对照。由于容器 3 中的水没有加盐，因此就可以拿另外两个容器的结果和它做比较。两者结果之间的差别，都可以归结为是加入了盐的缘故。

自定义 设计实验的另一个重要方面就是要有清楚的实用性的定义。实用性定义（operational definition）是指一个说清楚某个变量该如何进行测量，或者某个术语该如何定义的陈述。例如本实验中，如何来确定水是否结冰呢？你可以在实验开始前向每个容器中插入一根搅拌棒。对于“结冰”的实用性定义就是搅拌棒不能再移动的时候。

分析数据 实验中得到的观察和测量结果称为数据。实验结束时要对数据进行分析，看是否存在什么规律或趋势。如果能把数据整理成表格或者图表，常常能更清楚地看出它们的规律。然后要思考这些数据说明了什么。它们能不能支持你的假说？它们是否指出了你实验中存在的缺陷？是否需要收集更多的数据？

得出结论 结论就是对实验研究发现的总结。在下结论的时候，你要确定搜集的数据是否支持原先的假说。通常需要重复好几次实验才能得出最后的结论。但得出的结论往往会使你发现新的问题，并设计新的实验来寻求答案。

理性思维 你的朋友是否曾经就某个问题来征求你的意见？如果是的话，你也许已经通过逻辑性的方式来帮助他理解问题了。也许你自己并没有意识到，你其实在用理性思维的技能在帮助朋友。理性思维是指在解决问题和做出判断时使用推理和逻辑。下面就来谈谈一些理性思维的技巧。

比较和对比 当你想要寻找两件事物的相同和不同之处时，就需要用到比较（comparing）与对比（contrasting）的技能。比较是找出相似性，即共同特征。对比是找出不同点。用这种方法来分析事物能帮助你发现一些平时容易忽略的细节。

应用概念 应用概念（applying concepts）技能就是要用有关某一情况的知识来理解另一种相似的情况。如果你能把原来的知识活用到另一种情况，这表明你已经真正理解了这个概念。在考试时，即使题目和原来课堂上讲的不完全一样，你也可以用这个技巧来应对自如。

理解图表 教科书上的图表、照片和地图能帮助你理解课文。这些插图形象地显示了某些过程、位置或者想法。理解图表（interpreting illustrations）技能可以帮助你从这些视觉元素中学到知识。要理解一张插图，必须多花一些时间仔细看插图和附带的所有文字信息。插图的说明含有图中的重要概念，图注指出了图中的关键部分，而图例则说明了地图中各种符号的含义。

因果推断 如果一个事件能导致另一个事件发生，那么就说这两者之间存在因果关系。因果推断（relating cause and effect）技能是要判断两个事件之间是否存在因果关系。例如，如果你发现皮肤上起了一个红肿块并且发痒，你就可能推断这是被蚊子咬的。蚊子叮咬是因，肿块是果。

但有一点很重要——不能光凭两个事件一起发生，就判断它们之间存在因果关系。科学家会通过实验或者根据以往的经验，来判断因果关系是否存在。

归纳 归纳（making generalization）是指根据某一部分成员的信息来推断总体信息的技能。要做出正确的归纳，从总体中选出的样本就必须足够大而且具有代表性。你在买葡萄时就可以试着使用归纳技能。先拿几颗葡萄来尝一尝，如果都很甜，就能归纳出所有的葡萄都是甜的——这时就可以放心地买上一大串了。

做出判断 做出判断（making judgment）就是评估某件事情的好坏对错的技能。例如，在你决定吃健康食品或在公园捡起一张废纸时，就用到了判断。做出判断前，需要全面地考虑事情的正面与反面，并明确自己持有什么样的价值观和标准。

解决问题 解决问题（problem solving）就是运用各种理性思维的技巧来解决事情或决定行动的技能。有一些问题简单而直接，比如把分数转化为小数。另一些问题更为复杂，比如弄清计算机为什么不能正常运行。解决某些问题可以用尝试法，即先尝试一种解决方案，如果不行，再试另一种。还有一些有用的解决策略，包括建立模型、和同伴一起商讨可行的方法等。

四、信息处理（略）

五、绘制图表（略）

资料来源：〔美〕帕迪利亚（M. J. Padilla）. 科学探索者：物质构成［M］. 华曦，车木，译. 杭州：浙江教育出版社，2003：148.

附录3：科学过程技能调查问卷

（有趣的化学问题）

1. 某化学家将四氟乙烯（$CF_2 = CF_2$，沸点:–78 ℃）加压充入钢瓶，用干冰冷藏四周。实验时，撤去冷藏设施，连接好反应器，打开钢瓶阀门。这时，意想不到的事发生了，检流计指示无气流通过。请猜测可能原因，填写下表（不限于两种可能，如超过两种，请写在页边）：

可能原因	验证方法
①	
②	

2. 现在有一定量、一定浓度的 KIO_3 溶液，加入一定量浓度不同的 $NaHSO_3$，以淀粉为指示剂，测定碘游离出来的时间。实验数据如下（mol/L 是表示溶液浓度的单位）：

$NaHSO_3$的浓度/（mol/L）	0.0075	0.010	0.013	0.015	0.018	0.020	0.023	0.025
反应所需时间/s	63	51	41	35	29	25	24	23

①从上表可以得出结论：________________________________。

②若 $NaHSO_3$ 的浓度为 0.012 mol/L，则反应时间是多少？（不需要具体数据，只要说出方法步骤）________________________________。

3. 如果用●表示氢原子，用○表示氧原子，则化学反应方程式 $2H_2+O_2 \xlongequal{点燃} 2H_2O$ 可以用图形表示为：________________________________。

4. 有机物中有一类物质叫作烷烃，如甲烷（CH_4）、乙烷（C_2H_6）、丙烷（C_3H_8）、丁烷（C_4H_{10}）等。请写出辛烷（含 8 个碳原子）的化学式__________。

5. 某同学在研究性学习活动中欲检测湖水的水质，他想在湖面以下 2 m 处取水样，但是一时想不出取样办法。请你帮他设计取水办法。

6. 请将下列物质进行分类（用线图表示）:空气、氧气、食盐水、氢氧化钠、铜、碳酸氢钠、硫、酒精（C_2H_5OH）。

7. 在测定空气中氧气含量的实验中，假如用蜡烛代替红磷，实验结果将会怎样？说明理由。

8. 据报道，美国科学家制造出结构类似于石英（二氧化硅）的二氧化碳晶体，请推测这种二氧化碳晶体的主要物理性质。

9. 有一瓶硫酸，如何鉴别它是浓的还是稀的？请说出三种方法。

10. 请列举酒精灯使用中可能发生的错误操作及由此可能产生的后果。

主要参考文献

[1] 中华人民共和国教育部. 基础教育课程改革纲要(试行)[Z]. 2001.

[2] 钟启泉, 崔允漷, 张华. 为了中华民族的复兴, 为了每位孩子的发展:《基础教育课程改革纲要(试行)》解读[M]. 上海:华东师范大学出版社, 2001.

[3] 刘知新. 化学教学论:第三版[M]. 北京:高等教育出版社, 2004.

[4] 王祖浩. 化学课程标准解读[M]. 武汉:湖北教育出版社, 2002.

[5] 黄光雄, 蔡清田. 课程设计:理论与实际[M]. 南京:南京师范大学出版社, 2005.

[6] 魏明通. 科学教育[M]. 台北:五南图书出版公司, 1997.

[7] 丁邦平. 国际科学教育导论[M]. 太原:山西教育出版社, 2002.

[8] 戴本博. 外国教育史(中)[M]. 北京:人民教育出版社, 1990.

[9] 张焕庭. 西方资产阶级教育论著选[M]. 北京:人民教育出版社, 1979.

[10] 陈耀亭. 化学教育文集[M]. 北京:中国劳动出版社, 1992.

[11] 李晓文, 王莹. 教学策略[M]. 北京:高等教育出版社, 2000.

[12] 李建珊. 科学方法纵横谈[M]. 郑州:河南人民出版社, 2004.

[13] 刘大椿. 科学活动论[M]. 北京:人民出版社, 1985.

[14] 金吾伦. 自然观与科学观[M]. 北京:知识出版社, 1985.

[15] 施良方, 崔允漷. 教学理论:课堂教学的原理、策略与研究[M]. 上海:华东师范大学出版社, 1999.

[16] 李建珊. 科学方法概览[M]. 北京:科学出版社, 2002.

[17] 孙小礼. 科学方法[M]. 北京:知识出版社, 1990.

[18] 孙小礼. 现代科学的哲学争论[M]. 北京:北京大学出版社, 2003.

[19] 张红霞. 科学究竟是什么[M]. 北京:教育科学出版社, 2003.

[20] 张巨青. 科学研究的艺术:科学方法导论[M]. 武汉:湖北人民出版社, 1988.

[21] 张巨青. 辩证逻辑[M]. 吉林:吉林人民出版社, 1981.

[22] 王德胜. 化学方法论[M]. 杭州:浙江教育出版社, 2007.

[23] 胡志强, 肖显静. 科学理性方法[M]. 北京:科学出版社, 2002.

[24] 高剑南，王祖浩．化学教育展望 [M]．上海：华东师范大学出版社，2001.

[25] 潘洪建．教学知识论 [M]．兰州：甘肃教育出版社，2004.

[26] 张嘉同．化学哲学 [M]．南昌：江西教育出版社，1994.

[27] 瞿葆奎，徐勋，施良方．教育学文集：教学（上册）[M]．北京：人民教育出版社，1988.

[28] 吴庆麟．教育心理学：献给教师的书 [M]．上海：华东师范大学出版社，2003.

[29] 邵瑞珍．教育心理学：修订本 [M]．上海：上海教育出版社，1997.

[30] 皮连生．教育心理学：第三版 [M]．上海：上海教育出版社，2004.

[31] 郭秀艳．内隐学习 [M]．上海：华东师范大学出版社，2003.

[32] 张家治，张培富，李三虎，等．化学教育史 [M]．南宁：广西教育出版社，1996.

[33] 金安定．高等无机化学简明教程 [M]．南京：南京师范大学出版社，1999.

[34] 中国自然辩证法研究会化学化工专业组，《化学哲学基础》编委会．化学哲学基础 [M]．北京：科学出版社，1986.

[35] 刘元亮，姚慧华，寇世琪，等．科学认识论和方法论 [M]．北京：清华大学出版社，1987.

[36] 上海市教育委员会．上海市中学化学课程标准：试行稿 [M]．上海：上海教育出版社，2004.

[37] 曾天山．教材论 [M]．南昌：江西教育出版社，1997.

[38] 王磊．化学比较教育 [M]．南宁：广西教育出版社，2006.

[39] 商继宗．教学方法：现代化的研究 [M]．上海：华东师范大学出版社，2001.

[40] 石中英．知识转型与教育改革 [M]．北京：教育科学出版社，2001.

[41] 彭蜀晋．现代理科教育的进展与课题 [M]．重庆：重庆出版社，1990.

[42] 钟启泉．现代教学论发展 [M]．北京：教育科学出版社，1988.

[43] 中国社会科学院语言研究所词典编辑室．现代汉语词典·修订本 [M]．北京：商务印书馆，1998.

[44] 中央教育科学研究所比较教育研究室．简明国际教育百科全书：教学（下）[M]．北京：教育科学出版社，1990.

[45] 恩格斯. 自然辩证法 [M]. 北京：人民出版社，1984.

[46] 许良英，范岱年. 爱因斯坦文集：第1卷 [M]. 北京：商务印书馆，1976.

[47] 赫胥黎. 科学与教育 [M]. 单中惠，平波，译. 北京：人民教育出版社，1990.

[48] 贝尔纳. 科学的社会功能 [M]. 陈体芳，译. 北京：商务印书馆，1982.

[49] 杜威. 民主主义与教育 [M]. 王承绪，译. 北京：人民教育出版社，2001.

[50] 杜威. 哲学的改造（修订本）[M]. 许崇清，译. 北京：商务印书馆，1958.

[51] 杜威. 我们怎样思维：经验与教育 [M]. 姜文闵，译. 北京：人民教育出版社，2005.

[52] 美国科学促进协会. 面向全体美国人的科学 [M]. 中国科学技术协会，译. 北京：科学普及出版社，2001.

[53]〔美〕国家研究理事会. 美国国家科学教育标准 [M]. 戢守志，译. 北京：科学技术文献出版社，1999.

[54]〔美〕国家研究理事会科学、数学及技术教育中心，《国家科学教育标准》科学探究附属读物编委会. 科学探究与国家科学教育标准：教与学的指南 [M]. 罗星凯，等，译. 北京：科学普及出版社，2004.

[55] 加涅. 教学设计原理 [M]. 皮连生，庞维国，译. 上海：华东师范大学出版社，1999.

[56] 罗素. 西方哲学史：下卷 [M]. 北京：商务印书馆，1976.

[57] 查尔默斯. 科学究竟是什么？对科学的性质和地位及其方法评论 [M]. 查汝强，江枫，译. 北京：商务印书馆，1982.

[58] 波普尔. 猜想与反驳·科学知识的增长 [M]. 傅季重，译. 上海：上海译文出版社，1986.

[59] 比尔德，威尔逊. 体验式学习的力量 [M]. 黄荣华，译. 广州：中山大学出版社，2003.

[60] 弗莱雷. 被压迫者的教育学 [M]. 顾建新，赵友华，何曙荣，等，译. 上海：华东师范大学出版社，2001.

[61] 布卢姆. 教育目标分类学·第一分册：认知领域 [M]. 罗黎辉，译. 上海：华东师范大学出版社，1986.

[62] 斯米尔诺夫．心理学［M］．朱智贤，等，译．北京：人民教育出版社，1957.

[63] 克鲁捷茨基．心理学［M］．赵壁如，译．北京：人民教育出版社，1984.

[64] CARDNER H．智力的重构：21世纪的多元智力［M］．霍力岩，房阳洋，译．北京：中国轻工业出版社，2004.

[65] 斯腾伯格．超越智商:人类的智力三元论［M］．张春丽,吴国珍,译．海口：海南出版社，2000.

[66] 卡西尔．人论［M］．甘阳，译．上海：上海译文出版社，1985.

[67] 中国大百科全书出版社编辑部．中国大百科全书·哲学（Ⅱ）［M］．北京：中国大百科全书出版社，1987.

[68] 中国大百科全书出版社编辑部．中国大百科全书·教育［M］．北京：中国大百科全书出版社，1985.

[69] 教育大辞曲编纂委员会．教育大辞典·第5卷·教育心理学［M］．上海：上海教育出版社，1990.

[70] 中国大百科全书总编辑委员会《心理学》编辑委员会，中国大百科全书出版社编辑部．中国大百科全书·心理学［M］．北京：中国大百科全书出版社，1991.

[71] 林崇德，杨治良，黄希庭．心理学大辞典［M］．上海：上海教育出版社，2003.

[72] 课程教材研究所．20世纪中国中小学课程标准·教学大纲汇编（化学卷）［M］．北京：人民教育出版社，2001.

[73] 顾明远．教育大辞典［M］．上海：上海教育出版社，1999.

[74] 陆谷孙．英汉大词典［M］．上海：上海译文出版社，1989.

[75] 张春兴．张氏心理学辞典［M］．上海：上海辞书出版社，1992.

[76] 辞海·教育、心理分册［M］．上海：上海辞书出版社，1980.

[77]《心理学百科全书》编辑委员会．心理学百科全书［M］．杭州：浙江教育出版社，1995.

[78] 甘汉铫，陈文典．“科学过程”技能［J/OL］.http://www.phy.ntnu.edu.tw/nstsc/doc/book94.11/03.doc.

[79] 郭秀艳．内隐学习和缄默知识［J］．教育研究，2003，24（12）.

[80] 杨治良，郭秀艳．内隐学习与外显学习的相互关系［J］．心理学报，2002，34（4）.

[81] 樊琪．科学探究技能的内隐与外显学习的比较研究［J］．心理科学，2005，28（6）．

[82] 郝德永．新课程改革中的思维方式突破［J］．课程·教材·教法，2006（9）．

[83] 黄玉顺．从认识论到意志论［J］．北京理工大学学报：社会科学版，2000，2.

[84] 蔡铁权，蔡秋华．“科学素养说”和中学科学教育改革［J］．课程·教材·教法，2004（10）．

[85] 陈耀亭．化学教学法的指导理论需要发展［J］．化学教育，1986（3）．

[86] 陈耀亭．培养能力应以自然科学方法论为依据［J］．化学教学，1980（4）．

[87] 张嘉同．科学方法论与中学化学教学［J］．化学教育，1986（4）．

[88] 林长春．试论化学教学中科学方法教育目标的构建［J］．中学化学教学参考，1998（4）．

[89] 吴俊明．中学化学中的科学方法教育与课程教材改革［J］．化学教育，2002（6）．

[90] 赵宗芳，吴俊明．新课程化学教科书呈现方式刍议［J］．课程·教材·教法，2005（7）．

[91] 朱星昨，续佩君．在理科教学中培养中学生科学观的思考［J］．北京教育（普教版），2005（1）．

[92] 梁永平．理科教师科学本质观调查研究［J］．教育科学，2005，21（3）．

[93] 郭晓明．从“圣经”到“材料”：论教师教材观的转变［J］．高等师范教育研究，2001（6）．

[94] 钟启泉．“探究学习”与理科教学［J］．教育研究，1986（7）．

[95] 宋宝和，宋乃庆．淡化“双基”是对“双基”的误解：多元视角下的“双基”解读［J］．人民教育，2004（11）．

[96] 人民教育出版社化学室．化学·必修·第一册［M］．北京：人民教育出版社，1990.

[97] 人民教育出版社化学室．化学·必修·第二册［M］．北京：人民教育出版社，1995.

[98] 中华人民共和国教育部．全日制义务教育化学课程标准（实验稿）［M］．北京：北京师范大学出版社，2001.

[99] 中华人民共和国教育部．全日制义务教育化学课程标准（2011年版）［M］．北京：北京师范大学出版社，2012.

[100] 中华人民共和国教育部．普通高中化学课程标准（实验）［M］．北京：

人民教育出版社，2003.

［101］人民教育出版社化学室．化学·甲种本·第二册［M］. 北京：人民教育出版社，1984.

［102］中学化学国家课程标准研制组．化学九年级上册［M］．修订本．上海：上海教育出版社，2004.

［103］中学化学国家课程标准研制组．化学九年级下册［M］．修订本．上海：上海教育出版社，2004.

［104］王祖浩．化学1：必修［M］．南京：江苏教育出版社，2004.

［105］王祖浩．化学2：必修［M］．南京：江苏教育出版社，2004.

［106］王磊．化学1：必修［M］．济南：山东科学技术出版社，2004.

［107］王磊．化学2：必修［M］．济南：山东科学技术出版社，2004.

［108］人民教育出版社课程教材研究所化学课程教材研究开发中心．化学必修1［M］．北京：人民教育出版社，2004.

［109］人民教育出版社课程教材研究所化学课程教材研究开发中心．化学必修2［M］．北京：人民教育出版社，2004.

［110］帕迪利亚．科学探索者：物质构成［M］．华曦，车木，译. 杭州：浙江教育出版社，2003.

［111］帕迪利亚．科学探索者：化学反应［M］．盛国定，马国春，译. 杭州：浙江教育出版社，2002.

［112］周宜童．科学研究的过程与方法浅谈［J］．教育实践与研究，2000（10）.

［113］郑寅颖，叶宝生．科学方法、科学教学方法之比较及启示［J］．科教导刊（上旬刊），2011（13）.

［114］吴银银．科学过程技能及其培养策略［J］．当代教育与文化，2011（2）.

［115］罗敏玲．探析学生科学探究过程技能的培养［J］．现代中小学教育，2012（9）.

［116］王健，刘恩山．理科课程中科学过程技能评价方式及特点［J］．生物学通报，2011（3）.

［117］赵美玲，潘苏东．工作单：一种有效评价科学过程技能的工具［J］．江苏教育研究，2010（1）.

［118］吴国盛．科学的历程（第二版）［M］．长沙：湖南科学技术出版社，2013.

［119］PADILLA M J, OKEY J R, DILLASHAW F G. The relationship between science process skill and formal thinking abilities [J] . Journal of Research in Science Teaching，1983，20（3）.

[120] PADILLA M J, OKEY J R, KATHRYN G. The effects of instruction on integrated science process skill achievement [J] . Journal of Research in Science Teaching，1984，21（3）.

[121] SAAT R M. The acquisition of integrated science process skills in a web-based learning environment [J] . Research in Science & Technological Education, 2004, 22（1）.

[122]ARENA P. The role of relevance in the acquisition of science process skills[J]. Australian Science Teachers Journal，1996，42（4）.

[123] ROTH W M, ROYCHOUDHURY A. The development of science process skills in authentic contexts [J] . Journal of Research in Science Teaching，1993，30（2）.

[124] Basağa H, Ömer G, Tekkaya C. The effect of the inquiry teaching method on biochemistry and science process skill achievements [J] .Biochemical Education，1994，22（1）.

[125] GOH N K. Use of modified laboratory instruction for improving science process skills acquisition [J] . Journal of Chemical Education，1989，66（5）.

[126]GABEL D, RUBBA P. Science process skills: Where should they be taught?[J]. School Science and Mathematics，1980，80（2）.

[127] SCHARMANN L C. Developmental influences of science process skill instruction [J] . Journal of Research in Science Teaching，1989，26（8）.

[128] NAKAYAMA G. A study of the relationship between cognitive styles and integrated science process skills [EB/OL] . http://search.ebscohost.com/login.aspx?direct=true&db=eric.

[129] BEAUMONT-WALTERS Y, SOYIBO K. An anlysis of high school students' performance on five integrated science process skills [J]. Research in Science & Technological Education, 2001，19（2）.

[130] BROTHERTON P N, PREECE P F W. Science process skills: Their nature and interrelationships [J] . Research in Science and Technological Education, 1995, 13（1）.

[131] OSTLUND K L. Science process skills: Assessing hands-on student performance [J/OL]. http://web.ebscohost.com/ehost/detail.

[132] JACKSON P W. Handbook of research on curriculum [M] . New York : Macmillan Publishing Company，1992.

[133] MARTIN R E, SEXTON C M, GERLOVICH J A, et al. Teaching science for all Children [M] . Massachusetts : Allyn&Bacon, 1996.

[134] CARIN A A, SUND R B. Teaching science through discovery [M] . 4th ed.Columbus.OH : Charles E.Merrill Publishing Co, 1980.

[135] ESLER W K, ESLER M K. Teaching elementary science [M] . Belmont, Calif. : Wadworth Publishing Company, 1993.

[136] SCHWAB J J. The teaching of science as enquiry [M] . Cambridge : Harvard University Press,1962.

[137] ORLICH D C. Teaching Strategies [M] . Lexington : D.C.Heath,1985.

[138] COLLETTE A T, CHIAPETTA E L. Science instruction in the middle and secondary school [M] . 3rd ed. New York : Merrill, 1994.

[139] PADILLA M J, PADILLA P K. Thinking in science: The science process skills [J/OL] . http://search.ebscohost.com/login.aspx?direct.

[140] POLANYI M. The tacit dimension [M] . London: Routledge & Kegan Paul, 1996.

[141] POLANYI M. The study of man [M] . London: Routledge&Kegan Paul, 1957.

[145] NONAKA I, TAKEUCHI H. The knowledge creating company [M] . New York : Oxford University Press, 1995.

[143] REBER A S. Implicit learning of artificial grammars [J] . Journal of Verbal Learning and Verbal Behavior, 1967, 6.

[144] BLOOM B S, KRATHWOHL D R. Taxonomy of educational objectives, handbook I : Cognitive domain [M] .New York : Longman–Mckay, 1956.

[145] HEIKKINEN H. Chemistry in the community [M] . 4th ed. Atlanta : Kendall Hunt Publishing Company, 2004.

[146] STANISKI C L. Chemistry in context:Applying chemistry to society [M] . 4th ed. New York : McGraw–Hill, 2003.

[147] PETERSON K D. Scientific inquiry training for high school student : Experimental evaluation of a model program [J] . Journal of Research in Science Teaching, 1978, 15 (2) .

[148] CHIAPPETTA E L, SETHNA G H, FILLMAN D A. Aquantitative analysis of high school chemistry textbooks for scientific literacy themes and expository learning aids [J] . Journal of Research in Science Teaching, 1991, 28 (10) .

［149］EISENHART M, FINKEL E, MARION S F. Creating the conditions for scientific literacy: A re–examination［J］.American Educational Research Journal，1996，33（2）.

［150］BYBEE R W. Achieving scientific literacy［J］.The Science Teacher，1995，62（7）.

［151］VICTOR E，KELLOUGH R P. Science for the elementary school［M］.New York：Macmillan Publishing Company，1995.

图书在版编目（C I P）数据

化学课程中的科学过程技能研究 / 王祖浩主编. -- 南宁 : 广西教育出版社, 2015.11（2023.1 重印）
（中国化学教育研究丛书）
ISBN 978-7-5435-8044-2

Ⅰ. ①化… Ⅱ. ①王… Ⅲ. ①化学教学-教学研究 Ⅳ. ①06

中国版本图书馆 CIP 数据核字(2015)第 273971 号

出 版 人：石立民
出版发行：广西教育出版社
地　　址：广西南宁市鲤湾路 8 号　　邮政编码：530022
电　　话：0771-5865797
本社网址：http://www.gxeph.com
电子信箱：gxeph@vip. 163. com
印　　刷：广西金考印刷有限公司
开　　本：787mm×1092mm　1/16
印　　张：17
字　　数：300 千字
版　　次：2015 年 11 月第 1 版
印　　次：2023 年 1 月第 2 次印刷
书　　号：ISBN 978-7-5435-8044-2
定　　价：34. 00 元